U0175986

煤炭高等教育"十四五"规划教材

材料物理性能

（第二版）

李桂杰　朱慧灵　主编

中国矿业大学出版社

·徐州·

内 容 提 要

全书共 7 章内容:第 1 章为固体材料中电子能量结构和状态;第 2 章为材料的导电性能;第 3 章为材料的介电性能;第 4 章为材料的光学性能;第 5 章为材料的热学性能;第 6 章为材料的磁学性能;第 7 章为材料的弹性与内耗性能。每章内容包括:物理性能的概念、表征参量、物理本质、影响因素、性能测试方法、物理性能分析在材料科学研究中的应用及与各种物理性能相关的重要功能材料。每章后面附有本章小结和复习题,供学习时使用。

本书可作为高等工科院校金属材料工程、无机非金属材料工程等材料类专业本科生的教材,也可供从事材料研究的工程技术人员和科研人员参考。

图书在版编目(C I P)数据

材料物理性能 / 李桂杰,朱慧灵主编. — 2 版. —
徐州 : 中国矿业大学出版社,2023.12
ISBN 978 - 7 - 5646 - 5176 - 3

Ⅰ. ①材… Ⅱ. ①李… ②朱… Ⅲ. ①工程材料—物
理性能—高等学校—教材 Ⅳ. ①TB303

中国版本图书馆 CIP 数据核字(2021)第 216422 号

书　　名	材料物理性能	
	Cailiao Wuli Xingneng	
主　　编	李桂杰　　朱慧灵	
责任编辑	杨　洋	
出版发行	中国矿业大学出版社有限责任公司	
	(江苏省徐州市解放南路　邮编 221008)	
营销热线	(0516)83885370　83884103	
出版服务	(0516)83995789　83884920	
网　　址	http://www.cumtp.com　**E-mail**:cumtpvip@cumtp.com	
印　　刷	江苏淮阴新华印务有限公司	
开　　本	787 mm×1092 mm　1/16　**印张** 16　**字数** 410 千字	
版次印次	2023 年 12 月第 2 版　2023 年 12 月第 1 次印刷	
定　　价	40.00 元	

(图书出现印装质量问题,本社负责调换)

前　言

　　材料物理性能是材料的重要性能。研究材料物理性能,是设计、发展和制造功能材料的基础,是结构材料的使用性能和服役安全性能的重要保证,也是研究材料相变等问题的重要手段。笔者从事材料物理性能课程教学十余年,积累了一定的教学经验,在此基础上组织编写了本教材。

　　本书共 7 章内容,包括固体材料中电子能量结构和状态、材料的导电性能、材料的介电性能、材料的光学性能、材料的热学性能、材料的磁学性能、材料的弹性与内耗性能。每章内容包括:物理性能的概念、表征参量、物理本质、影响因素、性能测试方法、物理性能分析在材料科学研究中的应用及与各种物理性能相关的重要功能材料。

　　本书的主要特色如下:

　　(1) 注重物理概念的阐述。材料物理性能方面的概念较多,本书对每章所涉及物理概念进行了简明扼要的介绍。

　　(2) 注重理论的可读性。材料物理性能涉及理论较多,有些是固体物理方面的理论,本书在介绍理论的时候尽量避免烦琐的推导过程,注重用材料类专业学生容易理解的语言阐述相关理论。

　　(3) 将基础知识和实际应用相结合。本书在介绍各种物理性能时,既介绍了基础知识,又介绍了物理性能在生产、科研方面的应用及相关的功能材料。

　　本书由山东科技大学李桂杰、朱慧灵编写。编写分工如下:第 1 章、第 3 章由朱慧灵编写,其余由李桂杰编写,全书由李桂杰统稿。

　　本书的编写得到了山东科技大学材料科学与工程学院的相关领导和教师的大力支持和帮助,在此向他们致以衷心的感谢!

　　在编写本书过程中参考和引用了相关文献,在书后已经列出了主要的参考文献,但是由于条件限制,可能未将所有参考文献一一列出,在此向所有作者表示诚挚的谢意。

　　本书可作为高等工科院校金属材料工程、无机非金属材料工程等材料类专业本科生的教材,也可供从事材料研究的工程技术人员和科研人员参考。

　　由于我们水平有限,书中难免有欠妥之处,敬请广大读者批评指正。

编者

2023 年 6 月

目　录

第1章 固体材料中电子能量结构和状态

1.1 概述

材料的物理性能与原子间的键合、晶体结构和电子能量状态密切相关。原子与分子之间的结合曾经是化学家的主要研究内容,而物质的气态、液态、固态的变化又往往被认为仅是一个物理问题。实质上,导致气态、液态凝聚成固态的"物理力"的本质是原子或分子的原子核外电子的相互作用,即物质凝结成固体的凝结力学中经常提到的键。原子间的键合类型有金属键、离子键、共价键、分子键和氢键。结合晶体结构均会影响固体材料中的电子能量结构和状态,可以说,键合、晶体结构、电子能量结构都是解释材料物理性能的理论基础。

1.2 经典自由电子理论

对固体电子能量结构和状态的认识大致可以分为经典自由电子学说、量子自由电子学说、能带理论。

经典电子理论认为:在金属晶体中,正电子构成了晶体点阵,并形成均匀的电场,价电子是完全自由的,弥散分布于整个点阵之中,就像气体分子充满整个容器一样,因此又称为"电子气"。价电子的运动遵循理想气体的运动规律,服从麦克斯韦-玻尔兹曼统计。自由电子之间及其与正离子之间的相互作用类似于机械碰撞。没有外加电场时,金属中的自由电子沿各个方向运动的概率相等,因此不产生电流。当对金属施加外电场时,自由电子沿电场方向做定向加速运动,从而形成了电流。自由电子在定向运动过程中,不断与正离子碰撞,使电子运动受阻,这就是产生电阻的原因。若设电子两次碰撞之间的平均距离(自由程)为 l,电子运动的平均速度为 $\bar{v}$,单位体积内的自由电子数为 n,则自电导率 σ 为

$$\sigma = \frac{ne^2 l}{2m\bar{v}} = \frac{ne^2 \bar{t}}{2m} \tag{1-1}$$

式中,m 为自由电子质量;e 为自由电子电荷;$\bar{t}$ 为电子两次碰撞之间的平均时间。

由式(1-1)可以看出:金属的导电性取决于自由电子的数量 n、平均自由程 l 和平均运动速度 $\bar{v}$。n 越大,导电性应当越好,但事实却是二、三价金属的价电子虽然比一价金属的多,但导电性反而比一价金属还差。实际测量得到的电子平均自由程比按照经典理论估计的大得多。此外,该理论也不能解释超导现象。这些都说明该理论还不完善。

1.3　金属的费米-索末菲电子理论

经典自由电子理论在解释金属电导率方面取得了重要的成就,但是在解决一些问题时遇到了困难:

(1) 实际测量得到的电子平均自由程比按照经典理论估计的大得多;

(2) 金属电子比热容测量值仅为按照经典自由电子理论估计值的 10%;

(3) 金属导体、绝缘体、半导体导电性能差异巨大;

(4) 解释不了霍尔系数的"反常现象"。

因此,学者们后来将量子力学理论引入对金属电子状态的认识,称之为量子自由电子学说,具体来讲,就是金属的费米-索末菲的自由电子理论。量子自由电子理论同样认为金属中正离子形成的电场是均匀的,价电子与离子间没有相互作用,可以在整个金属中自由运动,电子运动服从量子力学原理。

量子自由电子理论的基本观点是:金属正离子所形成的势场各处都是均匀的;价电子是共有化的,它们不束缚于某个原子,可以在整个金属内自由地运动,电子之间没有相互作用;电子运动服从量子力学原理。该理论认同经典自由电子学说认为价电子是完全自由的,但是量子自由电子学说认为自由电子的状态不服从麦克斯韦-玻尔兹曼统计规律,而是服从费米-狄拉克量子统计规律。因此,该理论利用薛定谔方程求解自由电子的运动波函数,计算自由电子的能量。该理论解决了经典电子理论所遇到的一些矛盾,成功处理了金属中的若干物理问题。

电子具有波粒二象性,运动着的电子作为物质波,其波长 λ 与速度 v 和动量 p 之间的关系式为

$$\lambda = \frac{h}{mv} = \frac{h}{p} \tag{1-2}$$

$$\frac{2\pi}{\lambda} = \frac{2\pi mv}{h} \tag{1-3}$$

式中,m 为电子的质量;v 为电子的速度;λ 为波长;p 为电子的动量;h 为普朗克常数。

在一价金属中,自由电子的动能 $E = \frac{1}{2}mv^2$,由式(1-3)可得到

$$E = \frac{h^2}{2m\lambda^2} \tag{1-4}$$

电子运动既有颗粒性又有波的性质,致使电子的运动速度、动量、能量都与普朗克常数有关。德国物理学家普朗克在研究晶体辐射时首先发现了物质辐射或吸收的能量只能是某一最小能量单位($h\nu$)的整数倍。微观粒子的某些物理性质不能连续变化,而只能取某些分立值,相邻两个分立值之差称为该物理量的一个量子。电子运动的能量变化是不连续的,是以量子为单位进行变化的,这是量子自由电子理论的一个基本观点。

电子运动具有物质波的性质。实验证明:电子的波性就是电子波,是一种具有统计规律的概率波,取决于电子在空间某处出现的概率。既然概率波决定微观粒子在空间不同位置处出现的概率,那么 t 时刻概率波应当是空间位置(x,y,z)的函数,此函数可以用波函数

$\psi(x,y,z)$表示,而$|\psi|^2$表示微观粒子t时刻在空间位置(x,y,z)处出现的概率密度。若用电子的疏密程度来表示在空间各点出现的概率密度,$|\psi|^2$大的地方电子较密,$|\psi|^2$小的地方电子较疏,这种图形称为电子云。假设电子是绵延分布在空间的云状物——"电子云",则$\rho=-e|\psi|^2$,是电子云的电荷密度,这样电子在空间中的概率密度分布就是相应的电子云电荷密度的分布。当然电子云只是对电子运动波性的一种虚拟图像性描绘,实际上电子并非真像"云"那样弥散分布在空间各处,但这样的图像对于讨论和处理许多具体问题很有帮助,所以一直沿用至今。

由物理学可知:频率为ν,波长为λ,沿x轴方向(一维)传播的平面波可以表示为

$$\psi(x,t)=A\exp\left[2\pi i\left(\frac{x}{\lambda}-\nu t\right)\right]=A\exp\left[i(Kx-\omega t)\right] \tag{1-5}$$

式中,A为振幅;K为波数,$K=\dfrac{2\pi}{\lambda}$,考虑方向时K为矢量,$|\boldsymbol{K}|=\dfrac{2\pi}{\lambda}$,$\boldsymbol{K}$为波矢量(简称波矢),是表征金属中自由电子可能具有的能量状态的参数;ω为角频率,$\omega=2\pi\nu$。

将式(1-2)、式(1-3)代入式(1-5)得

$$\psi(x,t)=A\exp\left[\frac{2\pi i}{h}(px-Et)\right]=A\exp\left[\frac{i}{\hbar}(px-Et)\right] \tag{1-6}$$

式中,$\hbar=h/2\pi=1.05\times10^{-34}$ J·s。

式(1-6)对应的二阶偏微分方程为

$$i\hbar\frac{\partial\psi}{\partial t}=-\frac{\hbar^2}{2m}\frac{\partial^2\psi}{\partial x^2} \tag{1-7}$$

式(1-7)即一维空间自由运动粒子德布罗意波(物质波)的薛定谔方程。

也可以将式(1-7)推广到三维空间。若粒子处于不随时间变化的势能场$U(x,y,z)$中,粒子的总能量由动能和势能组成,即

$$E=\frac{p^2}{2m}+U(x,y,z) \tag{1-8}$$

此时式(1-7)推广为

$$i\hbar\frac{\partial\psi}{\partial t}=\frac{\hbar^2}{2m}(\nabla^2+U)\psi \tag{1-9}$$

式(1-9)就是薛定谔建立的微观粒子运动状态随时间变化的普遍方程,式中∇^2称为拉普拉斯算符,$\nabla^2=\dfrac{\partial^2}{\partial x^2}+\dfrac{\partial^2}{\partial y^2}+\dfrac{\partial^2}{\partial z^2}$。

很多情况下微观粒子处于稳定状态,波函数可以分离成空间坐标的函数$\varphi(x,y,z)$与时间坐标的函数$f(t)$的乘积,称之为定态波函数,即

$$\varphi(x,y,z,t)=\varphi(x,y,z)f(t) \tag{1-10}$$

式(1-6)可改写为

$$\varphi(x,t)=A\exp\left[\frac{i}{\hbar}(px-Et)\right]=A\exp\left(\frac{ipx}{\hbar}\right)\exp\left(-\frac{iEt}{\hbar}\right) \tag{1-11}$$

这时就可以得到定态薛定谔方程

$$\nabla^2\varphi+\frac{2m}{\hbar^2}(E-U)\varphi=0 \tag{1-12}$$

式中，φ 为空间坐标函数，与时间无关。

当势能场 U 不随时间变化时，微观粒子的运动状态一般能用薛定谔方程来描述。

电子在金属中运动可看作在势阱中运动，电子要从势阱中逸出，必须克服"逸出功"。为便于说明，先分析一维势阱的情况，势能 U 满足

$$U(x) = \begin{cases} \infty & (x < 0) \\ 0 & (0 < x < L) \\ \infty & (x \geqslant L) \end{cases} \tag{1-13}$$

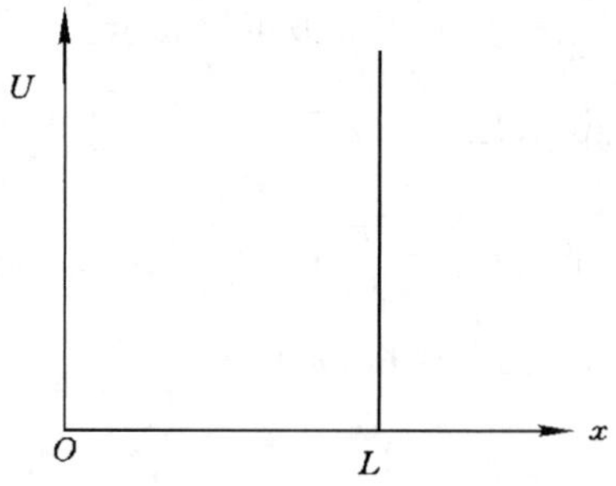

图 1-1 一维势阱模型

这样的势场相当于一个无限深的势阱，电子在势阱内时 U 为 0，如图 1-1 所示，此时，电子运动定态薛定谔方程为

$$\frac{\mathrm{d}^2 \varphi}{\mathrm{d}x^2} + \frac{2mE\varphi}{\hbar^2} = 0 \tag{1-14}$$

由式(1-6)可得

$$E = \frac{\hbar^2}{2m\lambda^2} = \frac{\hbar^2 k^2}{2m} \tag{1-15}$$

利用式(1-13)的边界归一化条件和波函数的归一化条件，解方程式(1-14)，得到该方程的一般解。

$$\varphi = A\cos\frac{2\pi x}{\lambda} + B\sin\frac{2\pi x}{\lambda} \tag{1-16}$$

式中，A、B 为常数。

由边界条件可知：$x = 0$，$\varphi(0) = 0$，所以 A 必须等于 0，则

$$\varphi = B\sin\frac{2\pi x}{\lambda} \tag{1-17}$$

由波函数归一化条件得

$$\int_0^L |\varphi(x)|^2 \mathrm{d}x = 1 \tag{1-18}$$

将式(1-17)代入式(1-18)得 $B = \sqrt{2/L}$，又由边界条件：$x = L$，$\varphi(L) = 0$ 且 $B \neq 0$，得

$$\sin\frac{2\pi}{\lambda}L = 0 \tag{1-19}$$

故 λ 只能取 $2L, 2L/2, 2L/3, \cdots, 2L/n$。式中整数 $1,2,3\cdots$ 称为金属中自由电子能级的量子数，它改变着波函数。至此解出了自由电子的波函数

$$\varphi(x) = \sqrt{2/L}\,\sin\frac{2\pi}{\lambda}\,\sin\frac{\pi n x}{L} \tag{1-20}$$

把 λ 值代入式(1-15)得

$$E = \left(\frac{h^2}{8L^2}\right)n^2 = \frac{\hbar^2\pi^2}{2mL^2}n^2 \tag{1-21}$$

由于 n 只能取正整数，所以由式(1-21)可知金属丝中自由电子的能量不是连续的，而是量子化的。

若电子处于边长为 L 的三维无限深的势阱中，电子在三维坐标系中沿所有方向运动，因势阱内 $U(x,y,z) = 0$，对应的三维定态薛定谔方程为

$$\frac{\partial^2 \varphi}{\partial x^2} + \frac{\partial^2 \varphi}{\partial y^2} + \frac{\partial^2 \varphi}{\partial z^2} + \frac{2m}{\hbar^2}E\varphi = 0 \tag{1-22}$$

可以采用分离变量法求解 $\varphi(x,y,z)=\varphi(x)\varphi(y)\varphi(z)$。

根据一维势阱中自由电子模型分别求解,可得到

$$\begin{cases} \varphi(x)=A_x\sin\dfrac{\pi n_x}{L}x \\[3mm] \varphi(y)=A_y\sin\dfrac{\pi n_y}{L}y \\[3mm] \varphi(z)=A_z\sin\dfrac{\pi n_z}{L}z \end{cases}$$

即存在 3 个相互垂直的 x,y,z 轴上的分量,因此有 3 个量子数:n_x,n_y,n_z。

$$E=\frac{h^2}{8mL^2}(n_x^2+n_y^2+n_z^2)=\frac{h^2}{8mL^2}n^2 \tag{1-23}$$

式中,$n^2=n_x^2+n_y^2+n_z^2$,n_x,n_y 和 n_z 均可以独立取整数列 $1,2,3,\cdots$ 中的任意数值,而与另外 2 个所取的数值无关。

由上面的讨论可知:金属晶体中自由电子的能量是量子化的,其各分立能级组成不连续的能谱,而且由于能级间能量差很小,故又称之为准连续能谱。另外值得注意的是,电子的能量与三维量子数 $n^2=n_x^2+n_y^2+n_z^2$ 成正比。显然,只要 n 值是相等的,不同的 n_x,n_y 和 n_z 值也具有相同的能量。例如,设 $n_x=n_y=1,n_z=2$;$n_x=n_z=1,n_y=2$;$n_y=n_z=1,n_x=2$。3 组量子数对应的波函数分别为

$$\begin{cases} \varphi_{112}(x,y,z)=A\sin\dfrac{\pi x}{L}\sin\dfrac{\pi y}{L}\sin\dfrac{2\pi z}{L} \\[3mm] \varphi_{121}(x,y,z)=A\sin\dfrac{\pi x}{L}\sin\dfrac{2\pi y}{L}\sin\dfrac{\pi z}{L} \\[3mm] \varphi_{211}(x,y,z)=A\sin\dfrac{2\pi x}{L}\sin\dfrac{\pi y}{L}\sin\dfrac{\pi z}{L} \end{cases}$$

但它们对应同一能级

$$E=\frac{h^2}{8mL^2}(n_x^2+n_y^2+n_z^2)=\frac{6h^2}{8mL^2}$$

若几个状态(不同波函数)对应同一能级,则称它们为简并态。上例中 3 种状态对应同一能量数值 $\dfrac{6h^2}{8mL^2}$,则称之为三重简并态。若考虑自旋,那么金属中自由电子至少是二重简并态。能量最低的状态称为基态,即两种能量状态可容纳 2 个电子。因此 $n_x=n_y=n_z=0$ 和 $m_s=\pm1/2$ 为系统的基态。随着量子数取值的增大,能态数量同样增加,电子依能量由低到高占据相应的能态。

1.4　自由电子的能级密度

当 $T=0$ K 时,大块金属中的自由电子从低能级排起,直到全部价电子都占据了相应的能级为止,能量为 $E_F(0)$ 以下的所有能级都被占满,而在 $E_F(0)$ 之上的能级都空着,$E_F(0)$ 称为费米能,相应的能级称为费米能级。

为了计算金属中自由电子的能量分布,或者计算某能量范围内的自由电子数,需要了解自由电子的能级密度 $Z(E)$,也称为状态密度,代表单位能量范围内所能容纳的电子数,其表达式为 $Z(E)=\mathrm{d}N/\mathrm{d}E$,其中 $\mathrm{d}N$ 为 E 到 $E+\mathrm{d}E$ 能量范围内总的状态数。

前文求解薛定谔方程采用的边界条件是 $\varphi(0)=\varphi(L)=0$，这种解是驻波形式的。其物理意义是电子不能逸出金属表面,可视为电子波在其内部来回反射。但这种处理方法有两个缺点:一是很难考虑表面状态对金属内部电子态的影响,使问题复杂化;二是没有充分考虑晶体结构的周期性。因此,拟采用行波方式处理。在大块金属中,自由电子并不是处于无限深的势阱中,这时要采用周期性边界条件的假设来求解,设一个全同的金属大系统,由边长为 L 的子立方体组成,电子运动的周期性边界条件为

$$\varphi(x,y,z)=\varphi(x+L,y,z)=\varphi(x,y+L,z)=\varphi(x,y,z+L)$$

这样的波函数边界条件的物理图像是电子从一个小立方体的边界进入,然后从另一侧进入另一个小立方体,对应点的情况完全相同。因此可以满足在体积为 L^3 内的金属自由电子数 N 不变,并且可以证明

$$\exp(\mathrm{i}K_xL)=\exp(\mathrm{i}K_yL)=\exp(\mathrm{i}K_zL)=1$$

为此,K_x、K_y、K_z 必须满足下列条件

$$K_x=2\pi n_x/L,\ K_y=2\pi n_y/L,\ K_z=2\pi n_z/L$$

式中,n_x,n_y,n_z 必须是整数。

上式给出了周期性边界条件下波矢量量子化条件,与前面用驻波形式处理问题的结果是一致的,但是用波矢量 $\boldsymbol{K}$ 可建立一个 K_x,K_y,K_z 的直角坐标系,称为 K 空间。

具有量子数为 n_x,n_y,n_z 的自由电子,可在 K 空间中找到相应的状态点,这样 K 空间便分割为边长为 $2\pi/L$ 的小方格(每个小方格对应一种电子状态)。每个电子状态占有 K 空间的体积为 $(2\pi/L)^3$。

电子状态(即轨道)占据 K 空间相应的点。因此在 K 空间中求状态密度是容易的,每个点就是一种状态,每个点所占有的体积为 $(2\pi/L)^3$,则单位体积所包含的点数为 $(2\pi/L)^{-3}=V/(8\pi^3)$。

电子运动状态必须标明其自旋状态,自旋的 z 轴方向分为 1/2 和 -1/2 两种,根据泡利不相容原理,K 空间每个小格子可以填充 2 个自旋不同的电子态。下面以 K 空间状态密度为基础,说明单位能量所具有的能级,即能级密度。设能量为 E 及以下能级的状态总数为 $N(E)$,考虑自旋,便可以得到

$$N(E)=2\,\frac{V}{8\pi^3}\cdot\frac{4\pi}{3}K^3=\frac{V}{3\pi^2}\left(\frac{2m}{\hbar^2}E\right)^{\frac{3}{2}}$$

式中,$\frac{4\pi}{3}K^3$ 为电子态所占有的 K 空间体积,对 E 微分得

$$Z(E)=\frac{\mathrm{d}N}{\mathrm{d}E}=\frac{V}{2\pi^2}\left(\frac{2m}{\hbar^2}\right)^{\frac{3}{2}}E^{\frac{1}{2}}=CE^{\frac{1}{2}} \quad (1\text{-}24)$$

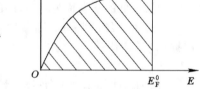

图 1-2　自由电子的能态密度曲线

显然,$Z(E)$ 和 E 的关系曲线如图 1-2 所示。图中阴影部分是 0 K 时被电子占有的能级,E_F^0 是 0 K 时能量最低的占有态的能量。

1.5　自由电子按能级分布

金属中自由电子的能量是量子化的,构成准连续能谱。金属中大量的自由电子是怎样占据这些能级的呢? 理论和实验证实:当温度高于 0 K 时,自由电子服从费米-狄拉克分布

概率,能量为 E 的状态被电子占有的概率 $f(E)$ 由费米-狄拉克分布概率决定,即在热平衡状态下自由电子处于能量 E 的概率为

$$f = \frac{1}{\exp\left(\dfrac{E - E_\mathrm{F}}{kT}\right) + 1} \tag{1-25}$$

式中,f 为费米-狄拉克分布函数;E_F 为温度 T 时的费米能(体积不变时系统中增加 1 个电子的自由能增量);k 为玻尔兹曼常数;T 为热力学温度,K。

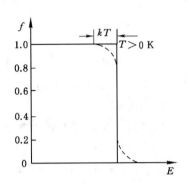

图 1-3　费米-狄拉克分布概率曲线

式(1-25)表明:在 0 K 温度下,如果 $E \leqslant E_\mathrm{F}$,则 $f = 1$;若 $E > E_\mathrm{F}$,则 $f = 0$。这意味着:在绝对零度下能量小于 E_F 的状态均被电子填满($f = 1$),而能量大于 E_F 的状态都不出现电子($f = 0$)。图 1-3 中实线表示自由电子在 0 K 时的能态分布规律。

下面分析温度高于 0 K 时的情况。此时 $T > 0$ K 且 $E_\mathrm{F} \gg kT$(室温时 kT 约等于 0.025 eV,金属在熔点以下都满足此条件)。

当 $E = E_\mathrm{F}$ 时,$f(E) = \dfrac{1}{2}$。分析式(1-25)同理可得:

(1) $E < E_\mathrm{F}$

$$\begin{cases} f(E) = 1 & (E \ll E_\mathrm{F}) \\ f(E) < 1 & (E_\mathrm{F} - E \leqslant kT) \end{cases}$$

(2) $E > E_\mathrm{F}$

$$\begin{cases} f(E) = 0 & (E \gg E_\mathrm{F}) \\ f(E) < \dfrac{1}{2} & (E_\mathrm{F} - E \leqslant kT) \end{cases}$$

于是获得温度高于 0 K 但又不是特别高时的费米分布函数图像(图 1-3 中的 $T > 0$ K 曲线),此图像具有重要意义。它说明金属在熔点以下,虽然自由电子都受到热激发,但只有能量在 E_F 附近 kT 范围内的电子吸收能量,从 E_F 以下能级跳到 E_F 以上能级,即温度变化时,只有一小部分的电子受温度的影响。所以量子自由电子学说正确解释了金属电子比热容较小的原因,其值仅为德鲁德理论值的百分之一。

在温度高于 0 K 条件下,对电子平均能量和 $\bar{E}$ 的近似计算表明此时平均能量略有提高,即

$$\bar{E} = \frac{3}{5} E_\mathrm{F}^0 \left[1 + \frac{5}{12}\pi^2 \left(\frac{kT}{E_\mathrm{F}^0}\right)^2\right] \tag{1-26}$$

而 E_F 值略有下降,减小值数量级为 10^{-5},即

$$E_\mathrm{F} = E_\mathrm{F}^0 \left[1 - \frac{\pi^2}{12}\left(\frac{kT}{E_\mathrm{F}^0}\right)^2\right]$$

故可以认为金属费米能不随温度变化。

1.6 晶体能带理论基本知识概述

量子自由电子学说较经典电子理论有了巨大的进步,但是其模型与实际情况相比较仍过于简化,解释和预测实际问题时仍遇到不少困难,例如,镁是二价金属,为什么导电性却比一价金属铜还差?量子力学认为:即使电子的动能小于势能位垒高度,电子也有一定概率穿过位垒,这称为隧道效应。产生该效应的原因是电子波到达位垒时波函数并不立即降为 0,据此可以认为固体中一切价电子都可发生位移。诸如固体导电性有巨大的差异(Ag 的电阻率仅为 10^{-5} $\Omega \cdot m$,而熔融硅的电阻率却高达 10^{16} $\Omega \cdot m$)等问题,都是在能带理论建立起来以后才得以解决的。

能带理论是研究固体中电子运动规律的一种近似理论,是现代固体电子技术的理论基础,也是半导体材料和器件发展的理论基础,对微电子技术的发展起到了不可估量的推动作用,在金属领域可以半定量地解决问题。固体由原子组成,原子又包括原子核和最外层电子,它们均处于不断运动状态。实际上,一个电子是在由晶体中所有格点上离子和其他所有电子共同产生的势场中运动的,其势能不能视为常数,而是位置的函数。严格来讲,要了解固体中的电子状态,必须首先写出晶体中所有相互作用的离子和电子系统的薛定谔方程,并求解。然而这是一个极其复杂的多体问题,很难得到精确解,所以只能采用近似处理方法来研究电子状态。假定固体中的原子核不动,并设想每个电子是在固定的原子核的势场及其他电子的平均势场中运动。这样就把问题简化为单电子问题,这种方法称为单电子近似法。用这种方法求出的电子在晶体中的能量状态,将在能级的准连续谱上出现带隙(分为禁带和允带),因此,用单电子近似法处理晶体中的电子能谱的理论称为能带理论。

能带理论首先由布洛赫和布里渊在解决金属的导电性问题时提出,经过几十年的发展,内容十分丰富,具体的计算方法有自由电子近似法、紧束缚近似法、正交化平面波法和原胞法等。一类能带模型是近自由电子近似,对于金属经典简化假设,是将价电子考虑成可在晶体中穿越的自由电子,仅受到离子晶格的弱散射和扰动,这种近自由电子近似比自由电子模型更为接近真实晶体的情况。这种方法要承认晶体是由离子点阵构成的事实,并且考虑离子点阵的周期性。近自由电子近似构成了金属电子传输的理论基础。另一类能带模型包括紧束缚近似、克隆尼克-潘纳近似、瓦格纳-塞茨近似原胞法和原子轨道线性组合法等,这些近似都是计算能带的方法,而且能够给出明确的物理意义。

能带理论和量子自由电子学说一样,把电子的运动看作是基本独立的,它们的运动遵循量子力学统计规律——费米-狄拉克统计规律,但是二者的区别在于能量理论考虑了晶体原子的周期势场对电子运动的影响。

近自由电子近似是能带理论中的一个简单模型。量子自由电子模型忽略了离子实与电子的作用,而且假设金属晶体势场是均匀的,处处相同,显然与实际情况不完全符合。近自由电子近似模型的基本出发点是电子经受的势场应该随着晶体中重复的原子排列而呈周期性变化,因此晶体中的价电子行为接近自由电子,而周期势场的作用可以看作很弱的周期性起伏的微扰。近自由电子近似尽管模型简单,但是给出了周期场中运动电子本征态的一些最基本特点。

1.6.1　周期势场中的传导电子

图 1-4 为一维晶体场势能变化曲线,晶体场势能周期性变化可表征为一个周期性函数。

$$U(x + Na) = U(x) \tag{1-27}$$

式中,a 为点阵常数。

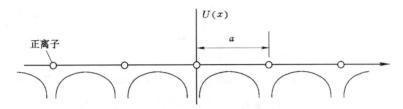

图 1-4　一维晶体场势能变化曲线

求解电子在周期势场中运动波函数,原则上要找出 $U(x)$ 的表达式,并将 $U(x)$ 代入薛定谔方程中。为了尽量使问题简化,假设:① 点阵是完整的;② 晶体无穷大,不考虑表面效应;③ 不考虑离子热运动对电子运动的影响;④ 每个电子独立地在离子势场中运动(若考虑电子间的相互作用,其结果有显著差别)。采用以上假设后,便可以认为价电子是准自由电子,其一维运动状态可由方程式(1-12)解出,且 $U(x)$ 满足式(1-27)的周期性。

准自由电子受到晶体周期势场作用之后,其 E-K 关系曲线如图 1-5(b)所示。由图 1-5(a)可见:对于大多数 K 值,式(1-15)仍成立。但对于某些 K 值,即使 $U(x)$ 变化很小,这种与自由电子的类似性也完全消失。此时准自由电子的能量不同于自由电子的能量。金属和其他固体很多性质差异正是源于这种效应。应用量子力学数学解法,按准自由电子近似条件对式(1-12)求解,可以得到如下结论:当 $K = \pm \dfrac{n\pi}{a}$ 时,在准连续的能谱上出现能隙,即出现了图 1-5(b)所示允带和禁带。允带和禁带相互交替,如图 1-5(c)所示。电子可以具有允带中各能级的能量,但允带中每个能级只允许有 2 个不同自旋磁量子数的电子存在。在外加电场的作用下电子有无活动的余地,即能否转向电场正端运动的能级上去而产生电流,取决于物质的能带结构。而能带结构与价电子数、禁带的宽度和允带的空能级等因素有关。所谓空能级,是指允带中未被电子填满的能级,具有空能级允带中的电子是自由的,在外电场作用下参与导电,所以这样的允带称为导带。禁带的宽度取决于周期势场的变化幅度,变化幅度越大,禁带越宽;若势场没有变化,则能量间隙为 0,此时的能量分布情况如图 1-5(a)中 E-K 关系曲线所示。

1.6.2　禁带起因

下面采用布拉格(Bragg)定律对禁带的产生进行推证。假设 $A_0 e^{iKx}$ 是电子波,沿着 $+x$ 轴方向且垂直于一组晶面传播,$A_0 e^{iKx}$ 便可以看作入射波。当这个电子波通过每列原子时就发射子波,且由每个原子相同地向外传播。这些子波相当于光学中由衍射光栅的线条传播出去的惠更斯子波。由同一列原子传播出去的所有子波是同相位的,因为同时由入射波的同一波峰或波谷形成,结果是因干涉而形成两个与入射波同类型的波(平面波)。这两个合成波中有一个是向前传播的,与入射波不能区分;另一个合成波向后传播,相当于反射波。一般来说,对于任意 K 值,不同列原子的反射波相位不同,由于干涉而相抵消,即没有反射

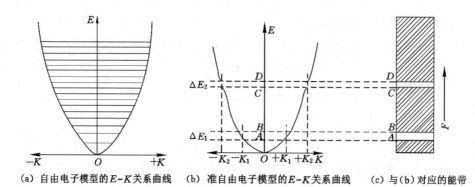

(a) 自由电子模型的 $E\text{-}K$ 关系曲线　　(b) 准自由电子模型的 $E\text{-}K$ 关系曲线　　(c) 与(b)对应的能带

图 1-5　晶体中电子能量 E 与波矢量 K 的关系曲线

波。这个结果表明:具有这样波矢 K 值的电子波,在晶体中传播不受影响,好像整齐排列的点阵,对电子完全是"透明"的,这种状态的电子在点阵中完全是自由的。但是,是否任意波矢 K 的电子都是这样呢?

描述能带结构的模型是布里渊区(Brillouin zone,简称布氏区)理论。电子运动由于具有波的性质,与 X 射线的性质一样,因此可以把金属中价电子的运动看作 X 射线在金属晶体中的运动,电子波在晶体中运动时也符合布拉格衍射定律,即当电子波长的整数倍 $n\lambda$ 等于点阵周期常数 a 的 2 倍时,电子波就会受到原子面的反射。布拉格反射条件为 $n\lambda = 2d\sin\theta$。式中,d 为晶面间距,θ 为电子波与晶面的夹角。在禁带处有 $k = \pm\dfrac{n\pi}{a}$,而波数 $k = 2\pi/n$,则 $n\lambda = 2a$,满足布拉格反射条件,即当 $k = \pm\dfrac{n\pi}{a}$ 时,电子进行布拉格反射,从而能隙出现,导致将 K 空间划分为区,这些区称为布里渊区。简单地说,在 K 空间中以倒格矢作倒格点,选取一个倒格点作为原点,作由原点到各倒格点的垂直平分面,这些面相交所围成的多面体区域称为布里渊区。

1.6.3　布里渊区

1.6.3.1　一维 K 空间

一维晶体中,在 $k = \pm\dfrac{\pi}{a}$ 处出现第一个能隙,所以布里渊区的划分方法为:空间中倒格矢的垂直中分面,由 $k = -\dfrac{\pi}{a}$ 至 $k = +\dfrac{\pi}{a}$ 的区域是第一布里渊区,由 $k = -\dfrac{2\pi}{a}$ 至 $k = +\dfrac{2\pi}{a}$ 决定第二布里渊区的边界,并依次类推(图 1-6)。

1.6.3.2　二维 K 空间与等能线

二维 K 空间布里渊区的求法与一维的类似。设二维正方晶格的点阵常数为 a,先绘制出它的倒易点阵,然后引出倒易矢量,作最短倒易矢量的垂直平分线,其围成的封闭区就是二维正方晶格的第一布氏区。如果设想向 K 空间逐步加入"准自由"电子,那么电子将按系统能量最小原理,由能量低的能级向能量高的能级填充。如果把能量相同的 K 值连接起来,则会形成一条线,这就是等能线,如图 1-7 所示。低能量的等能线 1 和 2 是以空间原点为中心的圆(三维情况下为一球面)。在这个范围内,波矢离布里渊区边界较

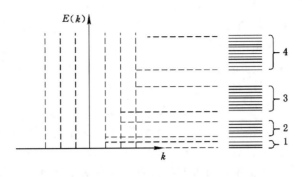

图 1-6　能量模型

远,这些电子与自由电子的行为相同,不受点阵周期场的影响,所以各方向上的 E-K 关系相同。当 K 值增大时,等能线 3 开始偏离圆形,并在接近边界部位向外突出,受点阵周期场的影响逐渐显著,dE/dK 比自由电子小[图 1-7(a)],因而在这个方向上两个等能线之间 K 的增量比自由电子的大。等能线 4 和等能线 5 表示与布里渊区的边界相交;处于布里渊区顶角的等级在这个布里渊区中能量最高(图 1-7 中 Q 点),在边界上能量是不连续的,等能面不能穿过布里渊区边界。

在布里渊区边界,有能隙 $2|v_n|$,它表示禁带宽度,但三维晶体不一定有禁带。例如,图 1-7 中,如果第一区[0 1]方向最高能级 P 为 4.5 eV,这个方向的能隙为 4 eV,则第二区最低能为 8.5 eV;如果[1 1]方向最高能级 Q 为 6.5 eV,在这种情况下整个晶体有能隙,如图 1-7(b)所示,第一区和第二区的能带是分立的。如果[0 1]方向的能隙只有 1 eV,则 R 为 5.5 eV,这种情况下整个晶体没有能隙,第一区和第二区能带交叠,如图 1-7(c)所示。

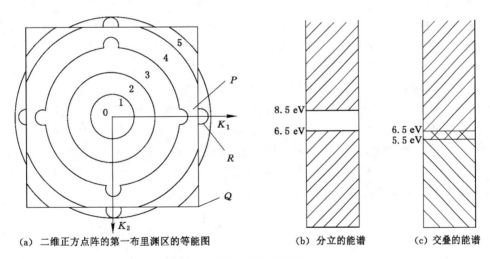

(a) 二维正方点阵的第一布里渊区的等能图　　(b) 分立的能谱　　(c) 交叠的能谱

图 1-7　布里渊区与能谱示意图

1.6.3.3　三维 K 空间与等能面

三维晶体中的布里渊区比较复杂。三维布里渊区的界面构成多面体。在二维情况下已经看到布里渊区边界和产生它的衍射晶面平行,同样,三维布里渊区的界面和产生它的衍射面平行。可见,布里渊区的形状是由晶体结构决定的。

对于简单立方,第一布里渊区的边界围成一个立方体;对于面心立方,第一布里渊区边界围成一个十四面体;对于体心立方,第一布里渊区围成一个十二面体,如图 1-8 所示。第二布里渊区就更为复杂,这里不予讨论。可以证明第二布里渊区和所有其他布里渊区具有相同体积。假定在离子构成的金属晶体中逐渐加入"近自由"电子,电子将根据系统动能最小的原则由能量低的能级向能量高的能级填充。对于一定的 K,可以画出 K 空间的等能面。有关研究表明:当 K 值较小时,等能面是个球,能量为费米能的等能面,即费米球。导电性对金属费米面的形状、性质很敏感。由于温度对它的影响不大,因此费米面具有独立的、永久的本性,可以看作金属真实物理性能,因此研究金属电子理论最重要的工作是研究费米面的几何形状。由二维情况可以推断接近布氏区边界的等能面也发生畸变,处于这种状态的电子行为与自由电子差别很大。

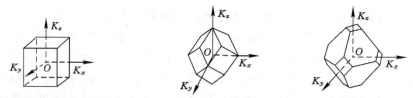

(a) 简单立方晶格第一布里渊区　(b) 体心立方晶格第一布里渊区　(c) 面心立方晶格第一布里渊区

图 1-8　不同晶体结构布里渊区组成

1.6.4　准自由电子近似电子能级密度

周期势场的影响导致能隙出现,使电子 E-K 关系曲线发生变化,同样也使 $Z(E)$ 曲线发生变化。当"准自由"电子逐步填充到金属晶体布里渊区中,填充低能量的能级时,$Z(E)$ 遵循自由电子 E-K 关系曲线的抛物线关系,如图 1-9(a)中 OA 段所示。当电子波矢 K 接近布里渊区边界时,dE/dK 值比自由电子近似的 dE/dK 值小[比较图 1-9(a)中的 A 点附近相同 K 值对应自由电子和近似自由电子的能量变化的差异],即对于同样的能量变化,准自由电子近似的 K 值变化量大于自由电子近似的 K 的变化量,所以在 ΔE 范围内准自由电子近似包含的能级数多,即 $Z(E)$ 曲线上扬变陡,如图 1-9(a)中的 AB 段;当费米面接触布氏区边界时,$Z(E)$ 达到最大值(图中 B 点);其后只有布氏区角落部分的能级可以充填,$Z(E)$ 下降[图 1-9 (a)中 BC 段];当布氏区完全填满时,$Z(E)=0$,如图中 C 点。如果能带交叠,总的 $Z(E)$ 曲线是各区 $Z(E)$ 曲线的叠加,如图 1-9(b)所示。虚线是第一、第二布里渊区的状态密度;实线是叠加的状态密度;阴影部分是已填充的能级。测定长波长(1×10^{-8} m 左右)的软 X 射线谱可以确定费米面以下的状态密度曲线。

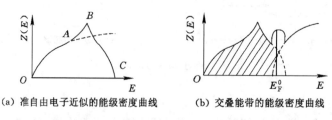

(a) 准自由电子近似的能级密度曲线　　　　(b) 交叠能带的能级密度曲线

图 1-9　能级密度曲线(虚线为自由电子近似的能级密度)

1.6.5　能带和原子能级的关系

前面得出的能带概念是从假设电子是自由的观点出发,然后把传导电子视为准自由电子,即采用了布里渊区理论。如果用相反的思维过程,即先考虑电子完全被原子核束缚,然后再考虑近似束缚的电子,是否也可以得到能带概念呢? 答案是肯定的。这种方法称为紧束缚近似。该方法便于了解原子能级与固体能带间的联系。

设想一晶体的原子排列是规则的,原子间距较大,甚至可以认为原子间无相互作用。此时,每个原子的电子都处在其相应原子能级上。现在把原子间距继续缩小到晶体正常原子间距并研究其能级的变化。相邻原子同一能级的电子云开始重叠时,该能级就要分裂。分裂的能级数与原子数相等。图 1-10 为 2 个钠原子接近时能级变化示意图。图中横向虚线表示孤立原子能级位置,实线表示晶体能级位置。2 个钠原子相互接近时,其外层 3s 电子轨道首先开始分裂。如果这 2 个原子的 3s 电子自旋方向相反,则结合成一个电子对,进入 3s 分裂后的能量较低的轨道,并使系统能量下降。当很多原子聚集成固体时,原子能级分裂成很多亚能级,并导致系统能量降低。由于这些亚能级彼此非常接近,故称它们为能带。当原子间距进一步缩小,以致电子云的重叠范围扩大时,能带的宽度也随之增大。能级的分裂和展宽总是从价电子开始的,因为价电子位于原子的最外层,最先发生相互作用。内层电子的能级只有在原子非常接近时才开始分裂。图 1-11 为原子构成晶体时原子能级分裂示意图。

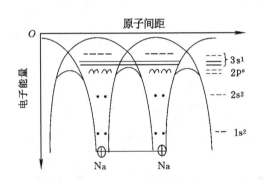

图 1-10　2 个钠原子接近时能级变化示意图

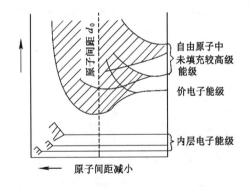

图 1-11　原子构成晶体时原子能级的分裂

原子基态价电子能级分裂而成的能带称为价带,对应于自由原子内部壳层电子能级分裂成的能带分别以相应的光谱学符号命名,一般称 s 带、p 带、d 带等。通常原子内部电子能级分裂成能带的往往不标出,因为它们对固体性能几乎没有什么影响。相应于价带以上的能带(即第一激发态),称为导带。讨论固体性质往往分析的是价带和导带被电子占有的情况。应该指出的是:能带和原子能级并不是永远有简单的对应关系。某些晶体原子处于平衡点阵时,价电子能级和其他能级分裂的能带展宽的程度,足以使它们相互交叠,此时能带结构发生新变化,简单对应关系便消失了。

采用紧束缚近似方法,用解薛定谔方程的数学方法可以得出与布里渊区理论一致的结果,两种方法互补。对于碱金属和铜、银、金,由于其价电子更接近自由电子,则采用准自由电子近似方法处理较为合适。当元素的电子比较紧密地束缚于原来所属的原子时,如过渡族金属的 d 电子或其他晶体,则应用紧束缚近似方法更合适。

1.7 能带理论应用举例

1.7.1 导体、半导体、绝缘体的能带结构

利用能带理论不仅能够很好地解释金属的导电性，还能很好地解释其他物质（如绝缘体、半导体等）的导电性。晶体的导电性与其能带结构及其被电子填充情况密切相关，从而建立了导体、半导体、绝缘体的能带结构。为了理解能带结构和电子填充情况对晶体导电性的影响，先介绍下面两个重要内容。

（1）满带电子不导电

假设在一个为电子充填的一维能带中（图 1-12），横轴上的黑点表示均匀分布的量子态都被电子所充填，这是一满带。当外电场 E 加上之后，各电子均受到相同的电场力 F 作用，由于 K 和 $-K$ 态电子具有大小相同但方向相反的速度，因此，尽管每个电子携带电荷运动，但是相应的 K 和 $-K$ 态电子彼此完全抵消了。也就是说，在电场作用下只要电子没有逸出这个布里渊区就改变不了均匀填充各 K 态的情况，也就不能形成净电荷的迁移，也就没有电流，即满带中的电子对导电没有贡献。

（2）费米球在部分充填的布氏区中的运动

假设三维布氏区中能量较低的能级被电子充填，能量较高的能级是空的，此时布氏区的费米面基本上可以视为球面，如图 1-13 中实线所示。

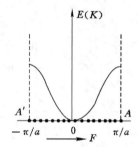

图 1-12 充满能带中的电子运动

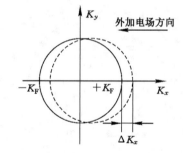

图 1-13 费米球在部分填充的布氏区中的运动

如同满带电子不导电中所分析的，在同一能带中波矢 K 和 $-K$ 电子具有相同的能量，但是其运动方向相反，速度大小相等。在没有外加电场的平衡态时，电子填充情况是相对于 K 空间原点对称的，因此尽管电子自由运动但相互抵消，故没有宏观电流。如果在 x 轴方向施加一个外电场 E，每个电子都受到一个电场力 eE 的作用，该力使处于不同状态的电子都获得与电场方向相反的加速度，相当于费米球向 $+K_x$ 方向平移了 ΔK_x（图 1-13 中虚线圆）。此时波矢接近 $+K_F$ 的电子沿 $+K_F$ 方向运动就能产生电流。因为虚圆不再关于原点对称了，这些电子没有与其相应反向运动的电子相抵消。利用费米球在布氏区中位移的分析方法，可以推算出典型金属的电导率。

$$\sigma = \frac{ne^2 l_F}{2m v_F} \tag{1-28}$$

式中，n 为金属电子密度；e 为电子电荷；m 为电子质量；l_F，v_F 分别为费米面附近电子的平均自由程和运动速度。

式(1-28)与由经典自由电子理论推导得到的金属电导率形式相似,但物理意义却不同。式(1-28)突出了费米面附近电子对导电的贡献,这正是能带理论的成功之处。有了以上介绍,便可以对周期表中元素固体的能带结构及其导电性进行分析。

如果允带内的能级未被填满,允带之间没有禁带或允带相互重叠,如图 1-14(a)至图 1-14(c)所示,在外电场的作用下电子很容易从一个能级转到另一个能级上去而产生电流,具有这种能带结构的材料就是导体,所有金属都属于导体。若允带所有的能级都被电子填满,这种能带称为满带。若一个满带上面相邻的是一个较宽的禁带,如图 1-14(d)所示,由于满带中的电子没有活动的余地,即便禁带上面的能带完全是空的(空带),在外电场的作用下电子也很难跳过禁带。也就是说,电子不能趋向一个择优方向运动,即不能产生电流。具有这种能带结构的材料是绝缘体。半导体的能带结构与绝缘体相同,所不同的是其禁带比较窄,如图 1-14(e)所示,电子跳过禁带不像绝缘体那么困难。满带中的电子受热振动等因素的影响,能被激发跳过禁带而进入上面的空带,在外电场作用下空带中的自由电子便产生电流。

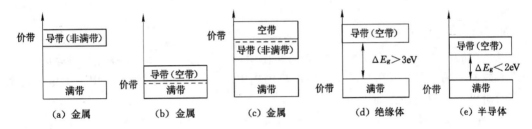

图 1-14　能带填充示意图

元素周期表中 IA 族碱金属 Li、Na、K、Rb、Cs,IB 族的 Cu、Ag、Au,形成晶体时最外层的 s 电子成为传导电子,由于每个原子只能给出 1 个价电子,所以其价带只能填充至半满,因此它们都是良导体,电阻率只有 $10^{-6} \sim 10^{-2}$ $\Omega \cdot cm$,如果以电子能级密度 $Z(E)$ 为纵坐标来表示每个布氏区的能带,则该类晶体的带结构如图 1-15(a)所示。

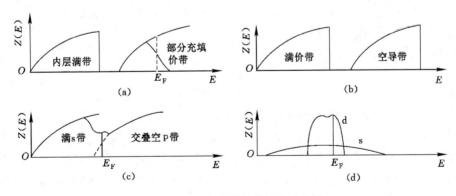

图 1-15　元素分类能带结构示意图

二价元素,如周期表中 IIA 族碱土族 Be、Mg、Ca、Sr、Ba,IIB 族 Zn、Cd、Hg,按上面的讨论,每个原子给出 2 个价电子,则得到填满的能带结构,应该是绝缘体。一维情况的确是这样,但是三维晶体情况下,由于能带之间重叠,造成在费米能级以上不存在禁带,因此二价元素也是金属,能带结构如图 1-15(c)所示。三价元素 Al、Ga、In、Tl 每个单胞含有 1 个原子,每个原子给出 3 个价电子,因此,可填满 1 个带和 1 个半满的带,因此也是金属。As、Sb、Bi 每个原子外围有 5 个电子,其原胞有 2 个原子,这种晶体结构使 5 个带填 10 个电子已几乎全满,带中电子填充得少,因此称为半金属,传导电子浓度只有 10^{24} m^{-3},比通常金属低 4 个数量级。

四价元素具有特殊性。导带是空的,价带完全填满,中间有能隙,但是能隙 E_g 较小,Ge和 Si 的能隙分别为 0.67 eV 和 1.14 eV。室温下,价带电子受热激发进入导带,成为传导电子,且随着温度增加导电性增强。因此,它们在低温下是绝缘体,室温下成为半导体。

离子晶体一般为绝缘体。例如,NaCl 晶体中 Na$^+$ 的 3s 电子移到 Cl$^-$ 中,则 3s 轨道是空的,Cl$^-$ 的 3p 轨道是满带,从满带到 3s 空带是 10 eV 的禁带,热激发不能使电子进入导带,因此是绝缘体(一般情况下绝缘体 $E_g \geqslant 3$ eV)。四价元素晶体和离子晶体的电子能带结构如图 1-15(b)所示,只是半导体晶体能带结构的能隙(禁带宽度)窄一些。正是这样,晶体的周期势场使不同结构的晶体具有不同能带结构,这也是导体、半导体、绝缘体导电性能差别巨大的原因。

1.7.2 电子有效质量

晶体中的电子即使没有受到外加电场的作用,也会受到内部原子和电子的势场作用。引入有效质量的意义是其包括了晶体内部势场作用,在研究外部作用力作用下的电子运动规律时可以不考虑内部势场作用。

以一维情况为例。设 m 为电子的惯性质量,F_L 为电子所受到的晶格场力,F 为电子所受到晶体以外的场所施加的力。

则加速度

$$a = \frac{1}{m}(F + F_L)$$

与 $a = \frac{1}{m}F$ 比较,可得 $a = \frac{1}{m^*}F$。

m^* 为电子的有效质量,m^* 与 m 的区别来源于 F_L。m^* 除了反映电子的惯性之外,还概括了晶格场力 F_L 对电子的作用。

电子的有效质量满足如下表达式:

$$m^* = \frac{\hbar^2}{\mathrm{d}^2E/\mathrm{d}k^2}$$

式中,$\hbar$ 为约化普朗克常数;E 为电子能量;k 为波矢。

有效质量是一个方便研究的虚构物,可以理解为晶体的电子被外加电场加速时用有效质量代替实际质量。把晶体周期性势场的作用概括到电子的有效质量中去,使得在引入有效质量之后,就可以将运动复杂的晶体电子看作简单的自由电子。有效质量的正负与位置有关,大小与共有化运动的强弱有关。

1.8 晶体能带理论的局限性

能带理论是研究固体电子运动的一个主要理论,被广泛用于研究导体、绝缘体及半导体的物理性能,为这些不同的领域提供一个统一的分析方法。能带理论在阐明电子在晶格中的运动规律、固体的导电机制、合金的某些性质和金属结合能等方面取得了重大成就,但能带理论毕竟是一种近似理论,其基础是单电子理论,是将本来相互关联运动的粒子看作在一定的平均势场中彼此独立运动的粒子,所以能带理论在应用中必然存在局限性。例如某些晶体的导电性能不能用能带理论解释,即电子共有化模型和单电子近似不适用于这些晶体。

首先,能带理论在解释过渡族金属化合物的导电性能方面往往是失败的。例如,氧化锰晶体的每个原胞都含有 1 个锰原子和 1 个氧原子,因而含有 5 个锰的 3d 电子和 2 个氧的 2p 电子,按能带理论分,2p 带应是全满的,3d 带是半满的。由于 3d 带与 2p 带没有发生交叠,所以氧化锰晶体应该是导体。实际上,这种晶体是绝缘体,室温下的电阻率为 10^{15} $\Omega \cdot cm$。又如能带理论预言三氧化铼(ReO_3)是绝缘体,实际上却是良导体,室温下的电阻率为 10^{-15} $\Omega \cdot cm$,与铜的电阻率相近。

其次,根据能带理论分析,晶体每个原胞含有奇数个电子时,这种晶体必然是导体。随着晶体中原子间距的增大,原子间波函数的交叠变小,能带变窄,电子的有效质量增大,晶体的电导率逐渐降低,然而实际情况往往不是这样的。例如钠晶体,3s 电子形成的能带是半满的,因此是导体。现在,如果使用某种方法使钠晶体膨胀,以增大晶格常数 a,电导率逐渐下降,当 a 达到某一临界值 a_c 时,电导率突然下降为 0,成为绝缘体;当 $a < a_c$ 时,电导率仍然为 0。若晶格常数足够大,导体就会成为绝缘体,这种现象称为金属-绝缘体转变。能带理论无法解释这种转变。这种转变的原因是 a 越大,所形成的能带越窄,致使电子的动能越小而局限于原子的周围,并不参与导电。这样,尽管能带是半满的,但晶体却是绝缘体。

其他如超导电性、晶体中电子的集体运动等,都需要考虑电子与声子之间以及电子与电子之间的关联作用,所以无法用单电子的能带理论去解释。多电子理论建立后,单电子能带理论的结果常作为多电子理论的起点,在解决现代复杂问题时这两种理论是相辅相成的。

课程思政案例

中国量子计算发展历程

量子计算利用诸如叠加和纠缠等量子力学现象来进行计算,其被视为人类科技发展的下一个重要突破口,能够解决经典计算机无法解决的问题,尤其是在大规模数据和复杂算法方面。量子计算机能够同时进行多个计算,从而在处理大规模问题时比传统计算机更高效。从 2003 年中国第一个量子计算研究小组成立开始,中国量子计算经过了 20 年的发展历程,实现了从落后到追赶,再到紧跟国际水平。

中国科学院院士郭光灿是国内最早开始进行量子信息研究的,他 1980 年到加拿大多伦多大学留学时发现,国外学者于 20 世纪 60 年代开始了量子光学的研究,而国内的相关研究近乎空白。

1984 年,郭光灿主持召开了全国第一个量子光学学术会议,此后他开设了国内第一门量子光学课程,组建了第一个量子信息实验室。2001 年他获得了中国首个量子信息技术"973 计划"项目,联合全国十多个科研单位的 50 余名学者组成了团队。

2003 年在中国科学技术大学一间教室内,6 名青年成立了中国第一个量子计算研究小组,开始探索如何制造出中国的量子计算机。

与量子光学、量子通信相比,量子计算是一条更难走的路,但仍有一群坚定的科研人员,将中国量子计算产业不断向前推进。

2017 年郭光灿院士和郭国平教授带领中科院量子信息重点实验室博士团队,联合创立了中国第一家量子计算公司——本源量子计算科技(合肥)股份有限公司,致力于中国量子计算的工程化和产业化。

2018 年 12 月,具有完全自主知识产权的首款国产量子测控系统——本源量子测控一体机研制成功,它不但能最大程度发挥量子芯片性能,而且能应用于精密测量等科研领域。

量子芯片、量子计算测控一体机、量子操作系统、量子软件、量子计算云平台……中国量子计算研究不断取得新成果。

在权威机构公布的全球量子计算技术发明专利排行榜中,中国的本源量子、百度网讯、浪潮、腾讯科技、华为、阿里巴巴、图灵量子、启科量子、量旋科技、国家电网、国仪量子、四川元匠科技、阿里巴巴达摩院、建银国际、永达电子等公司入选前 100 位。

启科量子、图灵量子、阿里巴巴、百度、腾讯、华为等企业,均成立了量子实验室,在量子计算硬件、软件算法、云平台及应用服务等方面开展研究。

目前,中国科学家们已经组建了国内第一个量子计算产业联盟。2023 年 5 月,中国航空工业集团、郑州大学国家超级计算中心等 34 家企业、高校等机构加盟,涉及航空航天、大数据、先进计算、金融等领域。

2016 年 8 月国务院颁发了《"十三五"国家科技创新规划》,将量子计算机列入科技创新2030 重大项目。2021 年,"量子信息"首次出现在"十四五"规划及政府工作报告中。同年,教育部正式把量子信息学科纳入本科生教育,以加快量子领域人才培养。越来越多的人才和资本流向量子赛道,产业得以蓬勃发展,量子计算已经成为中国硬科技的一张名片。

量子计算还存在很多有待突破和解决的问题。例如,目前量子计算在运算过程中难以提供稳定的算力;量子比特的数量虽然已达到了量子计算优越性,但量子纠缠的操纵精度、纠错容错能力仍旧不够。

量子计算是一门艰深的学科,人类刚刚敲开量子科技的大门,在诸多物理体系的技术突破上仍充满荆棘。中国要在这场量子计算的全球争夺战中领先,需要一代又一代的中国量子计算人的接续奋斗。

本 章 小 结

本章旨在巩固大学普通物理的量子物理基础,复习描述微观粒子运动规律的波函数及薛定谔方程等相关知识,以此为基础引入认识晶体中电子运动的三个基本理论。金属费米-索末菲自由电子理论与经典自由电子理论的根本区别是前者认识了固体中电子运动规律服从费米-狄拉克分布函数;而能带理论是在量子自由电子学说的基础上充分考虑了晶体周期势场的结果。正是采用准自由电子近似,利用 K 空间和晶体倒易点阵,才建立了布里渊区理论。利用紧束缚近似,简单地阐明了能带与原子能级的关系。应当从物理本质上理解晶体中电子能量结构的导带、价带和禁带(能隙)产生的原因,并利用能带理论的初步知识说明材料的一些物理性质。

复　习　题

1-1　阐述量子自由电子理论与经典自由电子理论的异同。

1-2　如果电子占据某一能级的概率为 1/4，另一能级被占据的概率为 3/4，分别计算两个能级的能量比费米能高出多少 kT。应用计算结果说明费米分布函数的特点。

1-3　计算 Cu 的 $E_F^0 (n=8.5\times10^3 \ kg/m^3)$。

1-4　若自由电子矢量 $\mathbf{K}$ 满足晶格周期性边界条件 $\Psi(x)=\Psi(x+L)$ 和定态薛定谔方程，试证明 $e^{iKL}=1$ 成立。

1-5　试用布拉格反射定律说明晶体电子能谱中禁带产生的原因。（$2d\sin\theta=n\lambda$）

1-6　试用晶体能带理论说明导体、半导体、绝缘体的导电性。（画出典型的能带结构图分别说明）

1-7　用能带理论分析一价碱金属、二价碱土、三价金属导电性的差别。

1-8　证明：对于能带中的电子，K 状态和 $-K$ 状态的电子速度大小相等，方向相反，即 $v(k)=-v(-k)$，并解释为什么无外场时晶体总电流等于 0。

$$v(k)=\frac{1}{h}\left[\frac{\partial E(k)}{\partial k_x}i+\frac{\partial E(k)}{\partial k_y}j+\frac{\partial E(k)}{\partial k_z}k\right]$$

1-9　设晶格常数为 a 的一维晶体，其电子能量 E 与波矢 k 的关系式为

$$E=E_1+(E_2-E_1)\sin^2\frac{ka}{2}\quad(E_2>E_1)$$

(1) 在这个能带中的电子，其有效质量和速度如何随 k 变化？

$$m^*=\frac{\hbar^2}{d^2E/dk^2}$$

(2) 设一个电子最初在能带底，受到与时间无关的电场作用，最后达到大约 $k=\pi/(2a)$ 的状态，试讨论电子在真实空间中位置的变化规律。

1-10　根据图 1-16 所示能量曲线 $E(k)$ 的形状，试回答下列问题：

(1) 在 Ⅰ，Ⅱ，Ⅲ 3 个带中，哪个带的电子有效质量数值最小？

(2) 考虑 Ⅰ，Ⅱ 2 个带充满电子，而 Ⅲ 带全空的情况，若少量电子进入 Ⅲ 带，在 Ⅱ 带中产生同样数量空穴，那么 Ⅱ 带空穴有效质量比 Ⅲ 带电子有效质量大还是小？

解题思路：

(1) 电子有效质量的数值与 $\partial E^2/\partial k^2$ 成反比，能带越宽，$\partial E^2/\partial k^2$ 越大，电子有效质量越小。Ⅲ 带最宽，故电子有效质量数值最小。

(2) Ⅱ 带顶附近的少量电子进入 Ⅲ 带，将占据 Ⅲ 带底附近的状态，少量空穴则处于带顶附近的状态。空穴的有效质量定义为电子有效质量的负值。

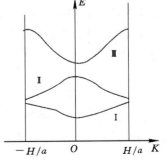

图 1-16　习题 1-10 图

第2章 材料的导电性能

　　导电性能是指固体材料中的电子、空穴、离子等电荷在电场作用下的定向迁移运动。材料的导电性能是其物理性能的重要组成部分。导体材料、半导体材料、绝缘体材料、超导材料是根据材料导电性能的不同来划分的,这些材料在电子及电力工业中应用非常广泛,例如与人类的生活息息相关的手机、电视、电脑、发电机、变压器等都应用了材料的导电性能。同时,表征材料导电性的电阻率是一种对组织结构敏感的参量,所以可通过电阻分析来研究材料的相变。

　　本章主要介绍金属材料、离子材料导电的微观机制及影响因素,半导体、超导体的导电特性,电导功能材料,电性能测量及其应用。

2.1 引言

2.1.1 导电性能的表征

　　材料的导电性能可以用电阻、电阻率、电导、电导率来表征。

　　电阻和电阻率表征材料对电流的阻碍能力。如果在材料两端施加的电压为 V,材料中产生的电流为 I,则把 V 与 I 之比定义为该段材料的电阻,用 R 表示,即

$$R = \frac{V}{I} \tag{2-1}$$

　　材料中某点的电阻率 ρ 定义为该点的电场强度 E 的大小与同点的电流密度 J 的大小之比,即

$$\rho = \frac{E}{J} \tag{2-2}$$

　　电阻率只与材料特性有关,而与材料的几何尺寸无关。电阻不仅与材料特性有关,还与材料尺寸有关。在国际单位制中,电阻的单位为欧姆(Ω),电阻率的单位为欧姆·米($\Omega \cdot m$)。由一定材料制成的横截面面积均匀的材料,如果长度为 L,横截面面积为 S,则该段材料的电阻为

$$R = \rho \frac{L}{S} \tag{2-3}$$

　　电导和电导率表征材料对电流的导通能力。如果在材料两端施加的电压为 V,材料中产生的电流为 I,则把 I 与 V 之比定义为该段材料的电导,用 G 表示,即

$$G = \frac{I}{V} \tag{2-4}$$

　　材料中某点的电导率 σ 定义为该点的电流密度 J 的大小与同点的电场强度 E 的大小

之比,即

$$\sigma = \frac{J}{E} \tag{2-5}$$

电导率只与材料特性有关,与材料的几何尺寸无关,而电导不仅与材料特性有关,还与材料尺寸有关。在国际单位制中,电导的单位为欧姆$^{-1}$(Ω^{-1}),或者西门子(S);电导率的单位为欧姆$^{-1}$·米$^{-1}$(Ω^{-1}·m^{-1}),或者西门子每米(S/m)。由一定材料制成的横截面均匀的材料,如果长度为 L,横截面面积为 S,则该段材料的电导为

$$G = \sigma \frac{S}{L} \tag{2-6}$$

电导与电阻的关系式为 $G = \frac{1}{R}$,电导率与电阻率的关系式为 $\sigma = \frac{1}{\rho}$。

工程中常用相对电导率(%IACS $= \% \frac{\sigma}{\sigma_{Cu}}$)表征材料的导电性能。其定义是:把国际标准软纯铜(20 ℃时电阻率为 0.017 24 Ω·m)的电导率作为100%,其他材料的电导率与之相比的百分数即该材料的相对电导率,例如,铁的%IACS 为 17%,铝的%IACS 为 65%。

2.1.2　材料导电性的分类

各种材料导电性的差别很大,在室温下导电性很好的材料(如银和铜)和导电性很差的材料(如聚苯乙烯和金刚石)之间电阻率的差别可达 25 个数量级。如果考虑低温下超导体的导电性,电阻率的差别可达到 40 个数量级,其比值等同于宇宙 10^{26} 与电子 10^{-14} 大小的差别。表 2-1 列出了一些材料在室温下的电导率。

表 2-1　一些材料在室温下的电导率 σ　　　　单位:$(\Omega \cdot m)^{-1}$

材料	电导率 σ	材料	电导率 σ	材料	电导率 σ
Ag	6.3×10^{7}	CrO_2	3.3×10^{6}	Si	4.3×10^{-4}
Cu	6.0×10^{7}	Fe_3O_4	1.0×10^{4}	Ge	2.2
Au	4.3×10^{7}	SiC	10	聚乙烯	$<10^{-14}$
Al	3.8×10^{7}	MgO	$<10^{-12}$	聚丙烯	$<10^{-13}$
Fe	1.0×10^{7}	Al_2O_3	$<10^{-12}$	聚苯乙烯	$<10^{-14}$
70Cu-30Zn	1.6×10^{7}	Si_3N_4	$<10^{-12}$	聚四氟乙烯	$<10^{-16}$
普碳钢	6.0×10^{6}	SiO_2	$<10^{-12}$	尼龙	$10^{-10} \sim 10^{-13}$
不锈钢(304)	1.4×10^{6}	滑石	$<10^{-12}$	聚氯乙烯	$10^{-10} \sim 10^{-14}$
TiB_2	1.7×10^{7}	耐火砖	$<10^{-6}$	酚醛树脂	10^{-11}
TiN	4.0×10^{6}	普通电瓷	$<10^{-12}$	特氟龙	10^{-14}
$MoSi_2$	$(2.2 \sim 3.3) \times 10^{6}$	熔融石英	$<10^{-18}$	硫化橡胶	10^{-12}
ReO_3	5.0×10^{7}	石墨	$3 \times 10^{4} \sim 2 \times 10^{5}$	聚乙炔(拉伸态)	1.6×10^{7}

一般根据电阻率的大小把材料分为导体、半导体、绝缘体三类。导体的电阻率小于 10^{-5} Ω·m,半导体的电阻率介于 $10^{-5} \sim 10^{9}$ Ω·m 之间,绝缘体的电阻率大于 10^{9} Ω·m。金属及合金一般属于导体材料,纯金属的电阻率在 $10^{-8} \sim 10^{-7}$ Ω·m 之间,合金的电阻率在 $10^{-7} \sim 10^{-5}$ Ω·m 之间;硅、锗、锡及它们的某些化合物,以及少量的陶瓷和高分子聚合

物属于半导体;绝大多数陶瓷、玻璃和高分子聚合物属于绝缘体。

长距离传输电力的金属导线应该具有很高的导电性,以减少由于电线发热而造成的电力损失。陶瓷和高分子的绝缘材料必须具有不导电性,以防止短路或产生电弧。作为太阳能电池的半导体对其导电性能的要求更高,以获得尽可能高的太阳能利用率。

2.1.3 载流子

材料能够导电是因为在电场作用下电荷在空间的定向流动,即产生了电流。能够携带电荷的粒子称为载流子。

金属和半导体中载流子是自由电子(包括负电子和空穴),所以称为电子电导。无机材料中可以有两类载流子:一类是离子(包括正离子、负离子和空位),另一类是电子。由于无机非金属材料大多数为离子键和共价键结合,没有自由电子,所以导电机制为离子电导。

除了电子和离子这两种常见的载流子外,还有形式比较特殊的载流子,如在超导体中,载流子是因某种相互作用而结成的电子对(库珀对);在导电高分子聚合物中,载流子是称为孤子的特殊电子形态。

2.2 金属材料的导电

2.2.1 金属导电机制

人们对金属导电机制的认识是不断深入的。最初采用经典自由电子理论推导出了类似式(1-1)的金属电导率表达式。

$$\sigma = \frac{e^2}{2m} n\tau = \frac{e^2}{2m} n \frac{l}{v} \tag{2-7}$$

式(2-7)是以所有自由电子都对金属电导率做出贡献为假设而推导出来的。经典自由电子理论成功地解释了欧姆定律、魏德曼-弗朗兹定律等,但无法解释二价金属的导电性为何不比一价金属的高和金属的电子比热问题。之后采用量子自由电子理论推导出类似式(1-28)的金属电导率表达式。

$$\sigma = \frac{e^2}{2m} n_{\text{ef}} \tau = \frac{e^2}{2m} n_{\text{ef}} \frac{l_{\text{F}}}{v_{\text{F}}} \tag{2-8}$$

式(2-8)说明只有在费米面附近的电子才能对导电做出贡献,但是仍然不能解释二价金属的导电性为何不比一价金属的高。再后来根据能带理论推导出金属电导率表达式。

$$\sigma = \frac{e^2}{2m^*} n_{\text{ef}} \tau = \frac{e^2}{2m^*} n_{\text{ef}} \frac{l_{\text{F}}}{v_{\text{F}}} \tag{2-9}$$

式中,m^* 为考虑晶体点阵对电场作用后电子的有效质量。

式(2-9)不仅适用于金属,也适用于非金属,能够反映晶体导电的物理本质。

量子自由电子理论比较好地解释了金属电阻产生的原因。量子力学证明:电子波在绝对零度(0 K)下通过一个理想的完整晶体点阵时,将不受到散射而无阻碍地传播。这时 $\rho = 0$,而 σ 为无穷大,即此时的金属是一个理想的导体。只有在晶体点阵完整性遭到破坏的地方电子波才受到散射,因而产生电阻。也可以由惠更斯-菲涅尔原理解释电阻的产生原因。电子波在绝对零度(0 K)下通过一个理想的完整晶体点阵时,当电子波通过每列原子时都发射子波,并且由每个原子相同向外传播。不同列原子的反射波相位不同,由于干涉而抵消,即没有反射波,而在电子波传播方向上的子波由于干涉而加强。在晶体点阵完整性遭到破坏的地方,这些地方之间的距离比波长大,而且其分布无规则,这些地方发出的子波没有一定的位相关系,不能产生干涉而抵消,因而产生散射电子波,从而产生电阻。

温度引起的离子运动(热振动)振幅的变化,以及晶体中异类原子、位错、点缺陷等,都会使理想晶体点阵的周期性遭到破坏。这样,电子波在这些地方发生散射而产生电阻,降低导电性。

由式(2-9)可得

$$\rho = \frac{2m^* v_F}{n_{ef} e^2} \frac{1}{l_F} \tag{2-10}$$

记 $\mu = 1/l_F$,称 μ 为散射系数,式(2-10)可写成

$$\rho = \frac{2m^* v_F}{n_{ef} e^2} \mu \tag{2-11}$$

由于温度升高,离子振幅增大,电子更容易受到散射,故可以认为散射系数 μ 与温度成正比,因为电子速度和数量基本与温度没有关系。

若金属中含有少量杂质,其杂质原子使金属正常的结构发生畸变,将使电子发生散射。此时散射系数由两个部分组成

$$\mu = \mu_T + \Delta\mu \tag{2-12}$$

式中,μ_T 与温度成正比;$\Delta\mu$ 与杂质浓度成正比,与温度无关。

这样,总的电阻包括金属的基本电阻和溶质(杂质)浓度引起的电阻(与温度无关)。这就是有名的马西森定律(Matthiessen rule),可表示成

$$\rho = \rho_T + \rho' \tag{2-13}$$

式中,ρ_T 为与温度有关的电阻率,称为基本电阻率;ρ' 为与杂质浓度、点缺陷、位错有关的电阻率,称为剩余电阻率。

2.2.2　影响金属电阻率的因素

2.2.2.1　温度

一般情况下,温度升高,金属的电阻率增大,因为尽管温度对有效电子数和电子平均速度几乎没有影响,但是温度升高会使晶格振动加剧,瞬间偏离平衡位置的原子数增加,偏离理想晶格的程度增大,使电子运动的自由程减小,散射概率增大,导致电阻率增大。

理论证明理想金属晶体在 0 K 时电阻率为 0。可以粗略地认为:当温度升高时,电阻率与温度成正比(图 2-1)。对于含有杂质和晶体缺陷金属的电阻率,不仅有受温度影响的 ρ_T 项,还有 ρ' 项。

严格来说,金属电阻率在不同温度范围与温度变化的关系是不同的,如图 2-2 所示。当 $T > \frac{2}{3}\Theta_D$(Θ_D 为德拜温度)时,金属电阻率与温度成正比,即 $\rho(T) = \alpha T$。当 2 K $< T \ll \Theta_D$ 时,金属电阻率与温度的 5 次方成正比,即 $\rho \propto T^5$。当 $T \leqslant 2$ K 时,金属电阻率与温度的平方成正比,即 $\rho \propto T^2$。

以上电阻率随温度变化的规律与电子的散射机制有关。在理想完整晶体中,电子的散射取决于离子的热振动。根据德拜理论,原子热振动在以德拜温度划分的两个温度区域存

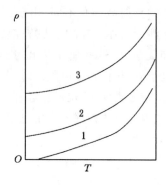

1—理想金属晶体,$\rho=\rho(T)$;

2—含有杂质金属,$\rho=\rho_0+\rho(T)$;

3—含有晶体缺陷,$\rho=\rho_0{}'+\rho(T)$。

图 2-1 低温下杂质、晶体缺陷对金属电阻的影响

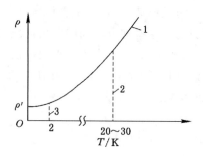

1—$\rho\propto T(T>2/3\Theta_D)$;

2—$\rho\propto T^5(2\text{ K}<T\ll\Theta_D)$;

3—$\rho\propto T^2(T\leqslant 2\text{ K})$。

图 2-2 金属电阻温度曲线

在本质差别。因此,当温度 $T>\dfrac{2}{3}\Theta_D$ 和 $2\text{ K}<T\ll\Theta_D$ 时,金属电阻率与温度之间存在不同的函数关系。在极低温度 $T\leqslant 2\text{ K}$ 时,离子的热振动很微弱,电子与电子之间的散射对电阻率的贡献可能是显著的。

实验表明:普通的非过渡族金属的德拜温度一般不超过 500 K,当 $T>\dfrac{2}{3}\Theta_D$ 时,即在室温以上温度 T 时,金属的电阻率可写为

$$\rho_T=\rho_0(1+\alpha T) \tag{2-14}$$

式中,ρ_0 为金属在 0 ℃温度下的电阻率;ρ_T 为金属在温度 T 下的电阻率;α 为电阻温度系数。

在 0~T 温度区间的平均电阻温度系数为

$$\bar{\alpha}=\frac{\rho_T-\rho_0}{\rho_0 T} \tag{2-15}$$

当温度区间趋于 0 ℃时,可得到 T 时金属的真电阻温度系数 α_T 为

$$\alpha_T=\frac{\mathrm{d}\rho}{\mathrm{d}T}\frac{1}{\rho_T} \tag{2-16}$$

不同材料的电阻温度系数不同。纯金属的 α 约为 4×10^{-3} ℃$^{-1}$。过渡族金属,特别是铁磁性金属,具有较高的 α 值,如 Fe 的 $\alpha=6\times10^{-3}$ ℃$^{-1}$,Co 的 $\alpha=6.6\times10^{-3}$ ℃$^{-1}$,Ni 的 $\alpha=6.2\times10^{-3}$ ℃$^{-1}$。纯金属导体的电阻温度系数较大,因此可用纯金属制造各种电阻温度计。合金的电阻温度系数比纯金属的小得多,如锰铜合金、镍铜合金的电阻温度系数分别只有 10^{-5} ℃$^{-1}$、4×10^{-5} ℃$^{-1}$,故常用该类合金材料制造标准电阻和电工仪表。

大多数金属熔化成为液态时电阻率会突然增大 1.5~2 倍,见图 2-3 中钾、钠电阻率随温度变化曲线。这是因为金属熔化时晶体规则周期性结构遭到破坏,从而增强了对电子的散射,使电阻率增大。但也有些金属(锑、铋等),熔化时电阻率不增大反而减小,见图 2-3 中锑电阻率随温度变化曲线。这是因为 Sb 在固态时为层状结构,原子间主要由共价键结合,熔化成液体后,共价键被破坏,原子间由金属键结合,从而造成电阻率减小。

过渡族金属电阻率通常较大。按照能带理论,过渡族金属的电导率主要由 4s 能带中的

电子贡献,3d 能带是未填满的,而且 3d 能带与 4s 能带有交叠现象,4s 能带电子有跃迁入 3d 能带的概率,即促使 4s 能带电子的散射概率增大,致使过渡族金属的电阻率较大。图 2-4 为过渡族金属的电阻率与温度的关系曲线。由图 2-4 可以看出:高温时过渡族金属的电阻率与温度的关系偏离线性。这是因为过渡族金属(铂和钯等),3d 能带几乎是填满电子的,而能级密度随着能量的增加而迅速减小,高温时电子由 s 能带到 d 能带的散射概率迅速减小,电阻率减小。

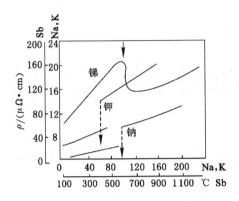

图 2-3　锑、钾、钠熔化时电阻率变化曲线

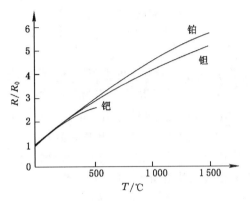

图 2-4　过渡族金属的电阻率与温度的关系曲线

铁磁性金属的电阻率与温度关系明显偏离线性关系,在居里点温度附近更明显。图 2-5 表示了镍的电阻率比 $\rho(T)/\rho(T_c)$ 与温度的关系曲线,其中 T_c 为镍的居里温度。图 2-5 中同时画出了不具有铁磁性的钯的电阻率与温度的关系曲线作为参考。由图 2-5 可以看出:在镍的居里温度以下,铁磁性金属的电阻率比同族非铁磁金属的小。在镍的居里温度以上,二者的电阻率几乎相等。图 2-6 所示为镍在居里点附近电阻温度系数的突变。可以看出:镍金属的电阻温度系数随着温度的升高不断增大,过了居里温度后开始明显降低。研究表明:铁磁金属或合金的电阻率反常降低量 $\Delta\rho$ 与其自发磁化强度 M_s 平方成正比。

$$\Delta\rho = \alpha M_s^2 \tag{2-17}$$

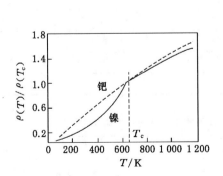

图 2-5　钯及镍的电阻率比 $\rho(T)/\rho(T_c)$
与温度的关系曲线

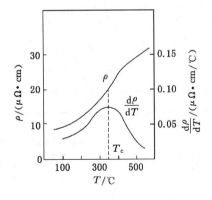

图 2-6　镍在居里点附近电阻温度
系数的突变

铁磁性金属镍电阻率随温度的反常变化是由于镍的 3d 能带分裂成两个次能带,一个次能带中电子自旋朝上,另一个次能带中电子自旋朝下。当温度高于居里温度时镍没有自发磁化,

为磁无序状态。3d 能带中的电子,其中半数自旋朝上,另外半数自旋朝下。4s 能带中的电子散射到自旋朝上和自旋朝下的次能带中空能级的概率相等,散射概率较大,因此电阻率较高。当温度低于居里温度时,镍具有铁磁性,由于自发磁化,3d 能带中自旋磁矩方向与自发磁化方向平行的次能带已被电子填满,只有自旋磁矩与自发磁化方向相反的次能带中的空能级可以供给 4s 能带电子跃迁到 3d 能带,4s 能带电子的散射概率减小,因此电阻率较小。

2.2.2.2 应力

(1) 拉应力对金属电阻率的影响

弹性应力范围内的单向拉应力能提高金属的电阻率,并且有

$$\rho = \rho_0(1 + \beta\sigma) \tag{2-18}$$

式中,ρ_0 为未加荷载时的电阻率;β 为应力系数;σ 为拉应力。

拉应力使电阻增大是因为单向拉应力使原子间的距离增大,点阵的畸变增大,对电子的散射增强,导致金属的电阻率增大。

(2) 压应力对金属电阻率的影响

压应力对大多数金属电阻的影响与拉应力相反。在流体静压压缩时(高达 1.2 GPa),大多数金属的电阻率下降,并且有

$$\rho_p = \rho_0(1 + \varphi p) \tag{2-19}$$

式中,ρ_0 为真空条件下的电阻率;p 为压力;φ 为压力系数($-10^{-5} \sim 10^{-6}$)。

按照压力对金属电阻率的影响特性,把金属分为正常金属和反常金属两类。正常金属是指随着压力增大,金属的电阻率减小。反常金属是指随着压力增大,金属的电阻率增大。正常金属包括铁、钴、镍、铂、铜、银、金、锆等。表 2-2 给出了某些金属在 0 ℃时的电阻压力系数。反常金属包括碱金属、稀土金属、钙、锶、锑、铋等。压力对过渡族金属的影响最显著。在非常大的压力作用下可以使许多材料由半导体和绝缘体变为导体,甚至变为超导体。表 2-3 给出了一些半导体和绝缘体转变为导体的压力极限和电阻率。

表 2-2　部分金属 0 ℃时的电阻压力系数

金属	电阻压力系数 $\times 10^6$/(cm²/kg)	金属	电阻压力系数 $\times 10^6$/(cm²/kg)
Pb	−12.99	Au	−2.94
Mg	−4.39	Fe	−2.34
Al	−4.28	Pt	−1.93
Ag	−3.45	Ni	−1.85
Cu	−2.88		

表 2-3　一些半导体和绝缘体转变为导体的压力极限和电阻率

元素	$p_{极限}$/GPa	ρ/($\mu\Omega \cdot m$)	元素	$p_{极限}$/GPa	ρ/($\mu\Omega \cdot m$)
S	40	—	H	200	—
Se	12.5	—	C(金刚石)	60	—
Si	16	—	P	20	60±20
Ge	12	—	I	22	500

　　压力对金属电阻率有着如上所述影响,这是因为原子在压力作用下相互靠近,原子间距减小,离子振动的振幅减小,而使金属内部的电子结构、费米能和能带结构发生变化,从而影响金属的导电性。对于过渡族金属,内部存在能量差别不大的未填满电子的壳层,在压力作用下,有可能使外壳层电子转移到未填满的内壳层,从而引起电阻率的变化。

2.2.2.3　晶体缺陷和冷加工

（1）晶体缺陷对金属电阻率的影响

　　金属中的空位、间隙原子以及它们的组合、位错等晶体缺陷会使电阻率增大。这是因为各种晶体缺陷会造成晶格畸变,使晶体偏离规则周期性排列,使电子的散射增强,导致电阻率增大。根据马西森定律,在极低温度下,纯金属电阻率主要由其内部缺陷（包括杂质原子）决定,即由剩余电阻率决定。不同类型的晶体缺陷对金属电阻率的影响程度不同。表 2-4 给出了空位、位错对一些金属电阻率的影响。由表 2-4 可以看出:点缺陷所引起的剩余电阻率的变化远比线缺陷的大。

表 2-4　空位、位错对一些金属电阻率的影响

金属	$(\Delta\rho_{位错}/\Delta N_{位错})/$ $(10^{-19}\Omega\cdot cm^{-3})$	$(\Delta\rho_{空位}/C_{空位})/$ $(10^{-6}\Omega\cdot cm/1\%mol\ 原子)$	金属	$(\Delta\rho_{位错}/\Delta N_{位错})/$ $(10^{-19}\Omega\cdot cm^{-3})$	$(\Delta\rho_{空位}/C_{空位})/$ $(10^{-6}\Omega\cdot cm/1\%mol\ 原子)$
Cu	1.3	2.3;1.7	Pt	1.0	9.0
Ag	1.5	1.9	Fe		2.0
Au	1.5	2.6	W		29
Al	3.4	3.3	Zr		100
Ni		9.4	Mo	11	

　　温度接近熔点时,由于急速淬火而"冻结"下来的空位引起的附加电阻率可表示为

$$\Delta\rho = A e^{-E/(kT)} \tag{2-20}$$

式中,E 为空位形成能;T 为淬火温度;A 为常数;k 为玻尔兹曼常数。

　　对于大多数金属,形变量不大时位错引起的电阻率变化 $\Delta\rho_{位错}$ 与位错密度 $\Delta N_{位错}$ 呈线性关系。实验表明:温度为 4.2 K 时,对于铁,$\Delta\rho_{位错} \approx 10^{-18}\Delta N_{位错}$;对于钼,$\Delta\rho_{位错} \approx 5.0\times 10^{-16}\Delta N_{位错}$。掌握缺陷对电阻的影响,可以研制具有一定电阻值的合金。

　　（2）冷加工对金属电阻率的影响

　　经过相当大的冷加工变形后,一般纯金属（铁、铜、银等）的电阻率增大 2%～6%（图 2-7）,变形量越大,电阻率越高。只有钨、钼电阻率增大得比较多,钨的电阻率可增大 30%～50%,钼的电阻率可增大 15%～20%。一般单相固溶体电阻率可增大 10%～20%,有序固溶体电阻率可增大 100%,甚至更高。也有冷加工后电阻率降低的情况,如镍铬、镍铜锌、铁铬铝合金中形成 K 状态,见后面 K 状态的介绍。

　　冷加工使金属电阻率变化的原因是冷加工造成晶格畸变,产生大量空位、位错,增大电子的散射概率。冷加工使原子间距有所改变,也会对电阻率产生一定影响。

　　冷加工形成的空位和位错对电阻率的影响可表示为

$$\Delta\rho = \Delta\rho_{空位} + \Delta\rho_{位错} \tag{2-21}$$

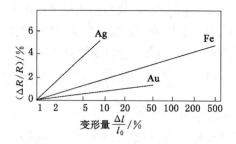

图 2-7　变形量对金属电阻的影响

式中，$\Delta\rho_{空位}$为电子在空位处散射引起的电阻率的增加值；$\Delta\rho_{位错}$为电子在位错处散射引起的电阻率的增加值。

范比伦(van Beuren)给出了电阻率随变形量 ε 变化的关系式

$$\Delta\rho = C\varepsilon^n \tag{2-22}$$

式中，C 为比例常数；n 在 $0\sim2$ 之间变化。

考虑到空位、位错的影响，式(2-21)、式(2-22)可表示为

$$\Delta\rho = A\varepsilon^n + B\varepsilon^m \tag{2-23}$$

式中，A，B 为常数；ε 为变形量；n，m 在 $0\sim2$ 之间变化。

对于铂，$n=1.9$，$m=1.3$；对于钨，$n=1.73$，$m=1.2$。

2.2.2.4　合金成分、组织与相结构

(1) 无序固溶体的电阻率

纯金属和其他组元形成无序固溶体时电阻率升高，这是因为异类原子的溶入引起溶剂晶格畸变，破坏了溶剂晶格势场的周期性，增强了对电子的散射作用，从而增大了电阻。同时由于组元之间化学相互作用的加强使有效电子数减少，而造成电阻率升高。

在连续固溶体中合金成分与纯组元相差越大，电阻率越大。由非过渡族元素所形成的连续固溶体，最大电阻率通常出现在 50% 原子浓度处，如图 2-8 所示。当固溶体中含有过渡族金属元素时，最大电阻率不在 50% 原子浓度处，而偏向过渡族组元方向。过渡族金属组成固溶体后，其电阻值显著提高，如图 2-9 所示。这是因为合金中的某些价电子可能转移到过渡族金属内较深而未填满的 d 或 f 壳层中，造成价电子/导电电子数量减少，从而增大了电阻率。

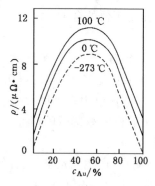

图 2-8　银金合金电阻率同成分的关系曲线

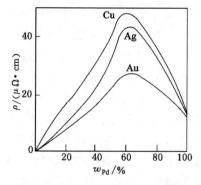

图 2-9　Cu-Pd，Ag-Pd，Au-Pd 合金电阻率与成分的关系曲线

根据马西森定律,低浓度时固溶体的电阻率可表示为

$$\rho = \rho_0 + \rho'$$ (2-24)

式中,ρ_0 为固溶体溶剂组元电阻率;ρ' 为剩余电阻率。

ρ' 可表示为

$$\rho' = c\Delta\rho$$ (2-25)

式中,c 为杂质原子含量;$\Delta\rho$ 为 1% 杂质原子(原子百分数)引起的附加电阻率。

实验表明:除过渡族金属外,在同一溶剂金属中溶入 1%(原子百分数)的各种溶质金属所引起的电阻率增值,取决于溶剂和溶质金属的价数。它们的原子价数差别越大,增加的电阻率越大,这就是诺伯里-林德法则,其数学表达式为

$$\Delta\rho = a + b(\Delta Z)^2$$ (2-26)

式中,a、b 是常数;ΔZ 为低浓度合金溶剂和溶质间价数差。

图 2-10 给出了溶质元素 Cd、In、Sn、Sb 溶入 Ag、Cu 中形成无序固溶体的电阻率与溶质化合价的关系。可以看出化合价对无序固溶体电阻率的影响比较符合诺伯里-林德法则。

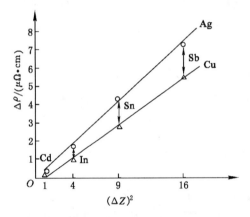

图 2-10　Ag 与 Cu 基体的合金电阻率增加量与 1% 溶质 Cd,In,Sn,Sb 化合价的关系曲线

马西森定律对于低浓度固溶体只在某种程度上是正确的。目前已经发现有些低浓度固溶体偏离马西森定律。因此把马西森定律改写成

$$\rho = \rho_0 + \rho' + \Delta$$ (2-27)

式中,Δ 为偏离马西森定律的电阻率值,与温度和溶质浓度有关系。

(2) 有序固溶体的电阻率

固溶体发生有序化时,其电阻率相比无序固溶体明显降低。固溶体发生有序化对导电性影响具有相反的两种作用:一是有序化使原子间相互作用加强,因此所有电子结合比无序固溶体强,减少了有效电子数,从而引起电阻率的增大。二是有序化使点阵规律性加强,晶体的离子势场有序化时变得更对称,减少了电子的散射,从而引起电阻率减小。通常情况下,第二个影响占优势,所以固溶体有序化时电阻率将会降低。

图 2-11 给出了淬火后和退火后 Cu-Au 合金电阻率与溶质含量之间的关系。淬火后 Cu-Au 合金形成无序固溶体,其电阻率与溶质含量间关系呈现典型的无序固溶体的电阻率变化规律,电阻率最大值出现在 50% 溶质原子浓度处。退火后在 25% 溶质原子浓度时形成 Cu₃Au 有序固溶体,50% 溶质原子浓度处形成 CuAu 有序固溶体,这两种有序固溶体的电

阻率明显低于相同成分的无序固溶体的电阻率。

图 2-12 给出了无序态和有序态的 Cu_3Au 合金的电阻率随着温度升高的变化曲线。由图 2-12 可以看出:在相同温度下,Cu_3Au 合金的有序固溶体态比无序固溶体态的电阻率低得多,而且二者均随着温度升高电阻率增大,与一般合金电阻率的变化规律相似。当温度高于有序-无序转变温度时,有序固溶体的有序态被破坏,转为无序态,电阻率明显增大。

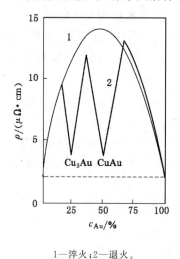

1—淬火;2—退火。

图 2-11　Cu-Au 合金电阻率与成分的关系曲线

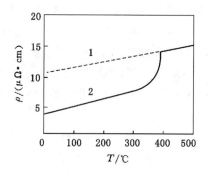

1—无序化;2—有序化。

图 2-12　Cu_3Au 合金有序化、无序化对电阻率的影响

(3) 不均匀固溶体(K 状态)的电阻率

在含过渡族金属元素的合金中,如镍铬、镍铜锌、铁铬铝、铁镍钼、银锰等合金,微结构分析表明:合金是单相固溶体,但是其淬火态在某温度区间回火过程中电阻存在反常增大的现象——冷加工时合金电阻率不增大反而减小。托马斯首先发现该现象,并称此组织状态为 K 状态。X 射线分析表明:在这种单相固溶体中原子间距不等,这是由溶质原子的不均匀分布所造成的,因此人们也把 K 状态称为不均匀固溶体。不均匀固溶体组织中不形成具有固有点阵的新相,但是会发生原子的聚集,聚集区的成分与固溶体的平均成分不同。聚集区范围内约有 100 个原子,其聚集区域尺寸大约与电子自由程为同一数量级,因此将增大电子散射概率,提高合金电阻率。不均匀固溶体是在加热或冷却过程中在一定温度范围内形成的。

图 2-13 给出了淬火态 80Ni20Cr 合金在加热、冷却过程中电阻率变化曲线。由图 2-13 可以看出:在 300 ℃以下加热时,随着温度升高电阻率缓慢增大,符合温度对一般金属电阻率的影响规律。温度高于 300 ℃时电阻率开始异常增大,说明开始出现不均匀固溶体。加热到 400～550 ℃时电阻率增大得最快,说明不均匀固溶体急剧发展。温度超过 550 ℃时,反常增大的电阻率又开始逐渐下降。温度超过 720 ℃时,电阻率的变化恢复正常规律,说明高温下原子的聚集消散,不均匀固溶体转变为统计均匀的无序固溶体。

图 2-14 给出了 80Ni20Cr 合金电阻率同冷加工变形的关系。由图 2-14 可以看出:随着变形量增加,合金的电阻率逐渐降低,说明冷加工可以破坏不均匀固溶体组织,使其转变为无序固溶体,因此合金电阻率逐渐降低。

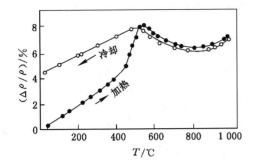

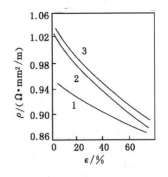

1—800 ℃水淬＋400 ℃回火;2,3—形变＋400 ℃回火。

图 2-13　80Ni20Cr 合金加热、冷却电阻率变化曲线
（原始态:高温淬火）

图 2-14　80Ni20Cr 合金电阻率
同冷加工变形的关系曲线

铝合金在低温时效时所形成的 G.P. 区(与基体共格的、有序的、富溶质的原子团簇,常在一个或几个原子面上形成),是一种不均匀固溶体,故铝合金在时效处理时电阻明显增大,因而可应用电阻分析来有效研究铝合金的时效过程。另外,控制 K 状态对电阻合金具有重要意义。例如锰铜(84%Cu,11%Mn,2.5%Ni,2.5%Fe)合金丝在冷加工后低温回火,没有完全恢复 K 状态,会使电阻随时间的增加而增大,因此需将合金丝静置一年以后再用作精密电阻材料。

（4）金属间化合物的电阻率

金属间化合物也称为中间相,主要包括正常价金属化合物、电子化合物和间隙相三类,其电阻率变化范围很宽。

正常价金属化合物的电阻率一般比纯金属组元的电阻率大得多,这是因为形成正常价金属化合物后金属键部分被共价键或离子键所代替,金属键含量较少,减少了有效电子数,使其电阻率增大。

电子化合物的电阻率一般比较大,而且温度升高时电阻率增大,但是温度升高到熔点时电阻率反而下降,总体来说,其电阻率介于固溶体和正常价化合物之间,这是因为电子化合物主要以金属键结合,导电电子数较多。

间隙相的电阻率与金属的相似,有的间隙相是良导体,这是因为间隙相主要为过渡族金属与氢、氮、碳、硼等的化合物,非金属元素原子位于金属晶格的间隙之中,主要以金属键结合,属于金属型化合物,因此导电性较好,电阻率较小。

（5）多相合金的电阻率

含有两个或两个以上相的多相合金的电阻率不仅取决于其各组成相的电阻率,还取决于各组成相的晶粒大小、形态、比例,因此多相合金的电阻率对于组织是敏感的。当平衡状态的合金是由等轴晶粒组成的两相机械混合物,而且两相的电阻率相近时,其电阻率与其两组成相的体积分数呈线性关系。通常可以近似认为多相合金的电阻率为各组成相的电阻率与其体积分数的乘积之和,即

$$\rho = \sum_{i=1}^{n} \varphi_i \rho_i \tag{2-28}$$

式中,ρ 为多相合金的电阻率;ρ_i 为第 i 相的电阻率;φ_i 为第 i 相的体积分数。

图 2-15 为合金平衡状态图及其电阻率随成分变化关系的示意图。图中标有 ρ 的曲线表示状态图所对应相的电阻率。

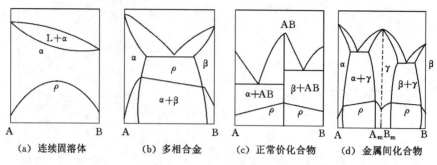

(a) 连续固溶体　　(b) 多相合金　　(c) 正常价化合物　　(d) 金属间化合物

图 2-15　合金平衡状态图及其电阻率随成分变化的关系

2.2.2.5　热处理

金属冷加工后再进行退火,电阻率将降低,当退火温度接近再结晶温度时,电阻率可恢复到冷加工前的水平。这是因为退火后金属的晶格畸变减少,晶体缺陷浓度降低,对电子的散射减弱,从而使电阻率降低。图 2-16 所示为冷加工变形铁的电阻在退火时的变化,可以看出:随着退火温度升高,冷加工变形铁的相对电阻逐渐降低。

当退火温度超过再结晶温度时,电阻率反而增大,这是因为再结晶后晶粒细化,新晶界比例增大,晶界处晶格畸变严重,使电子的散射增强,电阻率增大。

淬火能够固定金属在高温时空位的浓度,从而产生残余电阻。淬火温度越高,空位浓度越高,因而残余电阻率就越大。例如纯铁 800 ℃淬火后,测得 4.2 K 时电阻率增大 25%。

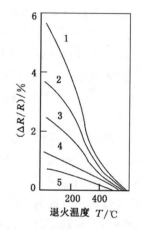

1—变形量 99.8%;2—变形量 97.8%;
3—变形量 93.5%;4—变形量 80%;
5—变形量 44%。
图 2-16　冷加工变形铁的
相对电阻退火时的变化

如果热处理使金属的晶体结构、组织发生了变化,需要根据具体情况进行分析。例如研究发现:在铁中加入碳元素将显著提高铁的电阻率,而且增大多少取决于碳的存在形式。如果碳以固溶形式存在,对铁电阻率的影响很显著,电阻率增大得比较多;如果碳以渗碳体形式存在,对铁电阻率的影响比较小,而且片状渗碳体的影响大于球状渗碳体的影响。热处理能够改变碳在铁中的分布及渗碳体的形状,因而热处理能够改变其电阻率。

2.2.3　金属导电材料和电阻材料

2.2.3.1　导电材料

导电材料是指用以传送电流而没有或只有很小电能损失的材料,主要包括电力工业用的电线、电缆等强电用的导电引线材料和电子工业中传送弱电流的导体布线材料等。

2.2.3.1.1　导电引线材料

对导电引线材料要求其具有足够高的导电性、机械强度,不容易氧化、腐蚀,容易加工和焊接性好等,重视材料的阻抗损失,以铜、铝及其合金为主。

（1）铜导电材料

铜是玫瑰红色的金属,质地柔软,具有金属光泽,导电性（仅次于银）和导热性好、延展性好、塑性高、机械强度高、易加工和焊接、易提炼,主要用于制作电线电缆、电弹簧、电刷、插头等。常用的电解铜纯度为 99.97%～99.98%（质量分数）,含少数金属杂质和氧。半硬铜电导率为 98%～99%；硬铜电导率为 96%～98%。铜中含有杂质将降低其电导率,特别是氧,会使产品性能大幅下降。高导无氧铜为新产品,其性能稳定、抗腐蚀、抗疲劳、延展性好,可拉成很细的丝,适用于制作海底同轴电缆的外部软线、太阳能电池、高温抗氧化电极等。

纯铜的强度低,耐热性、耐磨性较差。现代工业的发展日新月异,对导电铜及铜合金的性能要求越来越高。例如,大规模集成电路的引线框架,大型高速涡轮发电机的转子导线,大型电动机车的架空导线、高压开关簧片等都要求导电材料既具有高导电性,又具有高强度和优良的耐热性及耐磨性等。纯铜及传统的铜合金难以兼顾这些性能要求。

铜基梯度功能材料力学性能和导电性能都比较好,主要由铜和另一种金属材料制成,例如铜钼、铜钨系列梯度功能材料等。铜钼系梯度功能材料的一面是钼,另一面是铜,中间是成分逐渐过渡的铜钼复合层。该材料能很好地缓和钼与铜物性上的差异而造成的巨大热应力,充分发挥钼和铜各自的特点,整体具有较好的导电导热性、力学性能、抗烧蚀性、抗热疲劳性等。钨铜梯度复合材料其一端是高熔点、低热膨胀系数的钨或低含铜的钨铜,另一端是高导热、高导电、塑性好的铜或高含铜的钨铜,中间是组成呈梯度变化的过渡层。该材料能很好地缓和钨和铜之间的热应力,使钨和铜充分发挥各自的优点,获得较好的力学性能、抗烧蚀性、抗热震性等综合性能。在等离子部件及电子材料领域中应用该材料,既能承受高能热流的冲击,又能很好地解决与陶瓷基板的封接问题。

高强高导铜合金是铜合金的另一个重要发展方向。它是在纯铜中添加适量的 Fe、P、Ni、Si、Zr 等元素制成的合金,能够在不显著降低纯铜导电能力的前提下,采用固溶强化、细晶强化、析出强化、形变强化等方法提高其强度。高强高导铜合金可分为三类:第一类以 Cu-P 和 Cu-Fe 系为主,导电率不低于 80% IACS（国际退火铜标准单位）,强度为 400 MPa 左右；第二类以 Cu-Fe-P 系为主,抗拉强度为 450～600 MPa；第三类为 Cu-Ni-Si 系、Cu-Zr 系、Cu-Cr 系和 Cu-Cr-Zr 系等,导电率不低于 80% IACS,抗拉强度为 600 MPa 以上。高强高导电铜合金一般通过快速凝固、材料复合等方法制备。快速凝固可使铜基体的晶粒细化,而且使合金元素的固溶度增加。经过时效处理后,过饱和的合金元素从铜基体中大量弥散析出,可显著提高合金的强度。材料复合法分为机械合金法、原位反应合成法、自生塑性变形法等。日本已成功生产出氧化物弥散铜基复合材料,其高温软化温度超过 900 ℃,电导率大于 90% IACS,而且具有超高的抗拉强度。

（2）铝导电材料

常用的铝纯度为 99.6%～99.8%,电导率为 61%（仅次于银、铜、金）,相对密度为铜的 1/3。铝可以代替铜导线制成高压配电线,如 160 kV 以上用的钢丝增强铝电缆、合金增强铝线等。国际上通用的硬铝线则主要用于送、配电线,只能在 90 ℃ 以下连续使用。大容量高压输电导线要在 150 ℃ 下连续工作,需要用含 Zr 等耐热铝合金。而变电所用的母线则要在 200 ℃ 下连续工作,必须使用超耐热铝合金。

在铝电线电缆中掺入微量稀土元素,稀土与硅作用形成硅化物析出,可以消除硅的不利影响,能细化铝合金的铸态组织,减弱对传导电子的散射,加上稀土的微合金化作用,使电阻率大幅度下降,大幅度提高铝合金的导电性能和延展性能。该类稀土铝合金可大量用于高压传输导线。国内外典型的稀土铝合金往往添加富铈混合稀土,成为替代铜材制造电线电缆的理想材料。在西方工业国家,稀土高铁铝合金电缆替代铜电缆已有30多年,但是加拿大、美国和法国的3家铝合金电缆国际巨头长期垄断着该方面的技术和市场。近年来我国研制成功的稀土高铁铝合金电力电缆打破了这一格局。该产品拥有80多项专利技术,柔韧性比铜电缆提高了30%,延伸性比铜电缆提高了50%,抗蠕变性比铜电缆小40%。导电率是铜的62%,导电性能略高于国际电工委员会标准。其中的稀土还能细化晶粒强化基体,优化合金导体内部的物质结构,提高了电线电缆的机械强度和加工性能,抗腐蚀性能提高1倍以上,耐磨性能提高了近10倍,产品达到国际先进水平,成为国家级电网的规定产品。随着"西电东送""北电南送"和节能降耗等重大能源发展战略的推动,我国的电力发展开始迈向高速发展时期。专家预测,随着铝合金的导电性能逐步被用户认可,价格比铜电缆低30%～40%,在输电线架设和电力电缆敷设中,铝合金导线用量的比例将显著增大,国内铝合金线缆生产将迎来巨大的发展新机遇。

2.2.3.1.2 导体布线材料(导电薄膜)

导体布线材料(导电薄膜)具有膜电阻小(导电性好)、附着力强、可焊性好等优点,它们都是金、银、铜、铝等电导率高的材料,有时也用金属粉和石墨粉与非金属材料混合的复合导电材料,其电阻率通常比强电用材料的电阻率高得多,并有厚膜和薄膜两种。

2.2.3.2 电阻材料

电阻材料是用来制作电子仪器、测量仪表、加热设备及其他工业装置中的电子元件的一种基础材料,例如,绕制标准电阻器的精密电阻材料、制作发热体的电热材料、制作热敏传感器用的热敏电阻材料等。电阻材料有金属材料、陶瓷和半导体材料以及非晶体材料。

2.2.3.2.1 精密电阻合金

精密电阻合金通常用铜、银、金、铬、锰等金属电阻丝绕制在陶瓷或其他绝缘材料的骨架上,表面涂以保护漆或玻璃釉。其具有电阻率高、阻值精确、阻温系数小、使用温度范围宽、耐热性高、功率范围大、稳定性好、噪声小、耐磨等特点。

2.2.3.2.2 电热器用电阻材料

电热器用电阻材料主要包括在1 350 ℃以下工作的普通中、低温电热合金和在1 350 ℃以上高温使用的贵金属电热合金及陶瓷电热元件,要求具有高温抗氧化性和化学稳定性、高的电阻率和低的电阻温度系数、良好的加工工艺性能、足够高的高温强度、价格低廉。

(1)贵金属及其合金

贵金属及其合金主要有铂、铝铂、铜铂、铂铱合金等。铱能显著提高铂的耐腐蚀性,具有高硬度、高熔点、高耐蚀能力和低接触电阻特性。

(2)重金属及其合金

重金属及其合金主要有钨等金属及合金,可用于工业炉中。

(3)镍基合金

镍基合金主要有铬镍合金、铬镍铁合金等。该类合金的特点是以氧化铬构成表面保护膜,耐蚀性强,高温强度高,成型加工和焊接性能好,但是其价格高。

(4)铁基合金

铁基合金主要有铁铬铝合金、铁铝合金等。该类合金具有高的电阻率和硬度,密度较小,抗振动和抗冲击性能良好。在高温下长期使用时晶粒容易粗化,因而高温抗蠕变性能和室温韧性较低,但电阻率高,抗氧化性良好,且价格便宜,因而应用广泛。

2.2.3.2.3 热敏电阻材料

热敏电阻材料有合金和半导体陶瓷两类。热敏电阻合金具有电阻温度系数大、电阻值与温度呈线性关系、电阻值的温度稳定性好等优点,被广泛用于航空航天器中的大气温度加热器和电熨斗、电烙铁等家用电器元件上,能达到控温、安全和节能的目的,还可以制成电阻温度计等。

(1)铂热敏电阻

其长时间稳定的温度复现性可达 10^{-4} K,采用其制作的温度计是目前测温复现性最好的一种温度计。

(2)铜热敏电阻

铜热敏电阻主要应用于测量精度要求不高且温度较低的场合,测量范围为 $-50\sim150$ ℃,线性相关性强,灵敏度比铂电阻高,容易提纯、加工,价格便宜,但是易于氧化,一般只用于 150 ℃ 以下的低温测量和没有水分及无侵蚀性介质的温度测量。与铂相比,铜的电阻率低,所以铜电阻的体积较大。

2.2.3.2.4 薄膜电阻材料

电子技术中广泛应用薄膜电阻材料来制造分立电阻元件和集成电路中的电阻元件。薄膜电阻材料是在绝缘基体上(或基片)采用真空蒸发、溅射、化学沉积等方法制得的膜状电阻材料,膜厚在 1 μm 以下,主要分为碳膜和金属膜两大类。要求薄膜电阻材料电阻率范围宽,阻温、阻压系数小,使用温度范围宽,高频性能好,工艺性能好。

2.3 离子材料的导电

离子晶体的电导主要为离子电导。离子电导可以分为本征电导和杂质电导。本征电导是指离子晶体中热缺陷(如肖特基缺陷、弗伦克尔缺陷)的定向运动造成的离子电导。杂质电导是指杂质离子的定向运动造成的离子电导。例如,NaCl 晶体中 Na 离子脱离正常点阵形成间隙钠离子,由间隙钠离子的定向运动而形成的导电属于本征导电。NaCl 晶体中掺入钾离子,由钾离子的定向运动而形成的导电属于杂质电导。

2.3.1 离子电导理论

离子电导是离子载流子在电场作用下的定向迁移运动而形成的。假设离子晶体中某间隙阳离子处于某平衡位置,如图 2-17 所示,它如果要从某平衡位置迁移到相邻的平衡位置,需要越过势垒 V。

V 很大,远比一般的电场能量大,也就是在通常的电场强度下,间隙离子从电场中获得的能量不能使它越过势垒而跃迁。热运动能量是间隙离子迁移所需要能量的主要来源。通常间隙离子热运动的平均能量仍比 V 小得多,因此一般用热运动的涨落现象来解释。

当不存在电场作用时,间隙离子由于热运动越过位垒 V 的概率 P 为

$$P = \alpha \frac{kT}{h} \exp\left(-\frac{V}{kT}\right) \tag{2-29}$$

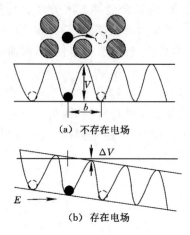

图 2-17　离子迁移的位垒

式中，α 为与不可逆跳跃相关的适应系数；kT/h 为离子在势阱中的振动频率；h 为普朗克常数；k 为玻尔兹曼常数；T 为温度。

加上电场 E 后，在电场力作用下，间隙离子的势垒不再对称，如图 2-17 所示。间隙阳离子受到的电场力方向与电场方向相同。如果势阱之间的距离为 b，阳离子顺着电场方向的势垒将降低 $\Delta V=Fb/2=zeEb/2$，而逆着电场方向的势垒将升高 $Fb/2$，其中 F 是作用在间隙阳离子上的电场力，z 是该离子的价电子数。因此间隙阳离子顺着电场方向运动的概率 P^+ 为

$$P^+=\frac{1}{2}\alpha\frac{kT}{h}\exp(-\frac{V-\frac{1}{2}Fb}{kT}) \tag{2-30}$$

间隙阳离子逆着电场方向运动的概率 P^- 为

$$P^-=\frac{1}{2}\alpha\frac{kT}{h}\exp(-\frac{V+\frac{1}{2}Fb}{kT}) \tag{2-31}$$

结果顺着电场方向的迁移概率大于逆着电场方向的迁移概率，因此，在电场方向上存在一平均迁移速度 $\bar{v}$，即

$$\bar{v}=b(P^+-P^-)=\frac{1}{2}bP[\exp(\frac{Fb}{2kT})-\exp(\frac{-Fb}{2kT})] \tag{2-32}$$

在电场强度不是很大的情况下，$\frac{1}{2}Fb\ll kT$，则

$$\bar{v}=\frac{1}{2}bP[\exp(\frac{Fb}{2kT})-\exp(\frac{-Fb}{2kT})]\approx\frac{b^2PF}{2kT} \tag{2-33}$$

若电场很大，$\frac{1}{2}Fb\gg kT$，式(2-32)中以第一项为主，则

$$\bar{v}=常数\times\exp(\frac{Fb}{2kT}) \tag{2-34}$$

一般情况下电场不会很大。由于电流密度 j 为

$$j=nze\bar{v} \tag{2-35}$$

式中，n 为离子密度，电量 $q=ze$，因此

$$j = nze\bar{v} = \frac{nzeb^2 PF}{2kT} = \frac{nz^2 e^2 b^2 PE}{2kT}$$ (2-36)

把概率 P 代入式(2-36)并且令

$$V = \frac{\Delta G_{dc}}{N_0}$$ (2-37)

式中，ΔG_{dc} 为直流条件下自由能的变化(可测)，J/mol；N_0 为阿伏伽德罗常数。

则

$$j = \frac{n\alpha z^2 e^2 b^2 E}{2h} \exp(-\frac{\Delta G_{dc}}{RT})$$ (2-38)

式中，R 是气体常数。

可得到电阻率为

$$\rho = \frac{E}{j} = \frac{2h}{n\alpha z^2 e^2 b^2} \exp(\frac{\Delta G_{dc}}{RT})$$ (2-39)

电导率为

$$\sigma = \frac{j}{E} = \frac{n\alpha z^2 e^2 b^2}{2h} \exp(-\frac{\Delta G_{dc}}{RT})$$ (2-40)

电阻率的自然对数为

$$\ln \rho = \ln \frac{2h}{n\alpha z^2 e^2 b^2} + \frac{\Delta G_{dc}}{RT}$$ (2-41)

电导率的自然对数为

$$\ln \sigma = \ln \frac{n\alpha z^2 e^2 b^2}{2h} - \frac{\Delta G_{dc}}{RT}$$ (2-42)

这些理论推导公式与玻璃经验电阻率公式[式(2-43)和式(2-44)]是一致的。

$$\lg \rho = A + \frac{B}{T}$$ (2-43)

$$\lg \sigma = A - \frac{B}{T}$$ (2-44)

图 2-18 和图 2-19 给出了实验测得的玻璃和氧化物陶瓷的 $\lg \rho\text{-}\frac{1}{T}$ 和 $\lg \sigma\text{-}T$ 的关系曲线，可以看出：这两种材料的电阻率或电导率随温度的变化与前面的理论推导公式是一致的。

2.3.2　扩散与离子电导

离子的质量和尺寸都比电子大得多，其迁移方式是从一个平衡位置跳到另一个平衡位置，因此离子导电也可以看作在电场作用下离子的扩散现象。离子扩散主要有空位扩散、间隙扩散、亚晶格间隙扩散等机制，如图 2-20 所示。

空位扩散如 MgO 中阳离子空位作为载流子的扩散运动。间隙扩散是间隙离子作为载流子的直接扩散运动，即间隙离子从一个间隙位置扩散到另一个间隙位置，一般离子晶体中的间隙离子比较大，因此较难进行。这时往往产生亚晶格间隙扩散，也就是间隙离子取代附近的晶格离子，而被取代的这个晶格离子进入间隙位置，这种扩散比较容易产生，因为扩散

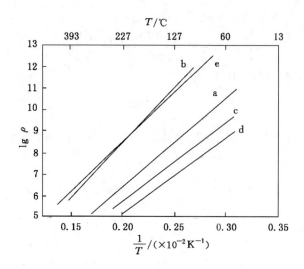

a—18Na$_2$O·10CaO·72SiO$_2$；b—10Na$_2$O·20CaO·70SiO$_2$；

c—12Na$_2$O·88SiO$_2$；d—24Na$_2$O·76SiO$_2$；e—硼硅酸玻璃。

图 2-18　离子玻璃的电阻率

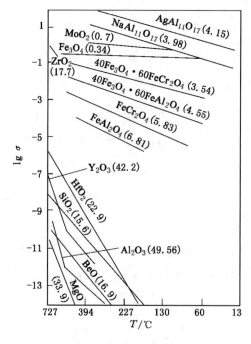

注：σ 的单位为 $\Omega^{-1}\cdot cm^{-1}$，图中括号内为激活能，单位为 4.18 kJ/mol。

图 2-19　几种氧化物电导率和温度的关系曲线

时的晶格变形比较小，如 AgBr 中的 Ag$^+$ 就是这种扩散方式。

　　离子的扩散系数大，迁移速率则比较大，离子电导率就比较高。能斯特-爱因斯坦方程表征了离子电导率与其扩散系数间的这种关系，其方程为

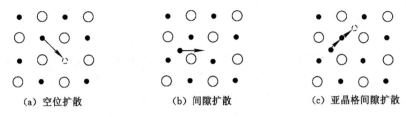

（a）空位扩散　　　（b）间隙扩散　　　（c）亚晶格间隙扩散

图 2-20　离子扩散机制示意图

$$\sigma = D\frac{nq^2}{kT} \tag{2-45}$$

式中，D 为离子载流子的扩散系数；n 为离子单位体积浓度；q 为离子电荷量；k 为玻尔兹曼常数；T 为温度。

2.3.3　离子导电的影响因素

2.3.3.1　温度

式（2-40）表明离子电导率随着温度升高呈指数规律增大，这是因为温度升高，离子越过势垒的概率增大。图 2-21 给出了含有杂质的电解质的电导率随温度变化的曲线。由图 2-21 可以看出：低温下杂质电导起主要作用，高温下本征电导起主要作用。这两种不同的导电机制使曲线出现了转折点 A。这是因为低温下，间隙离子、空位载流子的浓度低，而高温时由于热运动能量的增加，本征载流子数量显著增加。

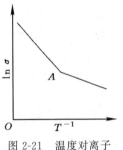

图 2-21　温度对离子
导电的影响

2.3.3.2　离子性质及晶体结构

由式（2-40）可以看出：电导率随活化能按指数规律变化，而活化能反映了离子的固定程度，与晶体结构有关。熔点高的晶体，结合力大，相应活化能高，电导率低。离子电荷量对活化能也有影响。一价阳离子尺寸小、电荷少、活化能低、电导率高；高价正离子价键强，活化能高，故电导率较低。结构紧密的离子晶体，可供移动的间隙小，间隙离子迁移困难，其活化能高，因而电导率小。图 2-22 给出了离子晶体中阳离子电荷和半径对电导率的影响。

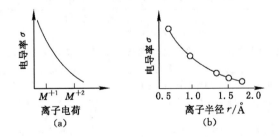

图 2-22　离子晶体中阳离子电荷和离子半径对电导率的影响

2.3.3.3　晶格缺陷

离子晶体要具有离子电导的特性，必须具备两个条件：① 电子载流子的浓度低；② 离子晶格缺陷浓度高并参与电导。故离子晶格缺陷的生成及其浓度大小是决定离子电导的关键。

2.3.4　快离子导体

2.3.4.1　快离子导体的电导率

普通离子晶体中离子扩散可以导电,但是这些晶体的电导率很低,如氯化钠室温下电导率仅为 10^{-15} S·cm^{-1},200 ℃时也仅为 10^{-8} S·cm^{-1},通常称为固体电解质。而另有一类离子晶体,室温下电导率可以达到 10^{-2} S·cm^{-1},几乎与熔盐的电导率相当。一般将该类具有优良离子导电能力($\sigma = 0.1 \sim 10$ S·cm^{-1})的材料称为快离子导体或超离子导体。

2.3.4.2　快离子导体的导电机制模型

快离子导体晶体由两种亚晶格组成:一种是不运动离子亚晶格;一种是运动离子亚晶格。不运动离子构成骨架,为运动离子的运动提供通道。运动离子像液体那样在晶格中做布朗运动,可以穿越两个平衡位置的势垒进行扩散,快速迁移。

2.3.4.3　快离子导体的结构特征

① 晶体中必须存在一定数量的活化能很低的可动离子;② 晶格中应包含能量近似相等而数目远比传导离子数量多并可容纳传导离子的间隙位;③ 可动离子可驻留的间隙位之间势垒不能太高,以使传导离子在间隙位之间可以比较容易跃迁;④ 可容纳传导离子的间隙位应彼此互相连接,构成一个立体间隙网络,其中拥有贯穿晶格始末的离子通道以传输可动离子。

2.3.4.4　快离子导体的分类

(1) 根据传导离子种类分类

阳离子导体:银离子、铜离子、钠离子、锂离子、氢离子等。

阴离子导体:氟离子、氧离子。

(2) 按材料的应用领域分类

快离子导体按材料的应用领域可分为储能类、传感器类。

(3) 按使用温度分类

快离子导体按使用温度可分为高温快离子导体、低温快离子导体。

表 2-5 列出了某些快离子导体的特性及应用。

表 2-5　某些快离子导体的特性及应用

类型	特性及应用
银离子导体	用银离子导体制作长寿命电池,目前已进入实用阶段(最基本的是 AgI)
铜离子导体	铜的价格及储存量均优于银,但是由于其电子导电成分太多,难以优化,因此只限于作为混合型导体用作电池的电极
钠离子导体	以 Na-β-Al$_2$O$_3$ 为主的固体电解质。β-Al$_2$O$_3$ 非常容易获得。在 300 ℃左右,材料结构上的变化使得钠离子较容易在某一特定结构区域中运动。其电子定向运动产生的导电率非常低,因而在储能方面应用是非常合适的材料。目前美、日、德等国致力于用其开发牵引动力用的高能量密度可充电电池
锂离子导体	由于锂比钠质量小,而且电极电位更小,因而用它制作电池更容易获得高能量密度和高功率密度特性。其结构异常复杂,虽然锂电池已经面世,但高性能的锂电池仍为数不多,尚需做大量的研究工作

表 2-5(续)

类型	特性及应用
氢离子导体	用作燃料电池中的隔膜材料或用于氢离子传感器等电化学器件中,由于其工作温度较低(200～400 ℃),因此有可能在燃料电池中取代离子隔膜材料
氧离子导体	以 ZrO_2、ThO_2 为主,常用以制作氧传感器,在冶金、化工、机械中广泛用于检测氧含量和控制化学反应
氟离子导体	以 GaF_2 为主,F 是最小的阴离子,易迁移。其结构简单,便于合成与分析,并且其电子电导很低,是制作电池时非常显著的优点,但在高温下对电极会起腐蚀作用

2.3.4.5　立方稳定的氧化锆(CSZ)

纯 ZrO_2 可以发生多晶型相变。ZrO_2 在 1 170 ℃以下的单斜晶体结构是稳定的,1 170 ℃至 2 370 ℃是四方晶体结构,2 370 ℃至熔点 2 680 ℃立方晶体结构是稳定的。如果在 ZrO_2 中掺入二价或三价金属元素氧化物,如 Y_2O_3、CaO、La_2O_3 等,形成固溶体,可以把立方晶体结构稳定到室温。

立方 ZrO_2 具有萤石的结构,O^{2-} 排成简单立方结构。在点阵的 1/2 处占据着 Zr^{4+} 间隙原子,其结构如图 2-23 所示。低价阳离子置换 Zr^{4+} 导致 O^{2-} 空位的形成。掺杂后形成的氧化锆基固溶体比纯氧化锆含有更多的空位,氧离子可以通过氧空位迁移而导电,从而改善材料的导电性。

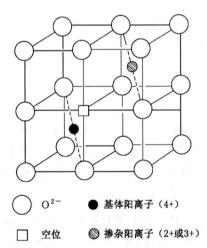

○ O^{2-}　● 基体阳离子(4+)
□ 空位　◎ 掺杂阳离子(2+或3+)

图 2-23　理想的萤石结构和掺杂阳离子补偿电荷的氧空位(半个晶胞)

立方稳定氧化锆的重要应用是制作测氧计。图 2-24 为测氧计原理示意图。Pt 丝电极烧结在立方稳定的氧化锆的表面,两根 Pt 电极外接伏特计,这样构成一个固体电池。氧离子 O^{2-} 从高氧分压侧向低氧分压侧移动,在高氧分压侧产生正电荷积累,在低氧分压侧产生负电荷积累。

在阳极侧:
$$\frac{1}{2}O_2[p_{O_2}(C)]+2e \longrightarrow O^{2-}$$

在阴极侧:
$$O^{2-} \longrightarrow \frac{1}{2}O_2[p_{O_2}(A)]+2e$$

这一过程产生的电动势 E 为

$$E = \frac{RT}{4F} \ln \frac{p_{O_2}(C)}{p_{O_2}(A)} \tag{2-46}$$

式中,R 为气体常数;F 为法拉第常数;T 为温度,K;$p_{O_2}(C)$ 为高氧分压;$p_{O_2}(A)$ 为低氧分压。

图 2-25 为测量汽车废气氧含量的探测器示意图。内层电极与大气接触,氧气浓度高,外层电极与废气接触,氧气浓度低。若排放的废气中所含的氧相对较少,两侧的电极所接触到的氧气高低落差大,所产生的电动势相对高(接近 1 V);当废气中的氧气较多时,氧化锆两侧的白金层的氧气落差小,因此所产生的电动势低(接近 0 V)。电动势的信号传送到调节系统,通过改变油量大小进行相应的调节,以保持燃料和空气的最佳值,有利于防止污染和提高发动机效率。

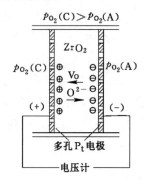

图 2-24 测氧计原理示意图

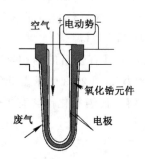

图 2-25 测量废气氧含量的探测器示意图

2.4 半导体的导电性能

半导体的导电性能介于金属和绝缘体之间,其电阻率为 $10^{-3} \sim 10^{9}$ $\Omega \cdot m$,禁带宽度为 $0.2 \sim 3.5$ eV。半导体材料是制作晶体管、集成电路、发光器件、光电转换器件等的重要材料,它的发展促进了计算机、通信、网络、电视机等电子信息产业的发展。

2.4.1 本征半导体

本征半导体是指纯净的不含任何杂质和缺陷的半导体。制造半导体器件的本征半导体材料的纯度要达到 99.999 999 9%,常称为"九个9"。下面以半导体硅为例进行讨论。硅具有金刚石结构,每个硅原子的 4 个价电子均形成共价键。根据能带理论,当温度为 0 K 时,半导体的价带填满电子,满带和空带之间存在禁带,但禁带较窄,硅的禁带宽度只有 1.1 eV,所有的价电子都紧紧束缚在共价键中,不会成为自由电子,因此本征半导体的导电能力很弱,接近绝缘体。图 2-26 为 0 K 时硅本征半导体的能带结构和共价键结构示意图。

温度高于 0 K 或受到光照时,满带上的一个电子跃迁到空带,满带中出现一个空位,相当于产生了一个带正电的粒子,称为"空穴",也就是此时束缚电子能量增大,有的电子可以挣脱原子核的束缚,成为自由电子,在原来的共价键中出现了一个空穴。相邻共价键中的电子很容易填补到这个空穴上而在新的位置出现新的空穴。价电子逐个填补空穴,相当于空穴移动方向与电子移动方向相反。图 2-27 为高于 0 K 时硅本征半导体的能带结构和共价键结构示意图。

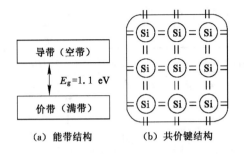

图 2-26 0 K 时硅本征半导体的能带结构和
共价键结构示意图

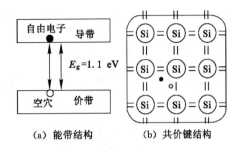

图 2-27 高于 0 K 时硅本征半导体的能带结构和
共价键结构示意图

在本征半导体中,由于温度、光辐射等而激发出电子空穴对的过程称为本征激发。本征激发同时产生电子空穴对,外施加能量越高,产生的电子空穴对越多。电子和空穴也会相遇而消失,这种现象称为复合。在一定温度下,本征激发和复合同时进行,达到动态平衡,电子空穴对的浓度保持不变。如常温 300 K 时,硅中电子空穴对的浓度为 1.4×10^{10} cm^{-3},锗中电子空穴对的浓度为 2.5×10^{10} cm^{-3}。

在半导体中,带负电荷的自由电子逆着电场运动形成电子电流,带正电荷的空穴顺着电场运动形成空穴电流,电子电流与空穴电流之和构成了半导体的总电流。图 2-28 为半导体中的电流示意图。

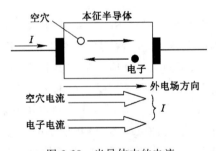

图 2-28 半导体中的电流

2.4.2 杂质半导体

杂质半导体是指在本征半导体中掺入少量杂质而得到的半导体。因为本征半导体的载流子数量太少,不能直接用其制造半导体器件,而在本征半导体中掺入微量的磷、硼等杂质,可以使载流子的数量显著增加,因而提高导电性能。一般杂质半导体是制备半导体器件的原材料。根据掺入杂质性质的不同,杂质半导体可分为 n 型半导体和 p 型半导体两类。

2.4.2.1 n 型半导体

n 型半导体是指在 4 价的本征半导体 Si、Ge 等中掺入少量 5 价杂质(P、As 等)形成的半导体。例如,本征半导体硅中掺入少量第 V 主族元素 P、As 等杂质后,晶体结构几乎与纯硅没有不同,但是 V 族元素有 5 个价电子,其中 4 个价电子与周围的 4 个硅原子形成共价键,还剩余 1 个电子,同时 V 族原子所在处也多余 1 个正电荷,称为正电中心,所以,1 个 V 族原子取代 1 个硅原子,其效果是形成 1 个正电中心和 1 个多余的电子,如图 2-29(a)所示。

多余的电子束缚在正电中心,但这种束缚力很弱,很小的能量就可以使电子摆脱束缚成为晶格中导电的自由电子,而 V 族原子形成一个不能移动的正电中心。

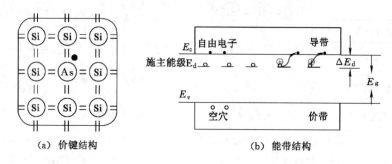

(a) 价键结构　　　　　　(b) 能带结构

图 2-29　n 型半导体的价键结构和能带结构示意图

硅、锗中的 V 族杂质,能够施放电子而在导带中产生电子并形成正电中心,称为施主杂质或 n 型杂质。施主杂质未电离时是中性的,电离后成为正电中心。被施主杂质束缚的多余的这个价电子的能级称为施主能级 E_d。理论计算和实验结果表明施主能级 E_d 位于离导带底很近的禁带中。杂质原子间的相互作用可忽略,某一种杂质的施主能级是一些具有相同能量的孤立能级,如图 2-29(b)所示。$E_c - E_d$ 称为施主电离能。施主电离能值比禁带宽度 E_g 值小得多,如在锗中掺磷时为 0.012 eV,在硅中掺磷为 0.045 eV,掺砷为 0.049 eV。

n 型半导体中电子为多数载流子,空穴为少数载流子。

2.4.2.2　p 型半导体

p 型半导体是指在 4 价的本征半导体 Si、Ge 等中掺入少量 3 价的杂质元素(如 B、In 等)形成的半导体。例如,本征半导体硅中掺入少量第Ⅲ主族元素 B、Al、In 等杂质后,第Ⅲ主族元素有 3 个价电子,它与周围的 4 个硅原子形成共价键,还缺少 1 个电子,于是在硅晶体的共价键中产生了 1 个空穴,而Ⅲ族原子接受 1 个电子后所在处形成 1 个负离子中心,所以,1 个Ⅲ族原子取代 1 个硅原子,其结果是形成 1 个负电中心和 1 个空穴,如图 2-30(a)所示。空穴束缚在Ⅲ族原子附近,但这种束缚力很弱,很小的能量就可以使空穴摆脱束缚,成为晶格中自由运动的导电空穴,而Ⅲ族原子形成一个不能移动的负电中心。

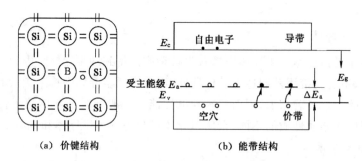

(a) 价键结构　　　　　　(b) 能带结构

图 2-30　p 型半导体的价键结构和能带结构示意图

硅、锗中的Ⅲ族杂质能够接受电子而在价带中产生空穴并形成负电中心,称为受主杂质或 p 型杂质。受主杂质未电离时是中性的,电离后成为负电中心。被受主杂质束缚的空穴的能量状态称为受主能级 E_a。理论计算和实验结果表明受主能级位于离价带顶很近的禁带中。杂质原子间的相互作用可忽略,某一种杂质的受主能级是一些具有相同能量的孤立能级,如图 2-30(b)所示,$E_a - E_v$ 称为受主电离能。受主电离能值也比禁带宽度 E_g 值小很多,如在锗中掺硼时为 0.01 eV,在硅中掺硼时为 0.045 eV,掺铝时为 0.057 eV。

　　p 型半导体中空穴为多数载流子,电子为少数载流子。

　　通常一块半导体材料中往往同时含有两种类型的杂质,这时半导体的性质主要取决于掺杂浓度高杂质。

2.4.3　半导体中载流子浓度的计算

2.4.3.1　本征半导体中载流子浓度的计算

　　量子力学已经证明:半导体中电子能量(E_e)或空穴能量(E_h)的表达式与金属中自由电子能量表达式在形式上完全相同,只是其中自由电子的质量用有效质量代替,即

$$E_e = \frac{h^2}{2m_e^*}(k_x^2 + k_y^2 + k_z^2) \tag{2-47}$$

$$E_h = \frac{h^2}{2m_h^*}(k_x^2 + k_y^2 + k_z^2) \tag{2-48}$$

式中,k_x、k_y、k_z 为电子波矢量在 x、y、z 轴方向上的分量;m_e^* 为电子的有效质量;m_h^* 为空穴的有效质量;$\hbar = \frac{h}{2\pi}$,h 为普朗克常数。

　　导带里的电子有不同质量,其行为和自由电子一样。可以用第 1 章讨论的费米分布函数计算方法计算出参加导电的电子和空穴数量。

　　(1) 导带中电子的浓度

　　取价带顶部的能量为 0,导带中能量为 E 的电子状态密度(单位体积)$Z(E)$ 可以写成

$$\begin{cases} Z(E) = C_e(E - E_g)^{\frac{1}{2}} \\ C_e = 4\pi(2m_e^*)^{\frac{3}{2}}/h^3 \end{cases} \tag{2-49}$$

　　本征半导体的费米能级 E_F 处于禁带中,而且它到导带底部的距离远大于 kT,因此导带中的电子费米分布函数 $f(E)$ 为

$$f(E) = \frac{1}{\exp\dfrac{E - E_F}{kT} + 1} \approx \exp[-(E - E_F)/(kT)] \tag{2-50}$$

　　导带中电子浓度 N_e 为:

$$N_e = \int_{导带底}^{导带顶} dN = \int_{E_g}^{导带顶} f(E)Z(E)dE = C_e \int_{E_g}^{\infty} (E - E_g)^{1/2} \exp[-(E - E_F)/(kT)]dE$$

$$= N_c \exp\left(-\frac{E_g - E_F}{kT}\right) = N_c' T^{3/2} \exp\left(-\frac{E_g - E_F}{kT}\right) \tag{2-51}$$

式中,$N_c = 2(2\pi m_e^* kT/h^2)^{\frac{3}{2}}$;$N_c' = 2(2\pi m_e^* k/h^2)^{\frac{3}{2}}$;$E_g$ 为能隙;E_F 为费米能;m_e^* 为电子有效质量;k 为玻尔兹曼常数;h 为普朗克常数。

　　由式(2-51)可以得出结论:导带中电子的浓度是温度和电子有效质量的函数。该式同样适用于非本征半导体中电子浓度的计算。

　　(2) 价带中空穴的浓度

采用处理导带浓度的方法同样可以处理空穴浓度。价带中空穴的状态密度 $Z(E)$ 可以写为

$$\begin{cases} Z(E) = C_h(0-E)^{1/2} \\ C_h = 4\pi(2m_h^*)^{\frac{3}{2}}/h^3 \end{cases} \tag{2-52}$$

空穴占据状态的概率可以函数 $1-f(E)$ 给出，该函数沿能量 E 轴负方向将呈指数衰减。

价带中空穴浓度 N_h 为

$$N_h = \int_{\text{价带底}}^{\text{价带顶}} dN = \int_{-\infty}^{0} [1-f(E)] Z(E) dE = N_V \exp\left(-\frac{E_F}{kT}\right) = N'_V T^{3/2} \exp\left(-\frac{E_F}{kT}\right) \tag{2-53}$$

式中，$N_V = 2(2\pi m_h^* kT/h^2)^{\frac{3}{2}}$；$N'_V = 2(2\pi m_h^* k/h^2)^{\frac{3}{2}}$；$E_F$ 为费米能；m_h^* 为空穴有效质量；k 为玻尔兹曼常数；h 为普朗克常数。

式(2-53)同样适用于非本征半导体中空穴浓度的计算。

由于本征半导体中电子浓度与空穴浓度相等，所以可得到

$$N_e = N_h = \sqrt{N_e N_h} = K_1 T^{3/2} \exp[-E_g/(2kT)] \tag{2-54}$$

式中，$K_1 = 2(2\pi k/h^2)^{3/2} (m_e^* m_h^*)^{3/4}$；$T$ 为温度。

由式(2-54)可以看出：载流子浓度与温度 T 和禁带宽度 E_g 有关系。温度 T 增大，载流子浓度 N 显著增大（与温度呈指数函数增大）；温度相同时，E_g 小的 N 大，如 $T=300$ K 时，Si 的 $E_g=1.1$ eV，$N=1.5\times10^{10}$ cm^{-3}，Ge 的 $E_g=0.72$ eV，$N=2.4\times10^{13}$ cm^{-3}。

（3）费米能级的位置

对于本征半导体，电子浓度等于空穴浓度，即

$$N_e = N_h \tag{2-55}$$

则

$$N_c \exp[-(E_g-E_F)/(kT)] = N_V \exp(-E_F)/(kT) \tag{2-56}$$

解得

$$E_F = \frac{E_g}{2} + \frac{3}{4} kT \ln(m_h^*/m_e^*) \tag{2-57}$$

由于电子和空穴的有效质量近似相等，而且 kT 数值很小，因此可以粗略认为本征半导体的费米能级位于价带和导带之间的中间位置，即位于禁带中央。

2.4.3.2　非本征半导体中载流子浓度的计算

以 n 型半导体为例进行讨论。假设电子浓度远大于空穴浓度，电离的施主杂质浓度远大于电离的受主杂质浓度，施主杂质原子浓度为 N_d，电离施主杂质的原子浓度为 N_d^+，则有

$$N_e \approx N_d^+ \tag{2-58}$$

$$N_d^+ = N_d[1-f(E_d)] = N_d\{1 + [\exp(E_F-E_d)/(kT)]\}^{-1} \tag{2-59}$$

$$N_d\{1 + [\exp(E_F-E_d)/(kT)]\}^{-1} = N_c \exp[-(E_g-E_F)/(kT)] \tag{2-60}$$

解得

$$E_F = E_d + kT \ln\left\{-\frac{1}{2} + \frac{1}{2}\left[1 + 4\frac{N_d}{N_c}\exp\left(\frac{E_g-E_d}{kT}\right)\right]^{\frac{1}{2}}\right\} \tag{2-61}$$

由式(2-61)可以看出：E_F 随温度变化而变化。可以分三个温度区间来讨论 E_F 的位置。

(1) 在低温区，可以满足 $\exp\dfrac{E_g-E_d}{kT}\gg1$，则可得到

$$E_F=\frac{E_g+E_d}{2}+\frac{kT}{2}\ln\frac{N_d}{N_c} \tag{2-62}$$

导电电子浓度

$$n=\sqrt{N_cN_d}\exp\left(-\frac{E_g-E_d}{2kT}\right) \tag{2-63}$$

这说明此时费米能级位于导带底和施主能级之间，只有少量施主电离，导电电子数较少。

(2) 在中温区，可以满足 $\exp\left(\dfrac{E_g-E_d}{kT}\right)\approx1$，则可得到

$$E_F=E_d-kT\ln\left(N_c/N_d\right) \tag{2-64}$$

导电电子浓度

$$n\approx N_d \tag{2-65}$$

这说明随着温度升高，费米能级不断向本征半导体的费米能级靠近，全部施主都电离，导电电子数很多。

(3) 在高温区，可以满足 $\exp\left(\dfrac{E_g-E_d}{kT}\right)<1$，则可得到

$$E_F=E_g/2 \tag{2-66}$$

$$n\approx N_e \tag{2-67}$$

这说明温度很高时，费米能级位于禁带中央，半导体成为本征半导体。

图 2-31(a)给出了 n 型半导体费米能级随温度的变化示意图。针对 p 型半导体也可以进行类似的讨论。图 2-31(b)给出了 p 型半导体费米能级随温度的变化示意图。

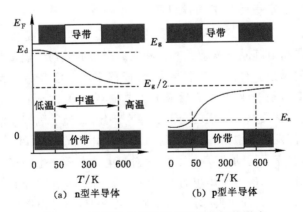

图 2-31　温度对杂质半导体费米能级的影响

即使是百万分之一量级的掺杂浓度，也可以使得载流子浓度提升到 10^{16} cm^{-3} 量级的水平，远大于本征载流子浓度，相应的，半导体的导电能力得到大幅提高。然而随着温度的升高，本征载流子的浓度迅速增大，而杂质提供的载流子浓度基本不再改变。因此，高温时，即使是掺杂半导体，由于本征激发占主导地位，掺杂半导体总体上表现出本征半导体的特

点。因此普通的电子器件不能在高温下使用的原因之一是在较高温度下本征激发了,导致器件失效。

2.4.4 导电性和载流子迁移率

由能带理论可知电子在理想的规则周期性排列的晶体中不受到散射,可以自由运动。但是热运动和杂质、缺陷等的存在使晶体偏离理想的规则周期性排列,从而引起对电子的散射。当在外电场作用下,电子会定向漂移,产生电流。这种漂移运动是在杂乱无章的热运动基础上的定向运动。当电场与热运动平衡时,电子得到一个平均运动速度,并且与电场强度成正比。电子在单位电场中的迁移速度称为迁移率 μ。

推导可得到电导率 σ 与迁移率 μ 之间的关系式为

$$\sigma = ne\mu \tag{2-68}$$

式中,n 为电子密度;e 为电子电量。

电导率的一般表达式为

$$\sigma = \sum \sigma_i = \sum n_i q_i \mu_i \tag{2-69}$$

式(2-69)反映了电导率的微观本质,即宏观电导率 σ 与微观载流子的浓度 n_i、每一种载流子的电荷量 q_i 以及每种载流子的迁移率 μ_i 有关。

本征半导体中的载流子为电子和空穴,所以电导率为

$$\sigma_i = n_i e(\mu_e + \mu_h) \tag{2-70}$$

式中,μ_e 为电子的迁移率;μ_h 为空穴的迁移率。

自由电子的自由度大,迁移率 μ_e 较大,而空穴的自由度小,迁移率 μ_h 较小。这是因为空穴的漂移实质上是价电子依次填补共价键上空位的结果,这种运动被约束在共价键范围内,所以迁移率 μ_h 较小。温度为 300 K 时,Si 的 $\mu_e = 1\ 400\ cm^2/(V \cdot s)$,$\mu_h = 500\ cm^2/(V \cdot s)$;Ge 的 $\mu_e = 3\ 900\ cm^2/(V \cdot s)$,$\mu_h = 190\ cm^2/(V \cdot s)$。

2.4.5 温度对半导体导电性能的影响

半导体的导电性能随温度的变化与金属的不同,呈现复杂的变化规律。电子和空穴在电场作用下主要受晶格点阵原子振动的散射和电离杂质的散射。温度越高,晶格振动越强,对载流子的散射也将增强。在低掺杂半导体中,迁移率随温度升高而大幅度下降。施主杂质在半导体中未电离时是中性的,电离后成为正电中心,而受主杂质电离后接受电子成为负电中心,因此离子化的杂质原子周围就会形成库仑势场,载流子因运动靠近后其速度大小和方向均会发生改变,即发生了散射,这种散射机构称为电离杂质散射。杂质含量越高,迁移率越低。温度越高,载流子运动速度越大,因而对于电离杂质产生的正负电中心的吸引和排斥作用所受影响相对越小,散射作用越弱。所以高掺杂时,迁移率随温度变化较小。在高温或者低杂质密度时晶格散射起主要作用;当杂质密度较高时,杂质散射起主要作用。

2.4.5.1 温度对本征半导体导电性能的影响

可以从以下三个方面讨论本征半导体的电导率与温度的关系。(1) q 与温度 T 无关;(2)电子与空穴的迁移率随温度升高而直线降低;(3)载流子数量随温度升高而呈指数函数增加(占主导)。所以,根据式(2-69)可以得出:温度升高,本征半导体电导率增大。图 2-32 给出了本征半导体迁移率、载流子数量、电导率随温度的变化规律。

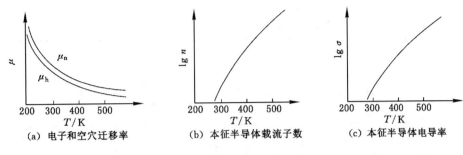

图 2-32　各量随温度的变化

2.4.5.2　温度对杂质半导体导电性能的影响

杂质半导体导电性能随温度的变化比较复杂,可以分为三个温度区间进行讨论。

(1) 低温区

温度很低时,本征激发可以忽略不计,载流子主要由杂质电离提供。载流子浓度随温度升高而增大。散射由电离杂质决定,迁移率也随着温度升高而增大,因此,电阻率随着温度升高而下降。

(2) 温度升高到杂质饱和电离区

这个温度区间杂质已全部电离,本征激发还不显著,载流子浓度基本不变。晶格振动散射是主要的,随着温度的升高,迁移率下降,因此电阻率随温度升高而增大。

(3) 进入本征区后

随着温度的升高,载流子浓度迅速增大,而迁移率 μ 下降,但是大量本征载流子的产生远超过迁移率减小对电阻率的影响,因此电阻率随温度升高而下降。

图 2-33 给出了杂质半导体电阻率随着温度升高的变化曲线。

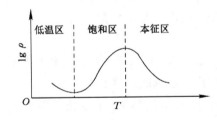

图 2-33　杂质半导体电阻率随温度升高的变化曲线

2.4.6　半导体材料的分类

半导体可以分为无机半导体和有机半导体。无机半导体又可以分为结晶态半导体和非结晶态半导体。结晶态半导体又可以分为元素半导体、化合物半导体、固溶体半导体。下面分别简单介绍一下。

(1) 元素半导体

在元素周期表中介于金属和非金属之间具有半导体性质的元素有 12 种,但是其中具有实用价值的元素半导体材料只有硅、锗和硒。硒是最早使用的,而硅和锗是目前最重要的半导体材料,尤其是硅材料,由于其具有许多优良特性,绝大多数半导体器件都是用硅材料制作的。表 2-6 给出了元素半导体在周期表中的位置。

表 2-6　元素半导体在周期表中的位置

周期 ＼ 族	I	II	III	IV	V	VI	VII
1	H						
2	Li	Be	B	C	N	O	F
3	Na	Mg	Al	Si	P	S	Cl
4	Cu	Zn	Ga	Ge	As	Se	Br
5	Ag	Cd	In	Sn	Sb	Te	I
6	Au	Hg	Tl	Pb	Bi		

（2）二元化合物半导体

二元化合物半导体由两种元素组成，种类很多，主要有 III-V 族化合物半导体、II-VI 族化合物半导体、IV-VI 族化合物半导体、II-IV 族化合物半导体、铅化物及氧化物半导体等。二元化合物半导体具有许多元素半导体所不具有的性质，开辟了应用的新领域。III-V 族半导体主要由 III 族元素 Al，Ga，In 与 V 族元素 P，As，Sb 组成，应用最广的是 GaAs，还有 GaP，InP 等，已成为微波、光电器件的基础材料，人们可以根据要求来选择不同的 III-V 族材料。II-VI 族半导体主要由 II 族元素 Zn，Cd，Hg 和 VI 族元素 S，Se，Te 组成，主要用以制作微光电器件、红外器件和光电池，在国防上有重要用途。

（3）三元化合物半导体

以 AlGaAs 和 GaAsP 为代表的三元化合物半导体材料已被人们广泛研究，可制作发光器件。此外 $AgSbTe_2$ 是良好的温差电材料；$CdCr_2Se_4$，$MgCr_2S_4$ 是磁性半导体材料；$SrTiO_3$ 是超导电性半导体材料，在氧欠缺的条件下表现出超导电性。

（4）固溶体半导体

元素半导体或化合物半导体相互溶解而成的半导体材料称为固溶体半导体。它的一个重要特性是禁带宽度（E_g）随固溶度的成分改变发生变化，因此可以利用固溶体得到具有多种性质的半导体材料。例如 Ge-Si 固溶体 E_g 的变化范围为 0.7～1.2 eV，GaAs-GaP 固溶体 E_g 变化范围为 1.35～2.25 eV。所以可以利用 $GaAs_{1-x}P_x$，随 x 变化而制作能发出不同波长的发光二极管。Sb_2Te_3-Bi_2Te_3 和 Bi_2Se_3-Bi_2Te_3 是较好的温差电材料。

（5）非晶态半导体

非晶态物质的特征是原子排列没有规律，从长程看杂乱无章，有时也叫无定形物质。在非晶态材料中有一些在常态下是绝缘体或高阻体，但是在达到一定值的外界条件（如电场、光、温度等）时，就呈现出半导体电性能，称为非晶态半导体材料，也称为玻璃态半导体材料。非晶态半导体材料在开关元件、记忆元件、固体显示、热敏电阻和太阳能电池等中的应用都有令人鼓舞的前景。例如，α-Si：H 太阳能电池产量已占总太阳能电池产量的 30%，不但占领了家用电器电源市场，而且装备了太阳能电池汽车和模型飞机等。

（6）有机半导体

有一些有机物也具有半导体性质，研究表明其在固态电子器件中将会发挥其重要作用。

2.5　超导电性

超导电性是指有些物质从特定的温度开始转变为完全没有电阻状态的现象。最初在 1911 年,卡茂林·昂内斯意外地发现,将汞冷却到 $-268.98\ ℃$ 时,汞的电阻突然消失,后来他发现许多金属和合金都具有与汞相类似的低温下失去电阻的特性。1913 年,卡茂林·昂内斯在诺贝尔领奖演说中指出:低温下金属电阻的消失"不是逐渐的,而是突然的",水银在 4.2 K 进入了一种新状态,由于它的特殊导电性能,可以称为"超导态"。1931 年人们发现锡在转变到超导态时比热容有跳变,这是正常-超导转变。之后各国很多科学家致力于超导体的研究,使超导体的转变温度逐渐提高到室温左右,并且发现超导电性不仅可以在金属中出现,还可以在化合物、半导体、氧化物陶瓷等材料中出现。

2.5.1　超导态特性

超导态有两个基本特性,即完全导电性和完全抗磁性。

完全导电性是指当超导体温度降低到某温度时,超导体的电阻率由有限值变为 0 的现象,也称为零电阻效应。例如有科学家曾做过"持久电流实验",在室温下把铅环放到磁场中,然后冷却到室温使其转变成超导态,这时将磁场突然撤掉,发现铅环中产生了感应电流,从 1954 年 3 月到 1956 年 9 月,电流没有任何衰减。图 2-34 为持久电流实验示意图。

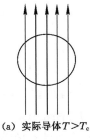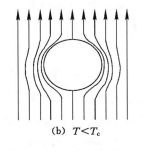

(a) 实际导体 $T>T_c$　　　　　(b) $T<T_c$　　　　　(c) $T<T_c$ 撤出外磁场

图 2-34　持久电流实验

完全抗磁性是指处于超导态的材料,不管其经历如何,磁感应强度始终为 0,因为是迈斯纳等首先发现该现象,所以也称为迈斯纳效应。1933 年迈斯纳等在实验中发现:当用超导体做成圆球并处于超导态时,磁场不能进入圆球内部;如果是处于正常态的超导体圆球,磁场能够进入圆球内部,当温度下降到转变温度以下使其转变成超导态时,也会把原来球内的磁场完全排出去,内部磁场为 0,如图 2-35 所示。因此超导体具有屏蔽磁场和排斥磁通的性能。

图 2-36 为超导磁悬浮实验。把一块超导体浸入装在泡沫塑料容器内的液氮中,当上方一块小磁铁靠近它时,由于超导体具有完全抗磁性,小磁铁会受到很大的排斥力,当重力和排斥力相等时,小磁铁会悬浮在空中。后来研究表明:磁场不能穿透超导体内部的原因是在磁场作用下,超导体的表面感生出一个无损耗的超导电流,这个电流产生的磁场抵消了超导体内部的磁场。人们常用迈斯纳效应判别物质是否具有超导电性。

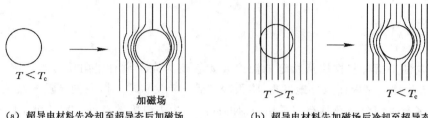

(a) 超导电材料先冷却至超导态后加磁场　　　(b) 超导电材料先加磁场后冷却至超导态

图 2-35　迈斯纳效应

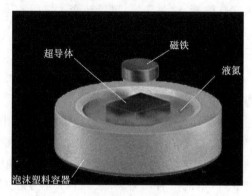

图 2-36　超导磁悬浮(迈斯纳效应)

2.5.2　超导体的性能指标

　　评价实用超导材料有 3 个性能指标,即临界转变温度 T_c、临界磁场强度 B_c、临界电流密度 J_c。电阻突然消失的温度称为超导材料的临界转变温度 T_c。转变温度越接近室温的超导材料实用价值越高。T_c 与样品纯度无关,但是越均匀纯净的样品超导转变时的电阻陡降越尖锐。温度 $T < T_c$ 时,将磁场作用于超导体,当磁场强度超过临界磁场强度 B_c 时,磁力线将穿入超导体,材料就从超导态转变为正常态。不同超导体的临界磁场强度 B_c 不同,并且是温度的函数。临界电流密度 J_c 是保持超导态的最大输入电流密度。如果输入电流产生的磁场与外加磁场之和超过超导体的临界磁场 B_c,则超导态被破坏。图 2-37 描述了超导态的存在条件。

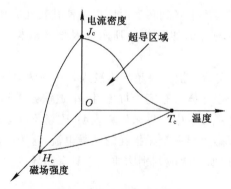

图 2-37　超导态的存在条件

2.5.3　超导体的分类

超导体按化学成分可分为元素超导体、合金超导体、化合物超导体和氧化物超导体。按磁化特性可分为第 I 类超导体和第 II 类超导体。按临界转变温度 T_c 值可分为低温超导体和高温超导体。下面分别简单介绍。

（1）低温超导材料

相对于氧化物而言，元素、合金和化合物超导材料的临界温度较低（$T_c < 30\ \text{K}$），其超导机理基本上能在 BCS 理论的框架内进行解释，因而通常又被称为常规超导材料或传统超导材料。

① 元素超导材料。到目前为止，人们已发现的元素超导材料近 50 种，在正常压力下具有超导电性的有 30 种元素，如 Be、Al、Ti、V、Zn、Ga、Zr、Nb、Mo 等。某些元素只有在高压下才具有超导电性，如 Cs、Ba、Y、Ce、Si、Ge、P、As、Sb、Bi、Se、Te 和 Lu 等。某些元素只有制备为薄膜时才具有超导电性，如 Li、Cr 和 Eu 等。Pd 经过电磁波辐照后才显示出超导电性。在低温底板上淀积 W、Be、Ga、Al、In 和 Sn 的薄膜，其 T_c 与大块材料相比都有较大的提高。值得强调的是，稀土元素 La 在 150 kbar 压力下，其 T_c 高达 12 K。通常 T_c 对少量杂质并不敏感，但磁性杂质（如 Ir 和 Mo）会使 T_c 降低，甚至使超导电性消失。

图 2-38 给出了超导元素在周期元素表中的分布情况。由图 2-38 可以看出：碱金属 Li、Na、K、Ru、Cs 和良导体 Cu、Ag、Au 等一价元素均不是超导体；Cr、Mn、Fe、Ni、Co 等铁磁性或反铁磁性元素也都不是超导体；超导元素的价电子数 Z 一般为 2~8。除个别元素例外，超导元素明显可分为过渡金属和非过渡金属两种。在过渡金属中，Z 为奇数的元素，T_c 较高，当 $Z = 5$ 和 $Z = 7$ 时，T_c 出现峰值。对于非过渡金属，T_c 随 Z 增大单调增大。

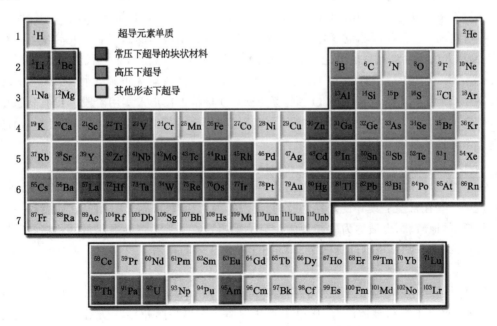

图 2-38　超导元素在周期元素表中的分布情况

② 合金和化合物超导材料。到目前为止,人们已发现约 5 000 种合金和化合物具有超导电性,真正能够实际应用的并不多。Nb-Ti 合金、Nb_3Sn 和 V_3Ga 是目前最主要的实用超导材料。合金和化合物的超导电性还有一些引人注目的特点。例如,由非超导元素组成的一些化合物,如 Au_2Bi,$GePt$,CuS 等,却变成了超导体。而化合物 $ErRh_4B_4$ 却存在两个临界温度,在第一个临界温度 $T_{c1} \approx 8.55$ K,它变为超导体,而随着温度的继续降低,在第二个临界温度 $T_{c2} \approx 0.9$ K 时,又从超导态过渡到正常态。近些年又发现了一些新型低温超导材料,如发现 C_{60} 和碱金属的化合物有超导电性。1991 年 4 月美国贝尔实验室发现 C_{60} 和钾的化合物在 18 K 下呈现超导状态,同年 6 月日本电气公司将 C_{60} 和铯铷合金化后获得了临界温度为 33 K 的超导体,同年 7 月我国北京大学等单位也研制出了 K_3C_{60} 和 Rb_3C_{60} 超导体。1993 年美国纽约州立大学的材料物理学家将氯化碘卤间化合物掺入巴氏球,合成了临界温度达 60 K 的 C_{60} 超导体。C_{60} 超导体的临界电流密度大,临界磁场大,且材料易加工,有很大的实用价值。因为它是三维结构,研究和应用会更容易些,因此,可以期待 C_{60} 超导体会有更大的发展。有人预言巨型 C_{240}、C_{540} 合成如果能实现,还可能成为室温超导体。另外还发现了磁性超导材料、有机超导材料、超晶格超导材料、非晶超导材料等。

（2）高温超导材料

1986 年 4 月瑞士苏黎世的 IBM 研究室的柏诺兹（Bednorz）和缪勒（Müller）发现了LaBaCuO 体系的超导转变温度为 36 K,为进一步发现在液氮温区的高温超导体开辟了道路,于 1987 年获得诺贝尔奖。1987 年初,美国的朱经武等和中科院物理所的赵忠贤等分别独立地发现了 T_c 超过 90 K 的 YBaCuO 超导体,这是第一个液氮温区超导体,实现了 T_c超出液氮沸点的重要突破。1988 年又发现了更高 T_c 的两个系列超导氧化物:110 K 的BiSrCaCuO 和 125 K 的 TlBaCaCuO 系列。随后,HgBaCaCuO 等高温超导材料相继问世。1993 年 12 月法国宣布在 HgBaCaCuO 体系中发现了 $-43 \sim 3$ ℃的超导现象。2001 年 1 月,日本报道发现了一种新的非铜氧化物超导材料 MgB_2,它是简单的二元金属化合物,T_c 约为39 K,制作方法简单。到目前为止,已经发现了三代高温超导材料,第一代为 La 系,第二代为 Y 系,第三代为 Bi 系、Tl 系和 Hg 系。三代高温超导材料均为铜氧化物,已获承认的目前最高 T_c 值为 164 K,钇系 YBCO 和铋系 BSCCO 材料正在步入实用阶段。目前高温超导材料研究工作集中在以下几个方面:新的更高温度超导体系的探索;材料的应用基础研究;对高温超导现象的解释和机理研究。

（3）第 I 类超导体

第 I 类超导体的特征是由正常态过渡到超导态时没有中间态,并且具有完全抗磁性。主要包括一些在常温下具有良好导电性的纯金属,如铝、锌、镓、镉、锡、铟等。该类超导体的熔点较低、质地较软,也被称为软超导体。第 I 类超导体由于其临界电流密度和临界磁场较低,因而没有很好的实用价值。图 2-39 为第 I 类超导体的相图。

（4）第 II 类超导体

第 II 类超导体的特征是正常态转变为超导态时有一个中间态（混合态）;混合态中有磁通线存在,而第 I 类超导体没有;比第 I 类超导体具有更高的超导转变温度和临界磁场强度;第 II 类超导体主要包括钒、锝、铌、合金、化合物超导体。图 2-40 为第 II 类超导体的相图。

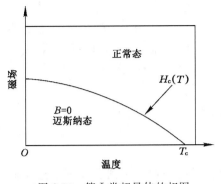

图 2-39　第 I 类超导体的相图

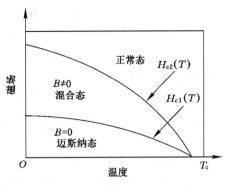

图 2-40　第 II 类超导体的相图

2.5.4　超导现象的物理本质

超导现象发现以后,科学家们提出了很多超导理论模型来解释超导电性的微观机理,其中以 1957 年巴丁(J. Bardeen)、库珀(L. V. Cooper)和施里弗(J. R. Schrieffer)提出的 BCS 理论最著名。

BCS 理论认为:处于超导态的电子不是单独存在的,而是配成库珀对存在的,配对的电子,其自旋方向相反,动量的大小相等而方向相反,总动量为 0。库珀对作为整体与晶格作用,一个电子若从晶体得到动量,则另一个电子必失去动量,作为整体,不与晶格交换动量,也不交换能量,能自由地通过晶格,因此没有电阻。

当温度大于临界温度时,热运动使库珀对分散为正常电子,超导态转变为正常态。当磁场强度达到临界强度时,磁能密度等于库珀对的结合能密度,所有库珀对都获得能量而被拆散,超导态转变为正常态。

2.5.5　超导体的应用

(1) 在电力工程方面的应用

超导输电在原则上可以做到没有焦耳热的损耗,因而可节省大量能源;超导线圈用于发电机和电动机可以大幅度提高工作效率和降低损耗,从而致使电工领域发生重大变革。第一代超导线材——铋氧化物线材已达到商业化水平。正在积极研究开发第二代超导线材——钇系列线材。其中,包含钇的 YBCO(钇铋铜氧)和包含钕的 NBCO(钕铋铜氧)这两种线材,由于具有更好的磁场特性,将来有可能成为超导线材的主流。C60 超导体具有较大的发展潜力,易加工成型,临界电流、临界磁场和相干长度均较大。C60 被誉为 21 世纪新材料"明星",该材料已展现出了在机械、光、电、磁、化学等领域中的新奇特性和应用前景。

(2) 超导技术在交通运输中的应用

利用超导体产生的强磁场可以研制磁悬浮列车,车辆不受地面阻力的影响,可高速运行,车速达 500 km/h 以上,若让超导磁悬浮列车在真空中运行,车速可达 1 600 km/h。利用超导体制成无摩擦轴承,用于发射火箭,可将发射速度提高 3 倍以上。1999 年 4 月,日本研制的超导磁悬浮列车速度已达 552 km/h。西南交通大学研制成功的超导磁悬浮列车,最高设计车速达 500 km/h。

(3) 超导技术在电子工程中的应用

用超导技术制成各种仪器,具有灵敏度高、噪声低、反应快、损耗小等特点,如用超导量子干涉仪可确定地热、石油、各种矿藏的位置和储量,并可用于地震预报。应用超导体制成计算机元件,开关速度可达到 10^{-12} s,比半导体快 1 000 倍左右,而功耗仅为微瓦级,体积为半导体元件的 1/1 000。用超导芯片制成超级计算机计算速度快、容量大、体积小、功耗低,美国 IBM 公司研制的一台计算速度为 8 000 万次的超导计算机,其体积只有电话机那么大。

(4)超导技术在生物医疗中的应用

超导磁体在医学中的重要应用是核磁共振成像技术,可分辨早期肿瘤癌细胞等,还可做心电图、脑磁图、肺磁图等。

(5)超导技术在军事中的应用

在军事中,定向武器在未来战争中将起到举足轻重的作用。美国和俄罗斯已经把定向武器的研制放在突出的位置。定向武器就是把能量汇聚成极细的能束,并沿着指定的方向以光速向外发射,从而摧毁目标。如何在瞬间提供大量的能量呢?用超导材料制成的闭合线圈是一种理想的储能装置。超导储能装置在定向武器中的应用使定向武器飞跃发展;超导发电机、推进器在飞机中的应用可大幅度提高飞机的生存能力;在海洋领域,可大幅度减小甚至消除噪声,推进速度快,可大幅度提高舰艇的生存、作战能力;超导计算机应用于指挥系统,可使作战指挥能力迅速改善和提升等。利用超导技术可以提高导弹命中目标的精度,也可以击毁来袭的导弹。现代战争中所使用的精确制导武器和导弹拦截系统都离不开超导技术的应用。另外,还有在电子对抗、雷达等方面的应用研究。

2.6 导电性能的测量

材料导电性能的测量方法有很多种,对于 10^7 Ω 以上较大的电阻(俗称高阻),如材料的绝缘电阻的测量,粗测时可选用兆欧表(俗称摇表),精测时可选用冲击检流计。对于 $10^2 \sim 10^6$ Ω 的中值电阻测量,可选用万用表欧姆挡、数字式欧姆表或伏安法测量,精测时可选用单电桥法;对于 $10^{-6} \sim 10^2$ Ω 电阻的测量,如金属及其合金电阻的测量,必须采用较精确的测量方法,可选用双电桥法或直流电位差计法;对于非铁磁性导电材料,也可以采用直接读取电阻率或电导率的涡流法测量;对半导体材料电阻的测量一般采用直流四探针法。本节将介绍双电桥法、电位差计法、涡流法、直流四探针法。

2.6.1 双电桥法

单电桥法测量由于无法消除引线电阻和接触电阻,在测量小电阻时误差较大,因此,在测量小电阻时可以选用双电桥法。双电桥又称为开尔文电桥,用于测量 $10^{-1} \sim 10^{-6}$ Ω 的电阻。图 2-41 是双电桥测量原理图。图中 E 是直流电源,R_x 是待测电阻,R_N 是标准电阻,R_1、R_2、R_3 和 R_4 均为大于 10 Ω 的可调电阻,G 为检流计。r 为待测电阻和标准电阻间的引线电阻和接触电阻的和。这个电路可以看成两个单电桥的组合,所以称为双电桥。即 R_1、R_2、R_3 和 R_4 组成一个单电桥(R_x 和 R_N 电阻很小,远小于 R_1、R_2、R_3 和 R_4 的电阻,可视为"短路"的节点),R_1、R_2、R_x、R_N 组成了另外一个单电桥(因为 r 上总可以找到一点使其电位与 D 点电位相等)。调节 R_1、R_2、R_3 和 R_4,使检流计指针指向 0,此时 B 点和 D 点电位相等,电桥达到平衡。由此可得

$$R_x = \frac{R_1}{R_2}R_N + \frac{R_4 r}{R_3 + R_4 + r}\left(\frac{R_1}{R_2} - \frac{R_3}{R_4}\right) \tag{2-71}$$

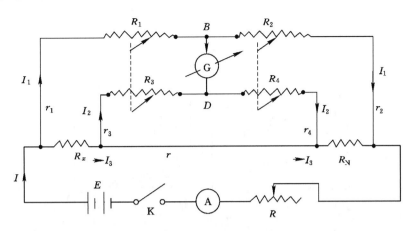

图 2-41　双电桥测量原理图

当 $\dfrac{R_1}{R_2}-\dfrac{R_3}{R_4}=0$ 时,有

$$R_x=\frac{R_1}{R_2}R_N=\frac{R_3}{R_4}R_N$$

双电桥结构设计中通常使 R_1 与 R_3 和 R_2 与 R_4 分别做成同轴可调旋转式电阻,使 $\dfrac{R_1}{R_2}-\dfrac{R_3}{R_4}=0$。$R_1$、$R_2$、$R_3$ 和 R_4 的电阻不应小于 $10\ \Omega$,而且连接 R_x 和 R_N 的铜导线尽可能短和粗,这样保证各电阻的电线和接触电阻可忽略不计。

2.6.2　电位差计法

直流电位差计的原理线路如图 2-42 所示。工作电源 E、调节电阻 R、标准电阻 R_N、可调电阻 R_0 组成工作电流回路;标准电阻 R_N、标准电池 E_N、检流计 G 构成校准回路;可调电阻 R_0、被测电压 E_x 及检流计 G 构成测量回路。测量时,先将开关 K 置于"校准"位,调节 R 使工作电流变化至 G 指向 0,因为 $E_N=IR_N$,所以有

$$I=\frac{E_N}{R_N}\quad(I\ 被校准)$$

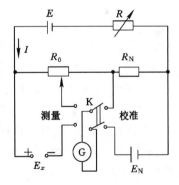

图 2-42　直流电位差计的原理线路

然后将 K 置于"测量"位,调节 R_0 使检流计 G 指向 0,此时 $IR_{0x}=E_x$,所以有

$$E_x=\frac{E_N}{R_N}R_{0x}$$

因为 R_N、E_N 为标准值,所以被测电压 E_x 由补偿电阻 R_{0x} 确定。如果把 R_0 分度,则可以从 R_0 上直接读取 E_x 的大小,而且具有较高的测量精度。

图 2-43 为用直流电位差计测量电阻的外接线路。为了测量被测试样的电阻 R_x,选择一个标准电阻 R_N 与 R_x 组成一个串联回路,测量时先调整好回路中的工作电流,然后接通开关 S,用电位差计分别测出 R_x 和 R_N 引起的电压降 U_x 和 U_N,由于通过 R_x 和 R_N 的电流

相等,因此有

$$R_x = \frac{U_x}{U_N} R_N \qquad (2\text{-}72)$$

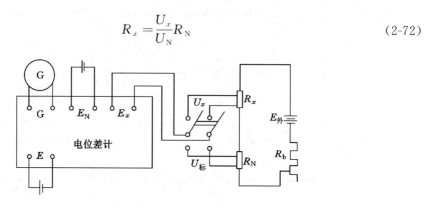

图 2-43　用直流电位差计测量电阻的外接线路

比较双电桥法和电位差计法:当样品电阻随温度变化时,用电位差计法比双电桥法精度高。这是因为双电桥法在测量高温电阻时,较长的导线和接触电阻很难消除。电位差计法的优点是导线或引线的电阻不影响电位差计的电势 U_x 和 U_N 的测量,精密电位差计可以测量 $0.1\ \mu V$ 的微小电势。

2.6.3　涡流法

涡流法的原理为:当载有交变电流的线圈(又称为探头)接近导电材料时,由于线圈交变磁场的作用,在材料表面和近表面感应出电流,这个电流呈涡旋状流动,称为涡流。材料感应出的涡流所产生的磁场又作用于线圈,这种反作用的大小与材料表面和近表面的电导率有密切关系。因此,通过线圈电性能参数的测量就可以相应得出导电材料的电导率。图 2-44 为涡流法测电导率的交流电桥线路图。L_1 为检测线圈,L_2 为补偿线圈,C_1 为电容,C_2 为可变电容。当 $L_1 = L_2$,$C_1 = C_2$ 时,电桥平衡,输出电压为 0。如果将检测线圈 L_1 放在试件表面上,由于涡流的影响将改变线圈的阻抗,电桥失去平衡。如果重新调节 C_2 使电桥达到新的平衡,则 C_2 的变化量就抵消了涡流的线圈的影响。如果将 C_2 的变化量

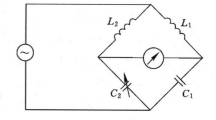

图 2-44　测量电导率电桥

(转换为角度)与材料的电导率对应起来,就可以由 C_2 的变化量直接读出试件的电导率。需要注意的是涡流法只能测量非铁磁性导电材料的电导率。

2.6.4　直流四探针法

直流四探针法主要用于半导体等低电阻率材料的测量,具有设备简单、操作方便、测量较精确等特点,测量原理如图 2-45 所示。测量时,使彼此相距约 1 mm 的 4 根金属探针同时接触样品表面,4 根探针可以排成一条直线,也可以排成正方形或矩形等,外侧 1,4 为通电流探针,内侧 2,3 为测电压探针。由恒流源输出的小电流由 1 号探针流入样品,由 4 号探针流出样品,使样品内部产生压降。同时用电位差、数字电压表等测出 2 号和 3 号探针间的电压 U_{23},可推导得出样品的电阻率为

$$\rho = C\frac{U_{23}}{I} \tag{2-73}$$

式中，I 为探针引入的电流强度；C 为探针系数，$C = 2\pi(\frac{1}{r_{12}} - \frac{1}{r_{24}} - \frac{1}{r_{13}} + \frac{1}{r_{34}})$，$r_{12}$、$r_{24}$、$r_{13}$、$r_{34}$ 分别为相应探针间距。

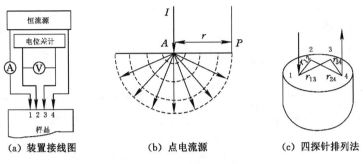

(a) 装置接线图　　　　(b) 点电流源　　　　(c) 四探针排列法

图 2-45　四探针法测试原理图

2.7　电阻分析的应用

　　材料的成分、组织、结构的微小变化会引起电阻率的变化。以测量电阻率的变化来研究材料内部组织结构及缺陷的方法称为电阻分析。在材料科学研究中电阻分析法应用很广泛，如研究测定固溶体的溶解度、合金的时效过程、马氏体转变、疲劳和裂纹扩展等。

2.7.1　测定固溶体的溶解度

　　根据影响金属电阻率因素的分析可知纯金属具有较小的电阻率。温度升高，电阻率增大。固溶体的电阻率随溶质元素含量的增大呈曲线增大。两相机械混合物的电阻率随第二组元含量的增大呈直线增大。为测量某合金高温时的电阻率，可以将该合金淬火，因为淬火可以保留合金在高温时的组织状态。例如，以镁锰合金为例，想要测量锰在 α 固溶体中的溶解度曲线 ab，如图 2-46(b) 所示，选择一系列不同含锰量的镁锰合金，分别在 300～630 ℃淬火后测量其电阻率，如图 2-46(a) 所示。因为淬火温度升高，锰在 α 固溶体中的溶解度也增大，所以某一定成分的合金电阻率随淬火温度升高而增大。由图 2-46 可以看出：630 ℃淬火后合金的电阻率最高。630 ℃温度下淬火的电阻率曲线分为两段——CDE 段和 EF 段。CDE 段为 α 固溶体电阻率变化的曲线，呈现为电阻率随着溶质含量增大而增大的双曲线。EF 段为 α 固溶体和锰的两相混合物的电阻率变化的直线，电阻率随着溶质含量增大而线性增大。双曲线与直线的交点为 E 点。对于 500 ℃淬火的合金电阻率变化，双曲线与直线的交点为 D 点。因此，双曲线与直线的交点即该温度下的固溶体中最大溶解度。对于所有淬火温度下的各合金，作出其电阻率与成分关系曲线，并找出双曲线与直线的交点，就找到了这个温度下的最大溶解度，在温度-成分坐标系中将这些点连接起来，就得到了固溶体溶解度曲线。

2.7.2　研究合金的时效过程

　　固溶体的溶解度随着温度升高而增大，进行高温淬火后可以获得过饱和固溶体，其电阻

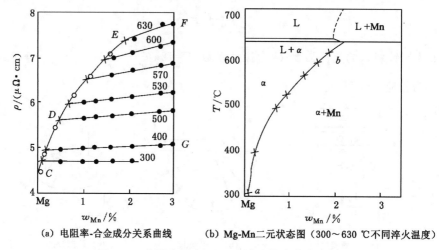

(a) 电阻率-合金成分关系曲线　　(b) Mg-Mn二元状态图（300～630 ℃不同淬火温度）

图 2-46　电阻法测定 Mg-Mn 合金的溶解度

率将增大。随后进行时效处理，合金的电阻率将随着时间增加而发生变化，因为在时效过程中将发生新相析出的分解转变。

　　图 2-47 为铝硅铜镁铸造合金在不同温度时效时的电阻率随时间变化的曲线。由图 2-47 可以看出：合金的电阻率在时效初期反常升高，随着时效时间增加，电阻率逐渐下降。这是因为在时效初期，过饱和固溶体中析出了 G. P. 区，G. P. 区为溶质原子的富集区，而且与固溶体基体呈共格关系，引起对电子的强烈散射，导致电阻率反常升高。随着时效时间增加，G. P. 区转化为 θ 相和 β 相，它们与固溶体基体呈半共格或非共格关系，晶格畸变减小，对电子的散射减弱，从而使合金电阻率逐渐减小。时效温度为 160～170 ℃时，该合金的电阻率变化最大，因为在这一温度区间，合金形成的 G. P. 区数量多，晶格畸变大，对基体的强化作用很大。

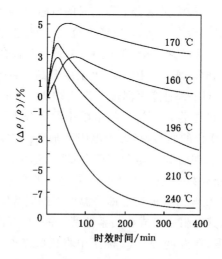

注：原始状态 490 ℃/8 h＋520 ℃/8 h 水淬。

图 2-47　铝硅铜镁铸造合金时效电阻率变化曲线

2.7.3　研究马氏体相变

0 ℃以上金属的电阻率随温度升高而线性增大,如果发生相变,可能会发生反常变化,因此可以通过测量电阻率研究相变过程,例如研究马氏体相变。图 2-48 为合金发生马氏体相变时电阻率随温度变化的曲线。由图 2-48 可以看出:合金发生马氏体相变时电阻率急剧变化,电阻率与温度的关系偏离线性关系,马氏体相变结束恢复为线性规律,曲线与两条直线的切点为相变的开始温度和终了温度。

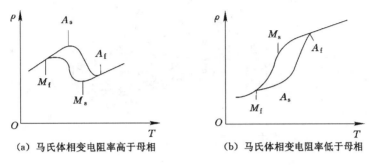

(a) 马氏体相变电阻率高于母相　　　　(b) 马氏体相变电阻率低于母相

图 2-48　马氏体相变和逆相变时的电阻率-温度关系曲线

2.7.4　研究淬火钢的回火转变

钢淬火后的组织一般为马氏体加残余奥氏体。钢中含碳量越高,那么残余奥氏体数量越多。马氏体为碳在 α-Fe 中的过饱和固溶体,晶格畸变较大,因而淬火使钢的电阻率显著增大。淬火钢回火时将发生马氏体的分解和残余奥氏体的转变,从而使马氏体中碳浓度下降,钢的电阻率也下降。图 2-49 为不同碳含量的淬火钢回火时电阻率的变化曲线。由图 2-49 可以看出:当回火温度低于 110 ℃时,钢的电阻率不发生明显的变化,这说明淬火组织还没有发生转变;当回火温度达到 110 ℃时,钢的电阻率开始急剧降低,说明马氏体开始分解为碳化物;当回火温度达到 230 ℃时,电阻率降低的速度更快,说明残余奥氏体也开始发生分解。同时,比较不同曲线可以看出:含碳量越高的钢,电阻率随回火温度升高下降得越显著,说明含碳量越高,马氏体的过饱和度越高,而且残余奥氏体数量越多。当回火温度高于 300 ℃时,电阻率变化很小,说明马氏体的分解和残余奥氏体的转变已基本结束。曲线中各转折点(110 ℃、230 ℃、300 ℃)之间分别代表回火的不同阶段。

2.7.5　研究疲劳和裂纹扩展

材料在应力疲劳时会发生内部缺陷密度增大、裂纹扩展等变化,因而其电阻会变化。图 2-50 为镍低周应力疲劳电阻变化曲线。由图 2-50 可以看出:随着疲劳应力循环次数增加,镍的电阻变化可分为四个阶段:第Ⅰ、Ⅱ阶段电阻变化不大,第Ⅲ阶段电阻明显增大,第Ⅳ阶段电阻急剧增大。这是因为第Ⅰ、Ⅱ阶段应力循环次数很少,试件内部缺陷没有明显变化,所以电阻变化不大。第Ⅲ阶段随着疲劳应力循环次数增加,试件内部缺陷的密度不断增大,所以电阻明显增大。第Ⅳ阶段试件内部的缺陷密度急剧增大,而且试件内部原有的微裂纹已经扩展到试件表面,所以电阻急剧增大。

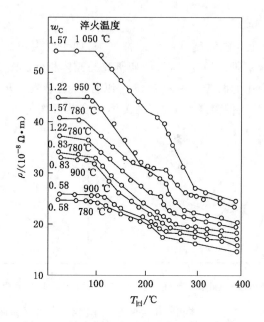

图 2-49 淬火钢回火时电阻率的变化曲线

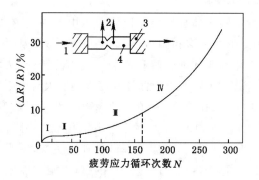

1—恒流电源;2—电位测量;3—夹头;4—片状试件。

图 2-50 镍低周应力疲劳电阻变化曲线

课程思政案例

案例一:中国特高压输电技术

输电网把电能传输到千家万户,它类似于人体血液循环,对于一个国家来说是非常重要的。输电网的电压等级一般分为高压、超高压、特高压。特高压是指直流±800 kV 和交流 1 000 kV 以上的电压等级。在输电效率一定的情况下,输电电压越大,电能损耗越小。对于大容量的远距离输电来说,使用特高压输电是最划算的。特高压交流输电用于电网主网架构建和大容量、远距离输电,相当于输电线路中的"高速公路",可以使用变压器直接升压或降压,电力的接入、传输都很灵活。而特高压直流输电的杆塔结构简单、单位输送容量线路走廊窄、造价低、损耗小、输送能力强,主要用于超远距离、超大规模"点对点"输电,但是换流站和逆变站构造比较复杂,成本高,中间不易落点,与直达航班相似。

中国水力发电、风力发电、太阳能发电均居世界第一位,并且主要都位于西部,而煤炭发电主要是在东北、华北一带,但是我国中东部和南部地区人口密集程度高,经济发达,耗电量大,西北地区相对贫瘠,耗电量少。为了解决中国能源资源和消费者距离远问题,我国建设了"西电东送"工程,主要采用超高压和特高压输电来远距离传输交流(AC)和直流(DC)电力。"西电东送"工程是中国西部大开发的标志性工程之一,是指开发贵州、云南、广西、四川、内蒙古、山西、陕西等西部省或自治区的电力资源,将其输送到电力紧缺的广东、上海、江苏、浙江等地区。

自 2009 年我国第一条特高压线路——晋东南—荆门 1 000 kV 交流特高压项目正式投入运行至今,已经解决了中国能源资源和负荷逆向分布的困局,实现了能源跨区域大范围调配。截至 2020 年年底,我国已建成"14 交 16 直"、在建"2 交 3 直"共 35 个特高压工程,在运在建特高压线路总长度为 4.8 万 km,比绕地球赤道一圈还要长。

改革开放以前,我国电网的最高电压等级只有 330 kV,而现在我国已拥有世界上电压等级最高的 ±1 100 kV 直流输电线路和 1 000 kV 特高压交流输电线路。我国特高压技术从"没有路"到"蹚出路"、从"跟随跑"到"领头跑"、从"引进来"到"走出去",改变了中国的能源版图,也改写了世界的输变电技术格局。

特高压设备被称为国际电工设备制造领域的珠穆朗玛峰。经验表明:特高压设备大多数达到了设计和制造的极限,常规设备的制造、运行经验不能确保对特高压设备特性的精确把握,存在风险。

20 世纪 60 年代至 90 年代,苏联和日本等先后开展了特高压输电的相关前期试验研究,建设了试验站和试验工程,具有一定的技术储备,但由于实际地理、环境等原因,没有运行的特高压工程,没有形成特高压设备的商业化供货能力,也没有制定特高压技术标准和规范。

在这种情况下,以特高压工程建设为依托,我国企业全面主导了特高压设备研制全过程,充分调用各种资源和力量,组成了由专家委员会和科研、设计、制造、试验、建设、运行单位以及高校组成的设备研制工作体系,打破了业主与厂家、厂家与厂家之间的技术壁垒,集中力量进行开放式创新。如今,与特高压相关的变压器、开关、绝缘等关键设备均实现了国产化率 100%。柔性直流换流阀被称为特高压直流工程的"心脏",研发难度极高,目前这颗国产"心脏"已在昆柳龙直流特高压工程龙门换流站稳定"跳动"。在西电东送工程和特高压项目的带动下,中国输变电产业链蓬勃发展起来。

如今,我国是唯一能自主研发特高压全套设备的国家,也是全球唯一掌握特高压技术以及商业化运营的国家,其安全稳定性得到了验证,从未发生过类似于欧美国家电网大面积停电的事故。

仅仅用了十几年时间,我国特高压工程建设就达到了世界最高水平,创造了一批世界纪录。例如,南方电网 ±800 kV 昆柳龙直流工程是全球第一条特高压柔性直流工程,创造了世界上容量最大的特高压多端直流输电工程、首个特高压多端混合直流工程、首个特高压柔性直流换流站工程、首个具备架空线路直流故障自清除能力的柔性直流输电工程等 19 项电力技术领域的世界纪录,每一项都是输电技术领域的重要突破。

通过发展特高压技术,我国装备制造技术水平和输变电技术水平实现了由"中国制造"到"中国创造"的跨越。我国制定了特高压输电技术的 168 项国家标准和行业标准,使我国在国际电工标准领域的话语权得到了显著提升,因此国际特高压直流和交流输电技术委员会秘书处设在了中国。

目前,特高压技术带动了中国技术、装备、工程走出去,成为能源领域"出海"的一张"金名片"。国家电网首个在国外独立投资、建设和运行的特高压工程——巴西美丽山水电±800 kV 特高压直流工程,克服重重困难,解决了长期困扰巴西的远距离能源输送难题。"一带一路"倡议提出已十年,预计每年投资需求可能达到数千亿美元。未来,一带一路沿线国家的电力需求仍将保持高速增长,据合作组织测算,到 2050 年,"一带一路"国家清洁能源发电装机占总装机比例超过 80%,亚洲、非洲人均年用电量分别达到 7 000 kW・h 和 1 500 kW・h。国家电网公司依托在特高压、智能电网新能源等领域的领先技术,以及在大电网建设和运行管理等方面的丰富经验,发挥在技术、资金、人才管理、装备方面的综合优势,不断加大海外投资。

在构建新型电力系统的过程中,我国电力科技水平将会不断提高,特高压技术也将随之发挥更重要的作用,为实现碳达峰碳中和的目标,为构建人类命运共同体做出更大的贡献。

案例二:华为公司的创新之路

1987 年 10 月,任正非历尽千辛万苦东拼西凑了 21 000 元创办了华为公司,经营小型程控交换机、火灾警报器、气浮仪开发生产及相关的工程承包咨询。

如今华为公司已经跻身世界 500 强行列,产品应用于全球 170 多个国家和地区,成为全球第一大通信设备制造商,实现了从"中国制造"到"中国设计",从"跟随者"到"领先者",从"模仿者"到"创新者"的华丽转身。华为公司在程控交换机、移动终端、手机处理器芯片等各个领域都走进了世界第一阵营,掌握着核心科技,拥有无人匹敌的核心竞争力,尤其是它的手机产品,只用了短短几年的时间就向行业龙头苹果公司发起了挑战。

在创业初期,华为公司敏锐地发现了数字程控机的市场机会,迅速跟进,研制出了C&C08 万门机,获得了成功。在研制万门机的过程中,华为公司的郑宝用和李一男发现光纤比电缆更优越,于是进行光纤通信技术开发,迅速地发展 GSM 技术,抢占了市场。

1995 年,华为将研发目标指向了 3G,倾巨资投入大量人马研发 3G,并迅速转化为商用。后来,世界范围内掀起 3G 研发的浪潮,充分证实了这一选择的正确性。掌握这项新技术之后,华为在海外赢得了一系列大单。

2003 年底,华为成功推出国内首款 WCDMA/GSM 双模手机。2004 年 2 月,在法国夏纳推出了中国第一款 WCDMA 手机。2004 年 11 月 15 日,华为在香港正式发布 3 款成熟商用的 WCDMA 终端,成为全球为数不多的能够提供 3G 端到端解决方案供应商之一。2005 年初,华为推出了系列化 3G 终端,华为的 3G 受到了越来越多的关注。

在任正非的词典里永远没有"困难"二字。他迎难而上,为了华为公司长远的发展,宁可放弃一些眼前的利益,因此取得了更大的成就。正是有了任正非的努力与坚持,华为才能创造今时今日的辉煌成就。

任正非很早就意识到:要想在通信行业活下去,必须有专利。西方电信巨头经过长期发展,在很多电信技术领域保持优势,申请了大量专利。华为要想使用专利技术,就要支付巨额使用费,不然就要付出巨大代价——这就迫使华为另开一条路。因此,任正非在华为一直鼓励员工提高研发水平,申请各种专利,为此,他还制定了一个"指导方针"——"占不了山头,占山腰,占不了山腰,就围山脚"。

从华为官方公布的数据来看,到 2016 年华为专利研发投入累计超过 380 亿美元,是 NASA 年度预算的 2 倍多。华为在中国、德国、瑞典、俄罗斯及印度等地设立了 16 个研发中心,36 个联合创新中心,员工总数超过 17 万人。华为全球累计专利授权 50 377 件,PCT (专利合作条约)申请数量连续两年位居榜首。含各子公司在内的华为公司列中国授权专利数量第一名,2015 年欧洲专利授权数量第九名,2015 年度美国专利授权排行榜第二十三名。通过坚持不懈的研发投入和强大的专利布局,华为与业界主要厂商和专利权人签署了数十份知识产权交叉许可协议。

华为并不仅仅追求专利的数量,其质量也不断提升,尤其是越新的技术,华为的技术实力越强大,就连苹果公司也要向华为交付专利授权费——2015 年,华为向苹果公司许可专利 769 件,覆盖 GSM、UMTS、LTE 等无线通信技术。

华为在成立之初就专门成立了知识产权部,对公司的知识产权进行统一管理,以便保护公司专利、科研成果的安全。华为经历过很多与跨国企业间的知识产权纠纷,诺基亚、阿尔卡特、西门子等巨头曾轮番攻击华为,有的企业甚至一次就列出 200 项专利来跟华为谈判,要求收取产品销售额 2% 到 10% 的金额作为专利费。为了应对这些企业提出的专利侵权指控,华为不得不组织庞大的队伍封闭好几个星期分析对方的专利,拟出应对的策略。

这些年,华为一直投入巨资进行研发、创新,在全球范围内招聘顶级科学家和其他研发人员,不断地突破行业的技术瓶颈和行业壁垒,持续创新是华为寻求可持续发展的主旋律。到 2018 年,华为成为全球第一个推出 5G 标准的通信设备建设运营商,甚至超越了欧洲、美国的电信供应商,掌握了行业的制高点。

2023 年 2 月 28 日,华为公司在深圳华为坂田基地举行了产品研发工具阶段总结与表彰会。华为轮值董事长徐直军在会上表示,华为芯片设计 EDA 工具团队联合国内 EDA 企业,共同打造了 14 nm 以上工艺所需 EDA 工具,基本实现了 14 nm 以上 EDA 工具国产化,2023 年将完成对其全面验证。

EDA 工具一般是指电子设计自动化软件,大致可分为芯片设计辅助软件、可编程芯片辅助设计软件、系统设计辅助软件三类。作为芯片设计软件,EDA 工具可以进行超大规模集成电路芯片的功能设计、物理设计、验证等。EDA 自身极其复杂,对于实现芯片自主化具有非常重大的意义。实现了 EDA 工具自主化,就能够基本达成半导体自主化的先决条件。

徐直军介绍,三年来,华为围绕硬件开发、软件开发和芯片开发三条研发生产线,完成了软件/硬件开发 78 款工具的替代,保障了研发作业的连续性。

2023 年 3 月 17 日,华为公司在深圳坂田总部举办"难题揭榜"火花奖颁奖典礼及出题专家座谈会,为在难题揭榜中做出突出贡献的获奖人员代表颁奖。

任正非在座谈会上表示,在美国制裁华为这三年期间,华为完成了 13 000 多颗器件的替代开发、4 000 多块电路板的反复换板开发等,直到现在电路板才稳定下来。华为现在还处于困难时期,但在前进的道路上并没有停步。2022 年华为研发经费是 238 亿美元,几年后随着公司利润增加,在前沿探索上还会继续加大投入。除此之外,今年 4 月份,华为的 Meta ERP 软件将会宣誓,完全用自己的操作系统、数据库、编译器和语言,做出了自己的管理系统 Meta ERP 软件。Meta ERP 软件已经历了公司全球各部门的应用实战考验,经过了公司的总账使用年度结算考验。

本 章 小 结

导电性能是固体材料中的电子、空穴、离子等载流子在电场作用下的定向迁移运动所造成的。表征材料导电性能的基本参数是电阻率和电导率,二者互为倒数关系。本章主要介绍了金属材料、离子材料、半导体的导电机制,影响导电性能的主要因素,超导体的特性及性能指标,导电性能的测量方法和电阻分析的应用。简单介绍了典型的金属导电材料和电阻材料、快离子导体和超导体及其应用。

复 习 题

2-1 阐述金属材料具有正的电阻温度系数的原因。

2-2 请预测一种金属非晶体与同成分的金属晶体相比,其电导率是比较高还是比较低。(假设两者均为电子电导,并且载流子浓度相等)

2-3 请比较温度对金属和半导体材料电导率的影响。

2-4 为什么冷加工和形成固溶体使金属的电阻率增大,而形成有序固溶体使电阻率下降?

2-5 简述用双电桥和电位差计测量电阻的原理及用电阻分析法测定铝铜合金时效和固溶体的溶解度的原理。

2-6 在金属和半导体中掺入杂质对电阻率的影响相同吗?

2-7 为什么导体中的电子是有效的载流子,而处于施主能级上的电子却不是有效的载流子?

2-8 超导态的特性和表征超导体性能的指标有哪些?

2-9 设铜的室温电阻率为 1.67×10^{-6} $\Omega \cdot cm$,电阻温度系数为 $0.006\,8$ $\Omega \cdot m/℃$,求铜在 $400\,℃$ 和 $-100\,℃$ 时的电导率。

2-10 实验测得离子型电导体的电导率与温度的相关数据,经数学回归分析得到关系式为

$$\lg \sigma = A + B\,\frac{1}{T}$$

(1) 试求在测量温度范围内的电导激活能表达式;

解题思路:

$$\sigma = 10^{(A+B+T)}, \ln \sigma = (A + B/T)\ln 10$$
$$\sigma = e^{(A+B/T)\ln 10} = e^{\ln 10 \cdot A} \cdot e^{\ln 10 \cdot B/T} = 10^A \cdot e^{\ln 10 \cdot B/T}$$

(2) 若给出 $T_1 = 500$ K 时,$\sigma_1 = 10^{-9}$ $(\Omega \cdot cm)^{-1}$,$T_2 = 1\,000$ K 时,$\sigma_2 = 10^{-6}$ $(\Omega \cdot cm)^{-1}$,计算电导激活能的值。

2-11 本征半导体中,从价带激发至导带的电子和价带产生的空穴共同电导。激发的电子数可近似表示为

$$n = N \exp[- E_g / (2kT)]$$

式中，N 为状态密度；k 为波尔兹曼常数；T 为热力学温度。

(1) 设 $N = 10^{23}$ cm^{-3}，$k = 8.6 \times 10^{-5}$ eV/K 时，Si($E_g = 1.1$ eV)，TiO$_2$($E_g = 3.0$ eV)在 20 ℃和 500 ℃时所激发的电子数（cm^{-3}）各是多少？

(2) 半导体的电导率 $\sigma(\Omega \cdot$ cm$)^{-1}$ 可表示为

$$\sigma = ne\mu$$

式中，n 为载流子浓度，cm^{-3}；e 为载流子电荷（电子电荷为 1.6×10^{-19} C）；μ 为迁移率，cm^2/(V $\cdot$ s)。

当电子(e)和空穴(h)同时为载流子时

$$\sigma = n_e e \mu_e + n_h e \mu_h$$

假设 Si 的迁移率 $\mu_e = 1\,450$ cm^2/(V $\cdot$ s)，$\mu_h = 500$ cm^2/(V $\cdot$ s)，且不随温度变化。

求 Si 在 20 ℃和 500 ℃时的电导率。

2-12　根据费米-狄拉克分布函数，半导体中电子占有某一能级 E 的允许状态概率 $f(E)$ 为

$$f(E) = [1 + \exp(E - E_F)/(kT)]^{-1}$$

式中，E_F 为费米能级，是电子存在概率为 0.5 的能级。

如图 2-51 所示能带结构，本征半导体导带中的电子浓度为 n，价带中的空穴浓度为 p，分别为

$$n = 2\left(\frac{2\pi m_e^* kT}{h^2}\right)^{3/2} \exp\left(-\frac{E_c - E_F}{kT}\right)$$

$$p = 2\left(\frac{2\pi m_h^* kT}{h^2}\right)^{3/2} \exp\left(-\frac{E_F - E_v}{kT}\right)$$

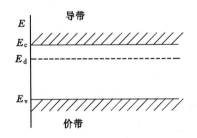

图 2-51　能带结构

式中，m_e^*、m_h^* 分别为电子和空穴的有效质量；h 为普朗克常数。

(1) 针对本征半导体，利用以上二式写出 E_F 的表达式。

(2) 当 $m_e^* = m_h^*$ 时，E_F 位于能带结构的什么位置？通常 $m_e^* < m_h^*$，E_F 的位置随温度将如何变化？

(3) 令 $n = p = \sqrt{np}$，$E_g = E_c - E_v$，求 n 随温度变化的函数（含 E_g）。

(4) n 型半导体中，施主能级为 E_d，施主浓度为 N_d，E_F 在 E_c 和 E_d 之间，电离施主浓度 $n_d = N_d \exp(-\dfrac{E_F - E_d}{kT})$。若 $n = n_d$，试写出 E_F 的表达式。当 $T = 0$ K 时，E_F 位于能带

结构的什么位置?

2-13　用电阻法研究金属的晶体缺陷(冷加工或高温淬火)时电阻测量要在低温还是高温下进行? 试分析其原因。

第 3 章　材料的介电性能

介电材料和绝缘材料是电子与电气工程中不可缺少的功能材料,主要应用其介电性能,这一类材料总称电介质。电介质是指在电场作用下具有极化能力并能在其中长期存在电场的一种物质,其电阻率大于 10^{10} $\Omega \cdot cm$,在电场中以感应的方式呈现其电学性能。就该意义而言,不能简单地认为电介质就是绝缘体。事实上,许多半导体也是良好的电介质。

前面章节介绍了导体、半导体在电场作用下都会发生电荷的自由运动,而介电材料在有限电场作用下几乎没有自由电荷迁移。介电性的一个重要标志是能够产生极化现象,电介质具有极化能力和其中能够长期存在电场的这种性质是电介质的基本属性,也是电介质多种实际应用(如储存静电能)的基础。静电场中电介质内部能够存在电场这一事实,已在静电学中应用高斯定理得到了证明,电介质的这一特性有别于金属导体材料,因为在静电平衡态导体内部的电场是等于 0 的。

电介质对电场的响应特性不同于金属导体。金属的特点是电子的共有化,体内有自由载流子,从而决定了金属具有良好的导电性,它们以传导方式来传递电的作用和影响。然而,在电介质内一般情况下只具有被束缚着的电荷。在电场的作用下,不能以传导方式而只能以感应的方式,即以正、负电荷受电场驱使形成正负电荷中心不相重合的电极化方式来传递和记录电荷的影响。尽管不同种类的电介质的电极化机制各不相同,然而以电极化方式响应电场的作用却是相同的。

由上所述,电介质体内一般没有自由电荷,因此具有良好的绝缘性能。在工程应用中,常在需要将电路中具有不同电势的导体彼此隔开的地方使用电介质材料,这就利用了介质的绝缘特性,从这个意义上讲,电介质又可以称为绝缘材料或绝缘体。

电介质种类很多,组成物质结构也千差万别,因此可以从不同角度对电介质进行分类。

按物质组成特性可将电介质分为无机电介质(如云母、玻璃、陶瓷等)和有机电介质(如矿物油、纸以及其他有机高分子聚合物等)两大类。

按照物质的聚集态可将电介质分为气体介质(如空气)、液体介质(如电容器油)以及固体介质(如涤纶薄膜)三大类。

若按组成物质原子排列的有序化程度分类,可将电介质分成晶体电介质(如石英晶体)和非晶体电介质(如玻璃、塑料),前者表现为长程有序,后者只表现为短程有序。

在工程应用中,还常按照组成电介质的分子电荷在空间分布的情况进行分类。按此分类方法,一般将电介质分为极性电介质和非极性(中性)电介质。当无外电场作用时,介质由正、负电荷中心相重合的中性分子组成,这样的介质为非极性(中性)介质,如聚四氟乙烯薄膜、变压器油等;若由正、负电荷中心不相重合的极性分子组成,这样的介质为极性介质,如电容器纸的主要成分——纤维素以及聚氯乙烯薄膜等。其中聚四氟乙烯和纤维素的分子结构具有一定的代表性。

如按照介质组成成分的均匀度进行分类，又可以将电介质分为均匀介质（如聚苯乙烯）和非均匀介质（如电容器纸——聚苯乙烯薄膜复合介质）。

尽管可能还有别的分类方法，如将介质分成块状介质和膜状介质等，但是常用的分类方法如上所述。

由于实际电介质与理想电介质不同，在电场作用下，实际电介质存在泄漏电流和电能的耗散以及在强电场下可能导致电介质破坏，因此，电介质物理性质除了研究极化外，还要研究有关电介质的电导、损耗以及击穿特性。

3.1 电介质及其极化

真空电容器的电容主要由两个导体的几何尺寸决定，已经证明真空平板电容器的电容 C_0 为

$$C_0 = \frac{Q}{U} = \frac{\varepsilon_0 (U/d)A}{U} = \varepsilon_0 A/d \tag{3-1}$$

$$Q = qA = \pm \varepsilon_0 EA = \varepsilon_0 (U/d)A \tag{3-2}$$

式中，q 为单位面积电荷，C/m^2；d 为平板间距，m；A 为面积，m^2；U 为平板上电压，V。

法拉第（M. Faraday）发现，当一种材料插入两块平板之间后，平板电容器的电容增大。现在已经掌握，增大的电容 C 应为

$$C = \varepsilon_r C_0 = \varepsilon_r \varepsilon_0 A/d \tag{3-3}$$

式中，ε_r 为相对介电常数；$\varepsilon(\varepsilon_0 \varepsilon_r)$ 为介电材料的电容率，或称为介电常数，F/m。

放在平板电容器中增加电容的材料称为介电材料，显然属于电介质。电介质就是指在电场作用下能建立极化的物质。如上所述，真空平板电容间嵌入一块电介质，当施加外电场时，在正极板附近的介质表面上感应出负电荷，负极板附近的介质表面感应出正电荷。这种感应出的表面电荷为感应电荷，也称为束缚电荷（图 3-1）。电介质在电场作用下产生束缚电荷的现象称为电介质的极化。正是这种极化，使容器增加电荷的存储能力得到提高。

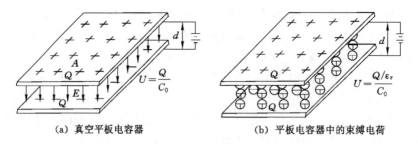

(a) 真空平板电容器　　　　(b) 平板电容器中的束缚电荷

图 3-1　平板电容器中介电材料的极化

显然，不同电介质的极化能力不同，ε 越大，极化能力越强。又从电介质中存储能量的角度来看，电容器存储的能量 W 为

$$W = \frac{1}{2}CU^2 = \frac{1}{2}\varepsilon \frac{S}{d}U^2 = \frac{1}{2}\varepsilon \frac{S}{d}(Ed)^2 = \frac{1}{2}\varepsilon SdE^2 = \frac{1}{2}\varepsilon VE^2 \tag{3-4}$$

因此有

$$\varepsilon = \frac{2W}{VE^2}$$

(3-5)

式中，E 为电场强度；V 为电容器的体积。

因此介电常数 ε 又可以理解为在单位电场强度下单位体积中所储存的能量。

根据定义，介质的极化强度 P 应等于束缚电荷的面密度，而电容器两个极板电荷的差值 $(Q-Q_0)$ 相当于电介质极化的束缚电荷数。故电极化强度

$$P = \frac{Q-Q_0}{S} = (\varepsilon_r - 1)\frac{Q_0}{S}$$

(3-6)

而 Q_0/S 为无电介质的真空电容器电荷密度，且有

$$\frac{Q_0}{S} = \frac{C_0 V}{S} = \frac{\varepsilon_0 (S/d) V}{S} = \varepsilon_0 \frac{V}{d} = \varepsilon_0 E$$

(3-7)

将式(3-7)代入式(3-6)得

$$P = \varepsilon_0 (\varepsilon_r - 1) E$$

(3-8)

可见，电介质的极化强度 P 不但随着外电场强度 E 增大而增大，而且取决于材料的相对介电系数 ε_r。

电容器极板上自由电荷面密度用矢量 $\boldsymbol{D}$ 表示，称为电位移。电位移 D 与外加电场 E 的关系式为

$$\boldsymbol{D} = \varepsilon \boldsymbol{E} = \varepsilon_0 \boldsymbol{E} + \boldsymbol{P}$$

(3-9)

以上讨论的是电介质在恒定电场下的情况。当电介质在正弦函数交变电场作用下时，$\boldsymbol{D}$、$\boldsymbol{E}$、$\boldsymbol{P}$ 均为复数矢量，此时介电常数也变成复数，若介质中发生松弛极化，$\boldsymbol{D}$、$\boldsymbol{E}$、$\boldsymbol{P}$ 均有不同相位。

如果矢量滞后相位角 δ，则有

$$\begin{cases} \boldsymbol{E} = \boldsymbol{E}_0 \mathrm{e}^{i\omega t} \\ \boldsymbol{D} = \boldsymbol{D}_0 \mathrm{e}^{i(\omega t - \delta)} \end{cases}$$

(3-10)

因为 $D = \overset{*}{\varepsilon} E$，所以有

$$\varepsilon^* = D/E = \frac{D_0}{E_0} \mathrm{e}^{-i\delta} = \varepsilon_S (\cos\delta - i\sin\delta) = \varepsilon' - \varepsilon''$$

(3-11)

式中，ε^* 为复介电常数；ε_S 为静态介电常数。

复介电常数的实部 ε' 和虚部 ε'' 分别为

$$\varepsilon' = \varepsilon_S \cos\delta$$

(3-12)

$$\varepsilon'' = \varepsilon_S \sin\delta$$

(3-13)

3.2　介电强度

当陶瓷或聚合物用于工程中作为绝缘材料、电容器介电材料和封装材料时，通常都要经受一定的电压梯度的作用，如果发生短路，则这些材料就失效了。人们称这种失效为介电击穿，引起材料击穿的电压梯度称为材料的介电强度或者介电击穿强度。

电介质击穿强度受许多因素影响,因此变化很大,这些影响因素包括材料厚度、环境温度、气氛、电极形状、材料表面状态、电场频率和波形、材料成分、材料孔隙率、晶体各向异性、非晶态结构等。表 3-1 所列为一些电介质的介电击穿(电场)强度。

表 3-1   一些电介质的介电击穿强度

材料	温度/℃	厚度/cm	介电强度/($\times 10^6$ V/cm)
聚氯乙烯(非晶态)	室温	—	0.4(ac)
橡胶	室温		0.2(ac)
聚乙烯	20	—	0.2(ac)
石英晶体	25	0.005	6(dc)
$BaTiO_3$	20	0.02	0.117(dc)
云母	20	0.002	10.1(dc)
$PbZrO_3$(多晶)	20	0.016	0.079(dc)

注:ac 为交流;dc 为直流。

虽然微米级薄膜的介电击穿强度达每厘米几百万伏特,可是由于膜太薄,以至于能绝缘的电压太低。对于块体的陶瓷,其击穿电压下降到每百米几千伏。击穿强度随厚度增加而改变是由于材料发生击穿的机制发生了改变。温度对击穿强度的影响主要是通过热能对击穿机制的影响。

当热能使材料的电子或晶格达到一定温度时,造成材料电导率迅速增大而导致材料永久性损坏,也就是电介质在电场作用下发生了击穿。同样也有三种准击穿的形式,分别为放电击穿、电化学击穿和机械击穿。这种准击穿形式可以认为是由基本击穿机制的一种或几种产生的。

介质放电经常发生在固体材料气孔中的气体击穿或者固体材料表面击穿。电化学击穿是通过化学反应使绝缘性能逐渐退化的结果,往往是通过裂纹、缺陷和其他应力提高,改变了电场强度,从而导致材料失效。

3.3   极化机制

电介质按其分子中正负电荷的分布情况可以分为以下几种:

(1)中性电介质——由结构对称的中性分子组成,如图 3-2(a)所示,其分子内部的正负电荷中心互相重合,因而电偶极矩 $p = 0$。

(2)偶极电介质——由结构不对称的偶极分子组成,其分子内部的正负电荷中心不重合,显示出分子电偶极矩 $p = qd$,如图 3-2(b)所示。

(3)离子型电介质——由正负离子组成。一对电荷极性相反的离子可看作一偶极子。

在电场的作用下,电介质内部的束缚电荷所发生的弹性位移现象和偶极子的取向(正端转向电场负极、负端转向电场正极)现象,称为电介质的极化。当外加电场的频率增大时,极化过程显示出不相同的特征,这是由于电极化过程内部存在不同的微观机制,对高频电场有不同的响应速度。

电介质在外电场作用下,无极性分子的正、负电荷重心发生分离,产生电偶极矩。极化电荷是指与外电场相垂直的电介质表面分别出现的正、负电荷,这些电荷不能自由移动,也不能离开,总体上保持中性。

电介质在外加电场作用下产生宏观的电极化强度,归根到底是电介质中的微观电荷粒子,在电场作用下,电荷分布变化而导致的一种宏观统计平均效应。按照微观机制,电介质的极化可以分成电子的极化、离子的极化、电偶极子转向极化和空间电荷极化。其中,电子极化和离子极化各自可以分成两个类型:第一个类型的极化为瞬态过程,是完全弹性方式,无能量损耗,即无热损耗,称为位移极化;第二个类型的极化为非瞬态过程,极化的建立和消失都以热能在介质中的逐渐消耗而缓慢进行,这种方式称为松弛极化。

3.3.1　电子位移极化

电子位移极化是指在外电场作用下每个原子中价电子云相对于原子核发生位移,如图 3-3 所示。

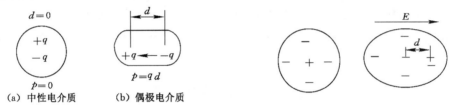

图 3-2　中性分子与偶极分子电荷分布图　　图 3-3　电子位移极化机理示意图

在没有受到电场作用时,组成电介质的分子或原子,其原子核所带正电荷的中心与绕核分布的电子所带负电荷的中心相重合,对外呈电中性。但是当介质受到电场作用时,其中每个分子或原子中的正、负电荷中心产生相对位移,由中性分子或原子变成了偶极子。具有该类极化机制的极化形式称为电子位移极化或电子形变极化。"形变极化"一词用来说明在电场作用下电子云发生形变而导致正、负电荷中心分离的物理过程。在粒子中发生相对位移的电子主要是价电子,这是因为这些电子在轨道的最外层和次外层,离核最远,受核束缚最小。

电子位移极化对外场的响应时间也就是它建立或消失过程所需的时间,是极短的,为 $10^{-14} \sim 10^{-16}$ s。这个时间可与电子绕核运动的周期相比拟。这表明:如果所加电场为交变电场,其频率即使高达光频,电子位移极化也来得及响应,因此电子位移极化又称为光频极化。

根据玻尔原子模型,经典理论可以计算出电子的平均极化率

$$\alpha_e = \frac{4}{3}\pi\varepsilon_0 R^3 \tag{3-14}$$

式中,ε_0 为真空介电常数;R 为原子(离子)的半径。

可以发现电子极化率的大小与原子(离子)的半径有关。

电子极化存在于一切气体、液体和固体中,形成极化所需的时间极短,为完全的弹性方式,属于可逆变化,与频率无关,受温度影响小,这种极化无能量损失,不会导致介质损耗,其主要贡献是使介电常数增大。

3.3.2　离子位移极化

由不同原子(或离子)组成的分子,如离子晶体中由正离子与负离子组成的结构单元,

无电场作用时,离子处于正常结点位置并对外保持电中性。但是在电场作用下,正、负离子产生可逆相对位移(正离子沿电场方向移动,负离子逆电场方向移动),破坏了原先呈中性分布的状态。电荷重新分布,实际上相当于从中性"分子"(实际上是正、负离子对)变成了偶极子。该类机制的极化形式称为离子位移极化或简称离子极化,如图 3-4 所示。

图 3-4　离子位移极化机理示意图

离子极化存在于离子式结构的电介质中(如云母、玻璃等),形成极化所需的时间极短,为完全弹性方式,与频率无关,受温度影响小,这种极化无能量损失。

离子在电场作用下偏离平衡位置的移动,相当于形成一个感生偶极矩,也可以理解为离子晶体在电场作用下离子间的键被拉长。根据经典弹性振动理论可以估计离子位移极化率为

$$\alpha_a = \frac{a^3}{n-1} 4\pi\varepsilon_0 \tag{3-15}$$

式中,a 为晶格常数;n 为电子层斥力指数,离子晶体为 7~11。

原子中的电荷和原子核之间,或正离子和负离子之间,都是紧密联系的,因此在电场作用下,电子或离子所产生的位移都是有限的,且随着电场强度增大而增大,电场一消失,它们就像弹簧一样很快复原,所以统称弹性极化,其特点是无能量损耗。由于离子质量远高于电子质量,因此极化建立时间也较电子长,极化时间为 $10^{-12} \sim 10^{-13}$ s。

3.3.3　弛豫(松弛)极化

弛豫极化机制也是由外加电场造成的,但是与带电质点的热运动状态密切相关。例如,当材料中存在弱联系的电子、离子和偶极子等弛豫质点时,温度造成的热运动使这些质点分布混乱,而电场使它们有序分布,平衡时建立了极化状态。这种极化具有统计性质,称为热弛豫(松弛)极化。极化造成带电质点的运动距离可与分子大小相比拟,甚至更大。

由于是一种弛豫过程,建立平衡极化时间为 $10^{-2} \sim 10^{-3}$ s,并且由于创建平衡要克服一定的位垒,故吸收一定能量,因此与位移极化不同,弛豫极化是一种非可逆过程。

弛豫极化包括电子弛豫极化、离子弛豫极化、偶极子弛豫极化,多发生在聚合物分子、晶体缺陷区或玻璃体内。

(1) 电子弛豫极化 α_T^e

晶格的热振动、晶格缺陷、杂质引入、化学成分局部改变等,使电子能态发生改变,出现位于禁带中的局部能级形成弱束缚电子。例如色心点缺陷之一的"F-心"就是由一个负离子空位俘获了一个电子所形成的。"F-心"的弱束缚电子为周围结点上的阳离子所共有,在晶格热振动下,可以吸收一定能量由较低的局部能级跃迁到较高的能级而处于激发态,连续地由一个阳离子结点转移到另一个阳离子结点,类似于弱联系离子的迁移。外加电场使弱束缚电子的运动具有方向性,这就形成了极化状态,称为电子弛豫极化。它与电子位移极化不

同,是一种不可逆过程。

　　由于这些电子处于弱束缚状态,因此电子可作短距离运动。由此可知具有电子弛豫极化的介质往往具有电子电导特性。这种极化建立的时间为 $10^{-2} \sim 10^{-9}$ s,当电场频率高于 10^9 Hz 时,这种极化就不存在了。

　　电子弛豫极化多出现在以铌、铋、钛氧化物为基的陶瓷介质中。

　　(2) 离子弛豫极化 α_T^a

　　与晶体中存在弱束缚电子类似,在晶体中也存在弱联系离子。在完整离子晶体中离子位于正常结点,能量最低最稳定,称为强联系离子。它们在极化状态时只能产生弹性位移,离子仍处于平衡位置附近。而在玻璃态物质、结构松散的离子晶体或晶体中的杂质或缺陷区域,离子自身能量较高,易活化迁移,这些离子称为弱联系离子。弱联系离子极化时可以从某一平衡位置移动到另一平衡位置。但是当外电场去掉后离子不能回到原来的平衡位置,这种迁移是不可逆的,迁移的距离可达到晶格常数数量级,比离子位移极化时产生的弹性位移大得多。需要注意的是,弱离子弛豫极化不同于离子电导,因为后者迁移距离属于远程运动,而前者运动距离是有限的,只能在结构松散或缺陷区附近运动,越过势垒到达新的平衡位置(图 3-5)。

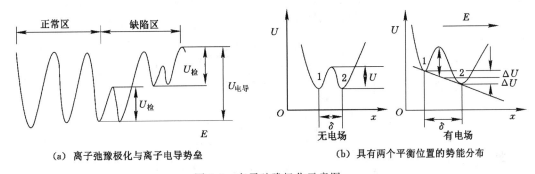

(a) 离子弛豫极化与离子电导势垒　　　　(b) 具有两个平衡位置的势能分布

图 3-5　离子弛豫极化示意图

　　根据弱联系离子在有效电场作用下的运动,以及对弱离子运动位垒的计算,可以得到离子热弛豫极化率

$$\alpha_T^a = \frac{q^2 \delta^2}{12kT} \tag{3-16}$$

式中,q 为离子荷电量;δ 为弱离子在电场作用下的迁移量;T 为热力学温度;k 为玻尔兹曼常数。

　　由式(3-16)可知:温度升高,热运动对弱离子规则运动阻碍越大,因此 α_T^a 减小。离子弛豫极化率比位移极化率大 1 个数量级,因此电介质的介电常数较大。应注意的是,温度升高则减小极化建立所需要的时间,因此,一定温度下热弛豫极化的电极化强度 P 达到最大值。

　　离子弛豫极化的时间为 $10^{-2} \sim 10^{-5}$ s,故当频率在无线电频率(10^6 Hz)以上时,离子弛豫极化对电极化强度没有贡献。

3.3.4　取向极化

　　沿外场方向取向的偶极子数大于与外场反向的偶极子数,因此电介质整体出现宏观偶极矩,这种极化称为取向极化。

取向极化是极性电介质的一种极化方式。组成电介质的极性分子在电场作用下,除贡献电子极化和离子极化外,其固有的电偶极矩沿外电场方向发生有序化(图 3-6),这种状态下极性分子的相互作用是一种长程作用。尽管固体中极性分子不能像液态和气态电介质中的极性分子那样自由转动,但取向极化在固态电介质中的贡献是不能忽略的。对于离子晶体,由于存在空位,电场可导致离子位置跃迁,如玻璃中的 Na^+ 可能以跳跃方式使偶极子趋向有序化。取向极化过程中,热运动(温度作用)和外电场是使偶极子运动的两个矛盾方面。偶极子沿外电场方向有序化将降低系统能量,但热运动破坏这种有序化。在二者平衡条件下可以计算出温度不是很低(如室温)、外电场不是很高时材料的取向极化率:

$$\alpha_d = \frac{\langle \mu_0^2 \rangle}{3kT} \tag{3-17}$$

式中,$\langle \mu_0^2 \rangle$ 为无外电场时的均方偶极矩;k 为玻尔兹曼常数;T 为热力学温度。

取向极化需要较长时间,为 $10^{-2} \sim 10^{-10}$ s,取向极化率比电子极化率一般高 2 个数量级。

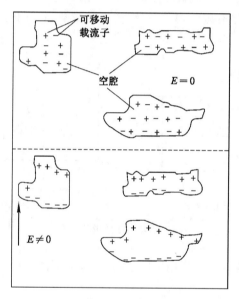

图 3-6 空间电荷极化机理示意图

3.3.5 空间电荷极化

众所周知,离子多晶体的晶界处存在空间电荷。实际上,不仅晶界处存在空间电荷,其他二维、三维缺陷都可以引入空间电荷,可以说空间电荷极化常发生在不均匀介质中。

图 3-6 为非均匀介质,在电场作用下,原先混乱排布的正、负自由电荷发生了趋向有规则的运动,导致正极板附近集聚了较多的负电荷。空间电荷的重新分布,实际上形成了介质的极化,该类极化称为空间电荷极化。它是非均匀介质或存在缺陷的晶体介质所表现出的主要极化形式之一。对于实际的晶体介质,其内部自由电荷在电场作用下移动,可能被晶体中不可能避免地存在着的缺陷(如晶界、相界、自由表面、晶格缺位、杂质中心、位错等)所捕获、堆积,造成电荷的局部积聚,使电荷分布不均匀,从而引起极化。

空间电荷极化过程极其缓慢,时间可以从几秒到数十分钟,因此,空间电荷极化只对直流和低频下的极化强度有贡献,而且受温度影响极大。随着温度的升高,空间电荷极化显著减弱。空间电荷极化常存在于结构不均匀的陶瓷电介质中。

表 3-2 总结了电介质可能发生的其他形式、频率范围、与温度的关系等。

表 3-2　晶体电介质极化机制

极化形式		极化机制存在的电介质	极化存在的频率范围	温度的作用
电子极化	弹性位移极化	发生在一切电介质中	直流到光频	不起作用
	弛豫极化	钛质瓷,以高价金属氧化物为基的陶瓷	直流到超高频	随温度变化有极大值
离子极化	弹性位移极化	离子结构电介质	直流到红外	温度升高极化增强
	弛豫极化	存在弱束缚离子的玻璃、晶体陶瓷	直流到超高频	随温度变化有极大值
取向极化		存在固有电偶极矩的高分子电介质以及极性晶体陶瓷	直流到高频	随温度变化有极大值
空间电荷极化		结构不均匀的陶瓷电介质	直流到 10^3 Hz	随温度升高而减弱
自发极化		温度低于 T_c 的铁电材料	与频率无关	随温度变化有最大值

3.4　交变电场下的电介质

在恒定电场作用下,电介质的静态响应是介质响应的一个重要方面。无论从应用还是从理论上来看,变化电场作用下的介质响应具有更重要和更普遍的意义。

前面已经指出:电介质极化的建立与消失都有一个响应过程,需要一定的时间。电介质极化为与时间有关的现象,一般来说,是由于所有的物理过程不可避免地存在惰性而引起的。可以说,没有一种材料系统能够随着外界驱动力无限快速变化。

如果电场不断改变,介质内的极化也不断改变。电场改变相当迅速时,极化就会追随不及而滞后。实际上介质中的多种极化是一些弛豫的过程,从初态到末态要经历或长或短的弛豫时间。介质极化的这种弛豫,在变动电场中引起介质损耗,并且使动态介电常数和静态介电常数不同。

3.4.1　复介电常数和介电损耗

现有一平板理想真空电容器,其电容量 $C_0 = \varepsilon_0 \dfrac{A}{d}$,如果在该电容器上加上角频率 $\omega = 2\pi f$ 的交流电压(图 3-7),则在电极上出现电荷 $Q = C_0 U$,其回路电流

$$I_c = \frac{dQ}{dT} = i\omega C_0 U_0 e^{i\omega t} = i\omega C_0 U \qquad (3\text{-}18)$$

由式(3-18)可知:电容电流 I_c 超前电压 U 相位 90°。

如果在极板间充填相对介电常数为 ε_r 的理想介电材料,则其电容量 $C = \varepsilon_r C_0$,其电流 $I' = \varepsilon_r I_c$ 的相位,仍超前电压 U 相位 90°。但实际介电材料不是这样,因为总有漏电,或者是极性电介质,或者兼而有之,这时除了有容性电流 I_c 外,还有与电压同相位的电导分量 GU,总电流应为这两个部分的矢量和(图 3-8)。

$$I = i\omega C U + GU = (i\omega C + G)U \qquad (3\text{-}19)$$

$$G = \sigma \frac{A}{d}, \quad C = \varepsilon_0 \varepsilon_r \frac{A}{d}$$

式中,σ 为电导率;A 为极板面积;d 为电介质厚度。

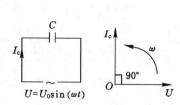

图 3-7　正弦电压下的理想平板电容器

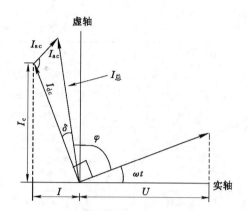

图 3-8　非理想电解质充电、损耗和总电流矢量图

将 G 和 C 代入式(3-19)中,简化得

$$I = \left(i\omega \frac{\varepsilon_0 \varepsilon_r}{d} \right) AU + \sigma \frac{A}{d} U = (i\omega \varepsilon_0 \varepsilon_r + \sigma) \frac{A}{d} U$$

令 $\sigma^* = i\omega\varepsilon + \sigma$,则电流密度

$$J = \sigma^* E \tag{3-20}$$

式中,σ^* 为复电导率。

由前面的讨论可知真实的电介质平板电容器的总电流包括三个部分:① 由理想的电容充电所造成的电流 I_c;② 电容器真实电介质极化建立的电流 I_{ac};③ 电容器真实电介质漏电流 I_{dc}。这些电流(图 3-8)都对材料的复电导率做出贡献。总电流超过电压相位 $90° - \delta$,其中 δ 称为损耗角。

类似于复电导率,对于电容率(绝对介电常量)ε,也可以定义复介电常数 ε^* 或复相对介电常数 ε_r^*,即

$$\varepsilon^* = \varepsilon' - i\varepsilon'' \tag{3-21a}$$

$$\varepsilon_r^* = \varepsilon_r' - i\varepsilon_r'' \tag{3-21b}$$

这样可以借助于 ε_r^* 来描述前面分析的总电流。

$$C = \varepsilon_r^* C_0$$

则

$$Q = CU = \varepsilon_r^* C_0 U \tag{3-22}$$

并且

$$i = \frac{\mathrm{d}Q}{\mathrm{d}t} = C \frac{\mathrm{d}U}{\mathrm{d}t} = \varepsilon_r^* C_0 i\omega U = (\varepsilon_r' - i\varepsilon_r'') C_0 i\omega U e^{i\omega t}$$

则

$$I_T = i\omega \varepsilon_r' C_0 U + \omega \varepsilon_r'' C_0 U \tag{3-23}$$

分析式(3-23)可知:总电流可以分为两项,其中第一项是电容充电放电过程中的电流,

没有能量损耗,就是经常讲的相对介电常数 ε'_r (相应于复电容率的实数部分),而第二项的电流与电压同相位,对应于能量损耗部分,由复介电常数的虚部 ε''_r 描述,故称为介质相对损耗因子, $\varepsilon'' = \varepsilon_0 \varepsilon''_r$,则 ε'' 称为介质损耗因子。

现定义损耗角正切

$$\tan \delta = \frac{\varepsilon''}{\varepsilon'} = \frac{\sigma}{\omega \varepsilon'} \tag{3-24}$$

损耗角正切 $\tan \delta$ 表示为获得给定的存储电荷要消耗的能量大小,可以称为"利率"。 ε''_r 或者 $\varepsilon'_r \tan \delta$ 有时称为总损失,因于它是电介质作为绝缘材料使用评价的参数。为了减少使用绝缘材料的能量损耗,希望材料具有小的介电常数和更小的损耗角正切。损耗角正切的倒数 $Q = (\tan \delta)^{-1}$,在高频绝缘应用条件下称它为电介质的品质因数,值越大越好。

在介电加热应用时,电介质的关键参数是介电常数 ε' 和介质电导率 $\sigma_T (\sigma_T = \omega \varepsilon'')$ 。

3.4.2　电介质弛豫和频率响应

前面介绍电介质极化微观机制时曾分别指出采用不同极化方式建立并达到平衡时所需的时间。事实上只有电子位移极化可以认为是瞬时完成的,其他都需要时间,这样在交流电场作用下电介质的极化就存在频率响应问题。通常把电介质完成极化所需要的时间称为弛豫时间(有人称为松弛时间),一般用 τ 表示。

因此在交变电场作用下,电介质的电容率与电场频率相关,也与电介质的极化弛豫时间有关。描述这种关系的方程称为德拜方程,其表达式如下

$$\begin{cases} \varepsilon'_r = \varepsilon_{r\infty} + \dfrac{\varepsilon_{rs} - \varepsilon_{r\infty}}{1 + \omega^2 \tau^2} \\[2mm] \varepsilon''_r = (\varepsilon_{rs} - \varepsilon_{r\omega}) \left(\dfrac{\omega \tau}{1 + \omega^2 \tau^2} \right) \\[2mm] \tan \delta = \dfrac{(\varepsilon_{rs} - \varepsilon_{r\infty}) \omega \tau}{\varepsilon_{rs} + \varepsilon_{r\infty} \omega^2 \tau^2} \end{cases} \tag{3-25}$$

式中, ε_{rs} 为静态或低频下的相对介电常数; $\varepsilon_{r\infty}$ 为光频下的相对介电常数。

由式(3-25)可以分析描述电介质极化和频率、弛豫时间关系的德拜方程的物理意义:

(1) 电介质的相对介电常数(实部和虚部)随所施加电场的频率而变化。低频时,相对介电常数大小与频率无关。

(2) 当 $\omega \tau = 1$ 时,损耗因子 ε''_r 极大,同样 $\tan \delta$ 为极大值, $\omega = (\varepsilon_{rs}/\varepsilon_{r\infty})^{1/2}/\tau$,根据方程式(3-25)作图,得到图 3-9 所示 3 组曲线,充分表现了 ε'_r 、 ε''_r 、 $\tan \delta$ 随频率 ω 的变化。

由于不同极化机制的弛豫时间不相等,当交变电场频率极高时,弛豫时间长的极化机制来不及响应所受电场的变化,故对总的极化强度没有贡献。图 3-10(a)表示了电介质的极化机制与频率的关系,由图可见电子极化可发生在任何频率。在极高的频率条件下(10^{15} Hz),属于紫外光频范围,只有电子位移极化,并引起吸收峰[图 3-10(b)]。在红外光频范围($10^{12} \sim 10^{13}$ Hz)内,主要是离子(或原子)极化机制引起的吸收峰,如硅氧键强度变化。如果材料(如玻璃)中有几种离子形式,则吸收范围扩大,在 $10^2 \sim 10^{11}$ Hz 范围内 3 种极化机制都可以对介电常数做出贡献。室温下在陶瓷或玻璃材料中,电偶极子取向极化是最重要的极化机制。空间电荷极化只发生在低频范围,频率低至 10^{-3} Hz 时可产生很大的介电常数

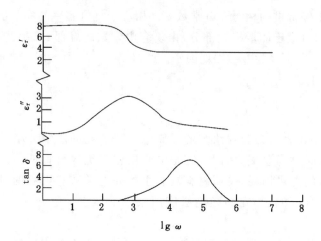

图 3-9　ε'_r、ε''_r、$\tan\delta$ 与 $\lg\omega$ 的关系曲线

［图 3-10(b)］。如果积聚的空间电荷密度足够大,则其作用范围可高至 10^3 Hz,这种情况下难以从频率响应上区别是取向极化还是空间电荷极化。

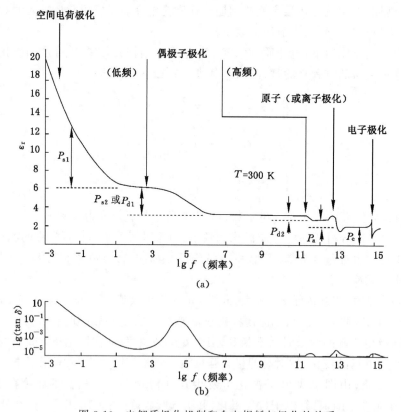

图 3-10　电解质极化机制和介电损耗与极化的关系

　　研究介电常数与频率的关系,主要是为了研究电介质材料的极化机制,从而了解引起材料损耗的原因。

3.4.3　介电损耗分析

3.4.3.1　频率的影响

频率与介质损耗的关系在德拜方程中有所体现,分析如下。

(1) 当外加电场频率 ω 很低,即 $\omega \to 0$,介质的各种极化机制都能跟上电场的变化,此时不存在极化损耗,相对介电常数最大。介质损耗主要由电介质的漏电引起,损耗功率 P_w 与频率无关。

由 $\tan\delta$ 的定义式 $\tan\delta = \dfrac{\sigma}{\omega\varepsilon}$,可知频率增大时 $\tan\delta$ 减小。

(2) 当外加电场频率增大至某一值时,松弛极化跟不上电场变化,则 ε_r 减小,在这一频率范围内由于 $\omega\tau \ll 1$,则 ω 升高,$\tan\delta$ 增大,P_w 也增大。

(3) 当频率 ω 变得很大,$\varepsilon_r \to \varepsilon_\infty$,$\varepsilon_r$ 趋于最小值。由于此时 $\omega\tau \gg 1$,当 $\omega \to \infty$,则 $\tan\delta \to 0$。

由图 3-10 可知 $\tan\delta$ 达到最大值时有:

$$\omega_m = \frac{1}{\tau}\sqrt{\frac{\varepsilon_{rs}}{\varepsilon_{r\infty}}} \tag{3-26}$$

$\tan\delta$ 最大值主要由弛豫过程决定。如果介质电导显著增大,则 $\tan\delta$ 曲线变平坦,甚至没有最大值。

3.4.3.2　温度的影响

温度对弛豫极化有影响,因此也影响 P_w、ε_r、$\tan\delta$ 等值。温度升高,弛豫极化增强,而且离子键中的电子较易移动,所以极化的弛豫时间 τ 减小,具体情况可结合德拜方程进行分析。

(1) 当温度很低时,τ 较大,由德拜方程可知:ε_r 较小,$\tan\delta$ 较小,且 $\omega^2\tau^2 \gg 1$。由式(3-25)可知:$\tan\delta \propto \dfrac{1}{\omega\tau}$,$\varepsilon_r \propto \dfrac{1}{\omega^2\tau^2}$,在该低温范围内随着温度升高,$\tau$ 减小,则 ε_r 和 $\tan\delta$ 增大,P_w 也增大。

(2) 当温度较高时,τ 较小,此时 $\omega^2\tau^2 \ll 1$,因此,随着温度升高 τ 减小,$\tan\delta$ 减小。由于此时电导上升不明显,所以 P_w 也减小。联系低温部分可见:温度低于 T'_m 时,ε_r、P_w 和 $\tan\delta$ 可出现极大值,如图 3-11 所示。

(3) 温度持续升高时,离子热振动能很大,离子迁移受热振动阻碍增强,极化减弱,则 ε_r 减小,电导值急剧上升,故 $\tan\delta$ 也增大(图 3-11)。

由前面的分析可知:若电介质的电导很小,则弛豫极化损耗特征是在 ε_r 和 $\tan\delta$ 与频率、温度的关系曲线上出现极大值。

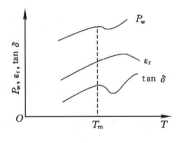

图 3-11　P_w、ε_r、$\tan\delta$ 与温度关系曲线

在一部分电介质中存在着可移动的离子,在外加电场作用下,正离子将向负电极侧移动并聚积,而负离子将向正电极侧移动并聚积,这种正、负离子分离所形成的极化称为空间电荷极化,其所需时间最长,约 10^{-2} s。

3.5　电介质的电导

　　绝缘材料似乎应该不导电,但是实际上所有电介质都不可能是理想的绝缘体,在外电场作用下,介质中都会有很小的电流,这个电流是由电介质中的带电质点(正、负离子和离子空位、电子和空穴等载流子)在电场的作用下定向迁移形成的(又称为泄漏电流)。其中,形成固体电导的载流子有两种:一种是电子和空穴,另一种是可移动(接力式运动)的正负离子和离子空位。前者形成的电导为电子电导,后者形成的电导为离子电导。这两种电导的机理有质的不同,特别是后者,传递的不仅是电荷,还是构成物质的粒子。另外,还需指出的是:一般在低场强下呈现离子电导;在高场强下呈现电子电导。

　　当固体电介质施加电压后,一部分电流从介质的表面流过,称为表面电流 I_s;一部分电流从介质的体内流过,称为体电流 I_v。相应的电导(电阻)分别称为表面电导 G_s(表面电阻 R_s)和体电导 G_v(体电阻 R_v),如图 3-12 所示,且有如下关系式

$$\begin{cases} R_s = \dfrac{U}{I_s} \\ G_s = \dfrac{1}{R_s} = \dfrac{I_s}{U} \end{cases} \tag{3-27}$$

$$\begin{cases} R_v = \dfrac{U}{I_v} \\ G_v = \dfrac{1}{R_v} = \dfrac{I_v}{U} \end{cases} \tag{3-28}$$

$$I = I_s + I_v \tag{3-29}$$

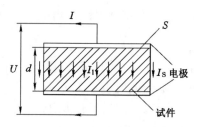

图 3-12　体电阻和表面电阻测量线路图

　　体电阻(电导)的大小不但由材料的本质属性决定,而且与试件尺寸有关,即

$$\begin{cases} R_v = \rho_v \dfrac{d}{S} \\ G_v = \sigma_v \dfrac{S}{d} \end{cases} \tag{3-30}$$

式中,ρ_v 为体电阻率;σ_v 为体电导率;d 为试件厚度;S 为试件面积。

　　体电导率(电阻率)是由材料本质属性决定的,与试件尺寸无关,表示介质抵抗体漏电的性能。表面电阻(电导)与电极的距离 d 成正比,与电极长度 L 成反比,即

$$\begin{cases} R_{s} = \rho_{s} \dfrac{d}{L} \\[3mm] G_{s} = \sigma_{s} \dfrac{L}{d} \end{cases} \tag{3-31}$$

式中，ρ_{s} 为表面电阻率；σ_{s} 为表面电导率。

表面电阻率和表面电导率表示介质抵抗沿表面漏电的性能。因此它们与材料的表面状况和周围环境的关系密切，若环境潮湿，则因材料表面湿度大而使 σ_{s} 增大，易漏电。

3.6　压电性及热释电性

电介质材料主要作为绝缘材料、电容器材料和封装材料应用于电子工程中。电介质共有的特性之一是在电场作用下表现为极化现象，但是由于电介质晶体结构不同，其极化特性表现不同，因而有些电介质还有三种特殊的性质：压电性、热释电性和铁电性。它们构成了电介质材料实际应用的基础。具有这些特殊性质的电介质作为功能材料，不仅在电子工程中作为传感器、驱动器元件，还可以在光学、声学、红外探测等领域中发挥独特的作用。

3.6.1　压电性

1880 年，皮埃尔·柯里（Piere Curie）和雅克·柯里（Jacques Curie）兄弟发现：对 α-石英单晶体（以下称晶体）在一些特定方向上施加力，在力的垂直方向平面上出现正、负束缚电荷。在晶体的某个方向上施加力，则电介质会产生极化，也就是通过纯粹的机械作用产生极化，并在介质的两个端面上出现符号相反的束缚电荷，其面密度与外力大小成正比，这种由于机械力的作用而激起表面电荷的效应称为压电效应。

当晶体受到机械力作用时，一定方向的表面产生束缚电荷，其电荷密度与所施加应力呈线性关系，这种由机械能转换成电能的过程称为正压电效应。正压电效应很早就应用于测量力的传感器中。

反之，如果将一块压电晶体置于外电场中，由于电场作用会引起晶体的极化，正负电荷重心的位移将导致晶体形变，这种现象称为逆压电效应。可以说，逆压电效应就是当晶体在外电场激励下，晶体在某些方向上产生形变（或谐振）的现象，而且应变与所施加电场强度在一定范围内呈线性关系。这种由电能转变为机械能的过程称为逆压电效应。

压电晶体产生压电效应的机理可以用图 3-13 表示。图 3-13(a) 表示晶体中的质点在某方向上的投影，此时晶体不受外力作用，正电荷的重心与负电荷的重心重合，整个晶体的总电矩为 0，晶体表面的电荷也为 0。这里是简化的假设，实际上有电偶极矩存在。当沿着某一方向施加机械力时，晶体就会由于形变而导致正负电荷重心分离，即晶体的总电矩发生

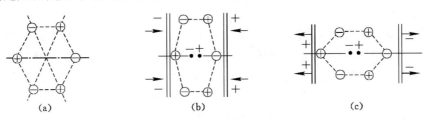

图 3-13　压电晶体产生压电效应原理示意图

变化,同时引起表面荷电现象。图 3-13(b)和图 3-13(c)分别为受压缩力和拉伸力的情况,这两种受力情况所引起的晶体表面带电的符号正好相反。

此处应指出:对压电材料施加电场,压电体相关方向上会产生应变,那么其他电介质受电场作用是否也有应变呢?

实际上,任何电介质在外电场作用下都会发生尺寸变化,即产生应变。这种现象称为电致伸缩,其应变大小与所施加电压的平方成正比。对于一般电介质而言,电致伸缩效应所产生的应变很小,可以忽略,只有个别材料的电致伸缩应变较大,在工程中有实用价值,这就是电致伸缩材料。例如电致伸缩陶瓷 PZN(锌铌酸铅陶瓷),其应变水平与压电陶瓷应变水平相当。

图 3-14 形象地表示了逆压电效应和电致伸缩材料在应变与电场关系上的区别。

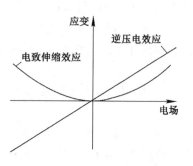

图 3-14　逆压电效应和电致伸缩示意图

3.6.1.1　晶体压电性的产生原因

下面以 α-石英晶体为例说明晶体产生压电性的原因。α-石英晶体属于离子晶体三方晶系、无中心对称的 32 点群。石英晶体的化学组成是二氧化硅,3 个硅离子和 6 个氧离子配置在晶胞的晶格上。在应力作用下,其两端能产生最强束缚电荷的方向称为电轴,α-石英晶体的电轴就是 x 轴。y 轴为光轴(光沿此轴进入不产生双折射)。从 z 轴方向来看,α-石英晶体结构如图 3-15(a)所示。图中大圆为硅原子,小圆为氧原子。硅离子按左螺旋线方向排列,$3^{\#}$ 硅离子在 $5^{\#}$ 硅离子下方(向纸内),而 $1^{\#}$ 硅离子在 $3^{\#}$ 硅离子下方。每个氧离子带 2 个负电荷,每个硅离子带 4 个正电荷,但是每个硅离子的上、下有 2 个氧离子,所以整个晶格正、负电荷平衡,不显电性。为了理解正压电效应产生的原因,现将图 3-15(a)绘成投影图,上、下氧原子以一个氧符号代替,并把氧原子也进行编号,如图 3-15(b)所示。利用该图可以定性解释 α-石英晶体产生正压电效应的原因。

(1) 如果晶片受到沿 x 轴方向的压缩力作用,如图 3-15(c)所示,这时硅离子 $1^{\#}$ 挤入氧离子 $2^{\#}$ 和 $6^{\#}$ 之间,而氧离子 $4^{\#}$ 挤入硅离子 $3^{\#}$ 和 $5^{\#}$ 之间,结果在表面 A 出现负电荷,而在表面 B 出现正电荷,这就是纵向压电效应。

(2) 当晶片受到沿 y 轴方向的压缩力作用时,如图 3-15(d)所示,这时硅离子 $3^{\#}$ 和氧离子 $2^{\#}$ 以及硅离子 $5^{\#}$ 和氧离子 $6^{\#}$ 都向内移动相等的数值,故在电极 C 和电极 D 上不出现电荷,而在表面 A 和 B 上出现电荷,但符号与图 3-15(c)中的正好相反,因为硅离子 $1^{\#}$ 和氧离子 $4^{\#}$ 向外移动,称之为横向压电效应。

(3) 当沿 z 轴方向压缩或拉伸时,带电粒子总是保持初始状态的正、负电荷重心重合,故表面不出现束缚电荷。

一般正压电效应的表现是晶体受力后在特定平面上产生束缚电荷,但直接作用力使晶体产生应变,即改变了原子的相对位置。产生束缚电荷,表明出现了净电偶极矩。如果晶体结构具有对称中心,那么只要作用力没有破坏其对称中心结构,正、负电荷的对称排列也不会改变,即使应力作用产生应变,也不会产生净电偶极矩,这是因为具有对称中心的晶体总电矩为 0。如果取一无对称中心的晶体结构,此时正、负电荷重心重合,加上外力后正、负电荷重心不再重合,结果产生净电偶极矩。因此,从晶体结构分析,只要结构没有对称中心,就

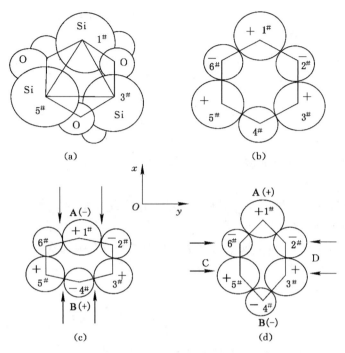

图 3-15　以 α-石英晶体产生正压电效应示意图

有可能产生压电效应。然而,并不是没有对称中心的晶体就一定具有压电性,因为压电体首先必须是电介质(或至少具有半导体性质),同时其结构必须有带正、负电荷的质点-离子或离子团存在。也就是说,压电体必须是离子晶体或者由离子团组成的分子晶体。

3.6.1.2　压电材料性能的主要表征参量

压电材料性能的表征参量,除了描述电介质的一般参量,如电容率、介质损耗角正切(电学品质因素 Q_c)、介质击穿强度、压电系数外,还有描述压电材料弹性谐振时力学性能的机械品质因素 Q_m 以及描述谐振时机械能与电能相互转换的机电耦合系数 K。现简单介绍如下。

（1）压电系数(d)

$$d = \frac{P}{\sigma} \tag{3-32}$$

式中,P 为压电晶体在应力作用下产生的极化强度;d 为材料压电效应的大小;σ 为张量,材料的压电性能一般是各向异性的。

（2）介质损耗($\tan\delta$)

在交变电场作用下,压电材料所积累的电荷有两种分量:一种是有功部分,由电导过程引起;一种是无功部分,由介质的弛豫过程引起。二者的比值用 $\tan\delta$ 表示。$\tan\delta$ 与压电材料的能量损失成正比,所以也称为损耗因子。

（3）机械品质因数

通常测压电参量用的样品或工程中应用的压电器件,如谐振换能器和标准频率振子,主要是利用压电晶片的谐振效应,即当向一个具有一定取向和形状制成的有电极的压电晶片(或极化了的压电陶瓷片)输入电场,其频率与晶片的机械谐振频率 f_r 相等时,就会使晶片因逆压电效应而产生机械谐振,晶片的机械谐振又可以因压电效应而输出电信号。这种晶片称为压电振子。压电振子谐振时仍存在内耗,会造成机械损耗,使材料发热,性能降低。Q_m 表征压电振子在谐振时的能量损耗程度,其定义式为

$$Q_m = 2\pi \frac{W_m}{\Delta W_m} \tag{3-33}$$

式中,W_m 为振动一周单位体积存储的机械能;ΔW_m 为振动一周单位体积内消耗的机械能。

不同压电材料的机械品质因素 Q_m 的大小不同,与振动模式有关。不作特殊说明情况下,Q_m 一般是指压电材料做成薄圆片径向振动膜的机械品质因数。

(4)机电耦合系数

机电耦合系数综合反映了压电材料的性能。由于晶体结构具有对称性,且机电耦合系数与其他电性常量、弹性常量之间存在简单的关系,因此,通过测量机电耦合系数可以确定弹性、介电、压电等参量,而且即使是介电常数和弹性常数有很大差异的压电材料,它们的机电耦合系数也可以直接比较。

机电耦合系数常数用 K 表示,其定义式为

$$K^2 = \frac{通过逆压电效应转换机械能}{输入的电能}$$

或

$$K^2 = \frac{通过正压电效应转换机械能}{输入的机械能}$$

由上面两个式子可以看出:K 是压电材料机械能和电能相互转化能力的量度。K 可为正,也可为负,但是它并不代表转换效率,因为没有考虑能量损失,是在理想状况下,弹性能或介电能进行转换的能量大小。

3.6.1.3 压电材料的主要应用

20 世纪 70 年代以来,随着高新技术的发展,压电材料作为一种新型功能材料占据重要地位。压电材料的应用领域日益扩大,按其应用特征可分为压电振子和压电换能器两大类,前者主要利用振子本身的谐振特点,要求压电、介电、弹性等性能的温度变化、时间变化稳定,机械品质因素高,如制作滤波器、谐振器、振荡器、信号源等;后者主要将一种形式的能量转换为另一种形式的能量,要求换能效益(即机电耦合系数和机械品质)高,如地震传感器和测量力、速度和加速度的元件等。在工业中获得广泛应用的压电晶体主要是 α-石英、铌酸锂($LiNbO_3$)等,目前使用比较多的主要是压电陶瓷,例如钛酸钡陶瓷、锆钛酸钡、铌酸盐等。

压电陶瓷的应用范围非常广泛,而且与人类的生活密切相关,其应用大致可以归纳为以下四个方面:

① 能量转换。压电陶瓷可以将机械能转换为电能,故可以用于制造压电打火机、压电点火机、移动 X 光机电源、炮弹引爆装置等。用压电陶瓷也可以把电能转换为超声振动,用于探寻水下鱼群,对金属进行无损探伤,以及超声清洗、超声医疗等。

② 传感。用压电陶瓷制成的传感器可用来检测微弱的机械振动并将其转换为电信号,也可以应用于声呐系统、气象探测、遥感遥测、环境保护和家用电器等。

③ 驱动。压电驱动器是利用压电陶瓷的逆压电效应产生形变,以精确控制位移,可用于精密仪器与精密机械、微电子技术、光纤技术及生物工程等领域。

④ 频率控制。压电陶瓷还可以用来制造各种滤波器和谐振器。

3.6.2　热释电性

一些晶体除了由于机械应力作用引起压电效应外,还会由于温度作用而使其电极化强度变化,这就是热释电性,也称为热电性。

3.6.2.1　热释电现象

取一块电气石,化学组成为$(Na,Ca)(Mg,Fe)_3B_3Al_6Si_6(O,OH,F)_{31}$,对其均匀加热的同时,将一束硫磺粉和铅丹粉经过筛孔喷向这个晶体,发现晶体一端变为黄色,另一端变为红色,这就是坤特法显示的天然矿物晶体电气石的热释电性实验。实验表明:如果电气石不是在加热过程中,喷粉实验不会出现两种颜色。现在已经认识到电气石是三方晶系 3m 点群。结构中只有唯一的三次(旋)转轴,自发极化。没有加热时,它们的自发极化电偶极矩完全被吸附的空气中的电荷屏蔽掉了。但是在加热时,由于温度变化,使自发极化改变,则屏蔽电荷失去平衡。因此,晶体一端的正电荷吸引硫磺粉显黄色,另一端吸引铅丹粉显红色。这种由于温度变化而使极化改变的现象称为热释电效应,该性质称为热释电性。

3.6.2.2　热释电效应产生的条件

热释电效应研究表明:具有热释电效应的晶体一定是具有自发极化(固有极化)的晶体,结构中应具有极性轴,简称极轴。极轴即晶体唯一的轴,在该轴两端往往性质不同,且采用对称操作不能与其他晶向重合的方向。因此,具有对称中心的晶体是不可能有热释电性的,这一点与压电体的结构要求是一样的。但是具有压电性的晶体不一定热释电性。原因可以从二者产生的条件来分析:当压电效应发生时,机械应力引起正、负电荷的重心产生相对位移,而且一般来说不同方向上的位移大小是不相等的,因而出现了净电偶极矩。而当温度变化时,晶体受热膨胀却在各个方向同时发生,并且在对称方向上必定有相等的膨胀系数,也就是说,在这些方向上所引起的正、负电荷重心的相对位移也是相等的,即正、负电荷重心重合的现状并没有因为温度变化而改变,所以没有热释电现象。下面以 α-石英晶体受热情况加以说明。图 3-16 表示 α-石英晶体(0001)面上质点的排列情况。图 3-16(a)为受热前情况;图 3-16(b)为受热后情况。由图 3-16 可知:在 3 个轴方向上,正负电荷重心位移是相等的,从每个轴向来看,电偶极矩是有变化的,然而总的正、负电荷重心位置没有变化,正是由于总电矩没有变化,故不能显示热释电性。

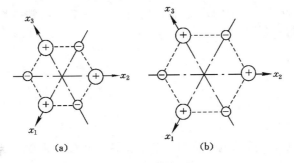

图 3-16　α-石英不产生热释电性的示意图

3.6.2.3　材料热释电性的表征

表征材料热释电性的主要参量是热释电常量 p,其定义如下。

当强度为 E 的电场沿晶体的极轴方向施加到晶体上,总电位移为

$$D = \varepsilon E + P = \varepsilon E + (P_S + P_{诱}) \tag{3-34}$$

式中，P_S 为自发极化强度；$P_{诱}$ 为电场作用产生的极化强度，且 $P_{诱} = x_e \varepsilon_0 E$。

则式(3-34)成为

$$D = \varepsilon_0 E + x_e \varepsilon_0 E + P_S \tag{3-35}$$

$$D = P_S + \varepsilon E \tag{3-36}$$

令 E＝常数，并将式(3-37)对 T 微分，则

$$\frac{\partial D}{\partial T} = \frac{\partial P_S}{\partial T} + E \frac{\partial \varepsilon}{\partial T} \tag{3-37}$$

令

$$\begin{cases} \dfrac{\partial P_S}{\partial T} = p \\ \dfrac{\partial D}{\partial T} = P_g \end{cases} \tag{3-38}$$

则

$$P_g = p + E \frac{\partial \varepsilon}{\partial T} \tag{3-39}$$

式中，P_g 为综合热释电系数；p 为热释电常量。

P_g 是矢量，则 p 也为矢量，但一般情况下视为标量。具有热释电性的晶体在工程中有广泛的应用，例如用以制作红外探测传感器。

压电性和热释电性是电介质的两个重要特性，一些无对称中心的晶体结构电介质可具有压电性，而有极轴和自发极化的晶体电介质可具有热释电性。它们在工程中具有广泛的应用。

直到 1968 年才发现具有压电性的聚合物，主要代表是聚偏二氟乙烯 PVDF(或 PVF$_2$)。其压电性来源于光学活性物质的内应变、极性固体的自发极化以及嵌入电荷与薄膜不均匀性的耦合。热释电性在聚合物的有关文献中也称为焦电性，其定义式与无机晶体材料相同，都是 $p = \dfrac{1}{A} \left(\dfrac{\partial A P_S}{\partial T} \right)_{X,E}$，下脚标 E、X 表示在电场 E 和应力 X 恒定条件下。A 是材料电极的面积，P_S 是自发极化强度。PVDF 也有铁电性。下一节介绍铁电性之后，铁电性、压电性、热释电性的关系将更加明确。

3.7 铁电性

3.7.1 铁电性

与压电性、热释电性相关的电介质的一个重要特征是极化强度随着电场强度增大呈线性变化，但是下面介绍的 BaTiO$_3$ 等电介质的极化强度随外加电场呈现非线性变化，因此有人称前面的电介质为线性电介质，而把后者称为非线性电介质。

在热释电晶体中，有若干种晶体不但在某些温度范围内自发极化，而且其自发极化强度可以因外电场作用而重新取向。1920 年，法国人瓦拉赛克(Valasek)发现罗息盐(酒石酸钠，NaKC$_4$H$_4$O$_6$·4H$_2$O)具有特异的介电性，其极化强度随外加电场的变化有如图 3-17 所

示的形状,称为电滞回线。把具有这种性质的晶体称为铁电体。事实上,这种晶体不一定含"铁",而是由于电滞回线与铁磁体的磁滞回线相似,故称为铁电体。判断铁电性行为必须根据晶体是否具有电滞回线和其他微观电矩结构特点。当把罗息盐加热到 24 ℃以上时,电滞回线消失了,此温度称为居里温度 T_c,因此,铁电性的存在是有一定条件的,包括外界的压力变化。

由图 3-17 可知:构成电滞回线的几个重要参量为:饱和极化强度 P_S,剩余极化强度 P_r,矫顽电场 E_c。从电滞回线可以清楚地看到铁电体能够自发极化,而且这种自发极化的电偶极矩在外电场作用下可以改变其取向,甚至反转。在同一外电场作用下,极化强度可以有双值,表现为电场 E 的双值函数。

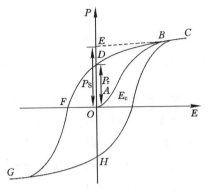

图 3-17　电滞回线示意图

为什么铁电体会有电滞回线?主要是因为铁电体是由铁电畴组成的。假设一铁电体整体上呈现自发极化,其结果是晶体正、负端分别有一层正、负束缚电荷。束缚电荷产生的电退极化场与极化方向反向,使静电能升高。在受机械约束时,伴随着自发极化的应变还将使应变能增加,所以整体均匀极化的状态不稳定,晶体趋向于分成多个小区域。每个区域内部电偶极子沿同一方向,但不同小区城的电偶极子方向不同,这每个小区域称为电畴(简称畴),畴之间边界地区称为畴壁。现代技术中有很多方法可以观察电畴,电畴的结构与磁畴结构很类似,只是电畴壁比磁畴壁薄,厚度为点阵常数量级。畴的线性尺寸为 10 μm,180°畴壁的畴壁能为 7~10 erg/cm^2。

图 3-18 为 $BaTiO_3$ 晶体室温电畴结构示意图。小方格表示晶胞,箭头表示电矩方向。图中 AA' 分界线两侧的电矩取反平行方向,称为 180°畴壁,BB' 分界线为 90°畴壁。决定畴壁厚度的因素是各种能量平衡的结果,180°畴壁较薄,为 $(5\sim20)\times10^{-10}$ m,而 90°畴壁较厚,为 $(50\sim100)\times10^{-10}$ m。图 3-19(a)为 180°畴壁的过渡电矩排列变化示意图。

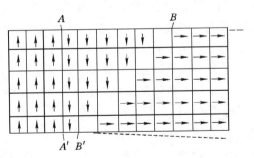

图 3-18　$BaTiO_3$ 晶体室温电畴结构示意图

电畴结构与晶体结构有关。例如 $BaTiO_3$ 在斜方晶系中还有 60°和 120°畴壁,在菱形晶系中还有 71°和 109°畴壁。

铁电畴在外电场作用下总是趋向与外电场方向一致,称为畴转向。电畴运动是通过新畴出现、发展和畴壁移动来实现的。180°畴转向是通过许多尖劈形新畴出现而发展得到的,

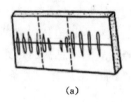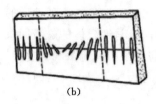

(a)   (b)

图 3-19　180°畴壁示意图

(a) 铁电畴壁;(b) 铁磁畴壁

90°畴主要是畴壁侧向移动来实现的。180°转向比较完全,而且由于转向时引起较大的内应力,所以这种转向不稳定,当外加电场撤去后,小部分电畴偏离极化方向,恢复原位,大部分电畴则停留在新转向的极化方向上,称为剩余极化。

电滞回线是铁电体的铁电畴在外电场作用下运动的宏观描述。下面以单晶铁电体为例对前面介绍的电滞回线几个特征参量予以说明。设一单晶体的极化强度方向只有沿某轴的正向或负向两种可能。在没有外电场时,晶体总电矩为 0(能量最低)。当施加上外电场后,沿电场方向的电畴扩展变大,而与电场方向反向的电畴变小。这样极化强度随外电场强度增大而增大,如图 3-17 中的 OA 段。电场强度继续增大,最后晶体电畴都趋于电场方向,类似形成一个单畴,极化强度达到饱和,相应于图中的 C 处。如再增大电场强度,则极化强度 P 随电场强度 E 呈线性增大(形如单个弹性电偶极子),将该线性部分外推至 $E=0$ 处,相应的 P_S 值称为饱和极化强度,也就是自发极化强度。若电场强度自 C 处下降,晶体极化强度也随之减小,$E=0$ 时仍存在极化强度,即剩余极化强度 P_r。当反向电场强度为 E_c 时(图中 F 点处),剩余极化强度 P_r 全部消失;反向电场继续增大,极化强度才开始反向,直到反向极化到饱和,达到图中 G 处。图中 E_c 称为矫顽电场强度。

由于极化的非线性,铁电体的介电常数不是恒定值,一般以 OA 在原点的斜率来代表介电常教,所以在测定介电常数时外电场应很小。

3.7.2　铁电性的起源

对铁电体的初步认识是它具有自发极化。铁电体有上千种,不可能具体描述所有铁电体自发极化的机制,但可以说自发极化的产生机制是与铁电体的晶体结构密切相关的。自发极化的出现主要是晶体中原子(离子)位置变化的结果。自发极化机制有:氧八面体中离子偏离中心的运动;氢键中质子运动有序化;氢氧根基团择优分布;含其他离子基团的极性分布等。下面以钛酸钡(BaTiO₃)为例对位移型铁电体自发极化的微观理论进行说明。

钛酸钡具有 ABO₃ 型钙钛矿结构。对 BaTiO₃ 而言,A 表示 Ba^{2+},B 表示 Ti^{4+},O 表示 O^{2-}。钛酸钡的居里温度为 120 ℃,在居里温度以上是立方晶系钙钛矿型结构,不存在自发极化。在 120 ℃ 以下,转变为四角晶系,自发极化沿原立方的(001)方向,即沿 c 轴方向。室温下,自发极化强度 $P_S=26\times10^{-2}$ C/m²。当温度降低到 5 ℃ 以下时,晶格结构又转变成正交系铁电相,自发极化沿原立方体的(011)方向,即原来立方体的两个 a 轴都变成极化轴了。当温度继续下降到 −90 ℃ 以下时,晶体进而转变为三角系铁电相,自发极化方向沿原立方体的(111)方向,即原来立方体的 3 个轴都成为自发极化轴,换句话说,此时自发极化沿着体对角线方向。

BaTiO₃ 的钡离子被 6 个氧离子围绕形成氧八面体结构(图 3-20)。钛离子和氧离子的半径比为 0.468,因而其配位数为 6,形成 TiO_6 结构,规则的 TiO_6 结构八面体有对称中心和 6 个 Ti-O 电偶极矩,由于方向相互为反平行,故电矩都抵消了,但是当正离子 Ti^{4+} 单向偏离围绕它的负离子 O^{2-} 时,则出现净偶极矩,这就是 $BaTiO_3$ 在一定温度下出现自发极化并成为铁电体的原因。

由于在 $BaTiO_3$ 结构中每个氧离子只能与 2 个钛离子耦合,并且在 $BaTiO_3$ 晶体中 TiO_6 一定是位于钡离子所确定的方向上,因此,提供了每个晶胞具有净偶极矩的条件。这样当 Ba^{2+} 和 O^{2-} 形成面心立方结构时,Ti^{4+} 进入其八面体间隙,但是诸如 Ba,Pb,Sr 原子尺寸比较大,所以 Ti^{4+} 在钡-氧原子形成的面心立方中的八面体间隙的稳定性较差,只要外界稍有能量作用,就可以使 Ti^{4+} 偏移中心位置而产生净电偶极矩。

当温度 $T > T_c$ 时,热能足以使 Ti^{4+} 在中心位置附近任意移动,这种运动的结果是无反对称。虽然外加电场时可以造成 Ti^{4+} 产生较大的电偶极矩,但是不能产生自发极化。当温度 $T < T_c$ 时,此时 Ti^{4+} 和氧离子作用强于热振动。晶体结构从立方结构改为四方结构,而且 Ti^{4+} 偏离了对称中心,产生了永久偶极矩,并形成电畴。

研究表明:当温度变化引起 $BaTiO_3$ 相结构变化时,钛和氧原子位置的变化如图 3-21 所示。根据这些数据可对离子位移引起的极化强度进行评估。

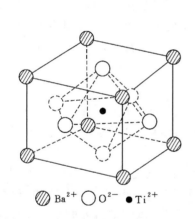

图 3-20　$BaTiO_3$ 的立方钙钛矿型结构

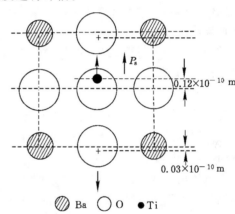

图 3-21　铁电转变时八面体原子的位置

一般情况下,自发极化包括两个部分:一部分来源于离子直接位移;另外一部分来源于电子云的形变,其中离子直接位移极化占总极化的 39%。

以上是根据钛离子和氧离子强耦合理论分析其自发极化产生的根源。目前关于铁电相起源,特别是对位移式铁电体的理解已经发展到从晶格振动频率变化来理解其铁电相产生的原理,即"软模理论"。

3.7.3　铁电体的应用

（1）电滞回线

铁电畴在外电场作用下的"转向",使得陶瓷材料具有宏观剩余极化强度,即材料具有"极性",通常将这种工艺过程称为"人工极化"。

极化温度影响电畴运动和转向的难易程度,矫顽场强和饱和场强随着温度升高而降低。极化温度较高时,可以在较低的极化电压下达到同样的效果,其电滞回线形状比较瘦长。环境温度对材料的晶体结构也有影响,可使内部自发极化发生改变,尤其是在相界处(晶型转变温度)更显著。同时电畴转向需要一定的时间,时间适当长一点,极化就充分些,即电畴定向排列更完全。实验表明:在相同的电场强度作用下,极化时间长的具有较高的极化强度,也具有较高的剩余极化强度。极化电压增大,电畴转向程度高,剩余极化变大。而且同一种材料,单晶体和多晶体的电滞回线是不同的。

(2)电滞回线的特性在实际中的应用

由于铁电体有剩余极化强度,因而可用来信息存储和图像显示,如铁电存储和显示器件、光阀、全息照相器件等,就是利用外加电场使铁电畴做一定的取向。

由于铁电体的极化随电场强度改变,因而晶体的折射率也将随电场强度改变。这种由于外电场引起晶体折射率的变化称为电光效应,利用晶体的电光效应可制作光调制器、晶体光阀、电光开关等光器件。

(3)介电特性

像 $BaTiO_3$ 一类的钙钛矿型铁电体具有很高的介电常数。为了提高室温下材料的介电常数,可以添加其他钙钛矿型铁电体,形成固溶体。

在实际制造中需要调整居里点和居里点处介电常数的峰值,即移峰效应和压峰效应。在铁电体中引入某种添加物生成固溶体,改变原来的晶胞参数和离子间的相互联系,使居里点向低温或高温方向移动,这就是移峰效应。其目的是使工作情况下(室温附近)材料的介电常数和温度的关系曲线尽可能平缓,即要求居里点远离室温,如加入 $PbTiO_3$ 可使 $BaTiO_3$ 居里点升高。

(4)压峰效应

压峰效应就是为了降低居里点处介电常数的峰值,即降低 $\varepsilon\text{-}T$ 非线性,也使工作状态相应于 $\varepsilon\text{-}T$ 平缓区。常用的压峰剂为非铁电体。加入非铁电体,破坏了原来的内电场,使其自发极化减弱,即铁电性减弱。

铁电体的非线性是指介电常数随外加电场强度非线性变化。非线性的影响因素主要是材料结构。可以用电畴的观点来分析非线性。电畴在外加电场作用下能沿外电场取向,主要是通过新畴的形成、发展和畴壁的位移等实现的。当所有电畴都沿外电场方向排列定向时,极化达到最大值。

(5)晶界效应

陶瓷材料晶界特性的重要性不亚于晶粒本身的特性。例如 $BaTiO_3$ 铁电材料,由于晶界效应,可以表现出各种不同的半导体特性。

利用半导体的晶界效应可制造出边界层(或晶界层)电容器。除了体积小、容量大外,其还适合高频电路使用。

(6)反铁电体

具有反铁电性的材料统称为反铁电体。反铁电体与铁电体具有某些相似之处。例如晶体结构与同型铁电体相近,介电常数和结构相变上出现反常,在相变温度以上,介电系数与温度的关系遵从居里-外斯定律。但也有不同之处,例如,在相变温度以下,一般情况下并不出现自发极化,也无与此有关的电滞回线。反铁电体随着温度改变发生相变,但是在高温下往往是顺电相,在相变温度以下,晶体变成对称性较低的反铁电相。

反铁电相的偶极子结构很接近铁电相的结构,能量上的差别很小,仅为每摩尔十几焦耳。因此,只要成分稍有改变,或者施加强的外电场或压力,反铁电相就转变为铁电相结构,而且杂质对临界电场的影响很大。

3.7.4　铁电性、压电性和热释电性的关系

至此,已经介绍了一般电介质、具有压电性的电介质(压电体)、具有热释电性的电介质(热释电体或热电体)、具有铁电性的电介质(铁电体),它们存在的宏观条件如表 3-3 所列。

表 3-3　一般电介质、压电体、热释电体、铁电体存在的宏观条件

电介质	压电体	热释电体	铁电体
电场极化	电场极化	电场极化	电场极化
	无对称中心	无对称中心	无对称中心
		自发极化	自发极化
		极轴	极轴
			电滞回线*

注:* 有学者认为铁电体不一定有完整的电滞回线,只要在外电场作用下自发偶极矩可改变方向即可。

因此,它们之间的关系如图 3-22 所示。由图 3-22 可知:铁电体一定是压电体和热释电体。在居里温度以上,有些铁电体已无铁电性,但其顺电体仍无对称中心,故仍有压电性,如磷酸二氢钾。有些顺电相(如钛酸钡)是有对称中心的,故在居里温度以上即无铁电性也无压电性,总之,与它们的晶体结构密切相关。现将具有铁电性的晶体结构列于表 3-4。由表 3-4 可知:无中心对称的点群中只有 10 种具有极轴,这种晶体称为极性晶体,它们都有自发极化,但是具有自发极化的晶体只有当其电偶极矩可在外电场作用下改变到相反方向的才能称为铁电体。

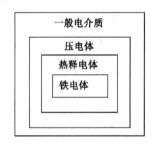

图 3-22　一般电介质、压电体、热释电体、铁电体之间的关系

表 3-4　晶体的点群

光轴	晶系	中心对称点群		无中心对称点群				
				极轴		无极轴		
双轴晶体	三斜	$\bar{1}$		1		无		
	单斜	2/m		2	m	无		
	正交	mmm		mm2		222		
单轴晶体	四方	4/m	4/mmm	4	4mm	$\bar{4}$	$\bar{4}2m$	422
	三方	$\bar{3}$	$\bar{3}m$	3	3m	32		
	六方	6/m	6/mmm	6	6mm	$\bar{6}$	$\bar{6}m2$	622
光各向同性	立方	m3	m2m	无		432	$\bar{4}3m$	23
总数		11		10		11		

课程思政案例

姚熹：向世界铁电陶瓷领域传递中国声音

姚熹是国际著名电子材料科学家、中国科学院院士、美国国家工程院外籍院士，我国铁电陶瓷研究方面的主要奠基人之一。主持建立了西安交通大学精细功能电子材料与器件国家专项实验室、国际电介质研究中心、教育部电子陶瓷与器件重点实验室、同济大学功能材料研究所等科研基地，并建立了弛豫铁电体微畴-宏畴转变以及新玻璃模型国际主流理论等。

铁电陶瓷主要用来制作电容器、传感器和某些执行器，在一些电子设备中使用得比较多，比如一部手机有几百个电容器，其中绝大部分是用铁电陶瓷做的。但是姚熹读大学时，铁电陶瓷还是冷门行业，中国在该领域几乎是空白，而他一做就是 60 多年。

1958 年，学校派只有 23 岁的姚熹负责组织交通大学百余名学生到西安高压电瓷厂，承担研制我国第一台 330 kV 高压电瓷套管项目。在技术和生产设备几乎一片空白的严峻形势下，姚熹与工厂技术人员和工人密切合作，日夜奋战、攻坚克难，终于成功试制出我国第一台 330 kV 高压电瓷套管，为我国 330 kV 超高压输配电设备研制开辟了道路。

在研究工作之余，姚熹用了两年时间编写了 60 万字的《无机电介质》一书，该书被中国科学院作为来华留学的外国研究生教材。1964 年，姚熹指导的研究生通过了论文答辩，成为国内电子材料方面的第一名研究生。

1979 年，姚熹来到美国宾夕法尼亚州立大学访问学习，用不到两年时间就取得了固态科学博士学位，其论文被选为 1982 年度有关材料研究的两篇最卓越的博士学位论文之一，并获得被认为是该领域最高奖励的 Xesox 奖（材料科学最佳学位论文奖）。

在取得博士学位后姚熹又继续做了一年博士后的研究工作。一次实验中，他发现了一种很奇特的变化。在大量实验数据的支持下，他提出了"微畴-宏畴转变"的设想，这一发现被学界认为是弛豫型铁电体研究的一个重要进展，让他首次意识到材料的纳米结构对材料的性能有很大影响。3 年多时间，姚熹撰写并在相关学术刊物发表了 19 篇论文，还和我国学者合作获得一项美国专利。

尽管同一时期，中国的材料科学研究远远落后于世界先进水平，但姚熹一直抱着一种强烈的民族责任感与使命感。尽管旅美期间他的学术成果引起了美国学术界的广泛关注，但他仍执意归国。

1983 年 3 月，姚熹回到祖国。1985 年姚熹在权威期刊《美国陶瓷学会学报》发表论文《晶粒压电共振对铌酸锂陶瓷介电频谱的影响》，立刻引起国际电子陶瓷学界很大的震动，并获得 1985 年度美国陶瓷学会 Ross Coffin Purdy 奖，成为获得这一奖项的第一位中国学者。

1986 年 4 月姚熹参加"863 计划"全国百名专家论证会，其建议被采纳，纳米复合材料专题研究作为材料方面的前沿性研究方向被列入计划实施，姚熹也被聘为"国家高技术新材料专家委员会委员"。

1991 年姚熹当选中国科学院院士。2002 年，姚熹因对铁电学领域的技术创新、对中国电子陶瓷教育的领导作用，以及对国内和国际铁电学界的卓越贡献获得美国 IEEE 铁电学成就奖。2007 年，姚熹当选美国国家工程院外籍院士。

1993 年姚熹发起建立了亚洲铁电学会（AFA）并担任主席。1995 年,推动在西安举办了第一届亚洲铁电学会议（AMF-1）,截至 2023 年 AMF 共召开 13 届。2005 年姚熹创建了亚洲电子陶瓷学会（AECA）,邀请中、日、韩、印、新、马、泰等国学者成立委员会。AECA 每届都有大量欧洲和美国学者参加,成为名副其实的国际会议,对促进亚洲电子陶瓷发展和亚洲电子陶瓷走向国际化起了很大作用。而亚洲电子陶瓷会议（AMEC）在姚熹的建议推动下产生了变革,让这个原以日本为主导的会议变成了定期举办的系列化国际会议,每两年在亚洲地区轮流举行一次。

20 世纪 80 年代,姚熹就积极推荐团队青年教师参与承担"863 计划"课题研究,并推荐他们出国参加国际会议和进修访问。

几十年来,姚熹一直为祖国科学事业不懈奋斗,是我国铁电陶瓷学科的主要推动者和领军人物。他凝聚了亚洲地区该领域的学术力量,显著提升了我国和亚洲在铁电学和电子陶瓷方面的国际学术地位,使我国在这一领域从追随者转变为引领者。

本 章 小 结

通过比较真空平板电容器和填充介电材料的平板电容器的电容变化,引入极化和介电常数,注意与极化相关的物理量,分析极化的微观机制。通过理想平板电容器和填充介电材料的平板电容器的电流-电压矢量图的比较,引入电介质在交变电场下的性能表征参数:复介电常数、电介损耗以及对外场响应的极化德拜方程。介电击穿强度是绝缘材料和介电材料的重要指标之一。电介质材料发生击穿的原因十分复杂。在研究提高材料的击穿强度的同时,应注意电场作用下的构件和电极设计的合理性。

压电性、热释电性和铁电性是具有特殊晶体结构的电介质的特性。要记住典型的材料和注意掌握它们的特殊性质的表征参量,以及可能的应用。

复 习 题

3-1　什么是电介质? 简述电介质与金属的主要区别。

3-2　电介质的四大基本常数是什么? 各自的物理意义是什么?

3-3　绘制典型的铁电体的电滞回线,说明其主要参数的物理意义和造成 P-E 非线性关系的原因。

3-4　说明压电体、热释电体、铁电体各自在晶体结构上的特点。

3-5　说明电介质极化机制的分类及各自特点。

3-6　以典型的 PZT 铁电陶瓷为例,总结其介电性、铁电性的影响因素。

3-7　结合逆压电效应说明超声马达的工作原理。

3-8　镁橄榄石（Mg_2SiO_4）瓷的组成为 45％SiO_2,5％Al_2O_3 和 50％MgO,在 1 400 ℃烧成并急冷（保留玻璃相）,陶瓷的 $\varepsilon_r = 5.4$。Mg_2SiO_4 的介电常数为 6.2,估算玻璃的介电常数 ε_r。（设玻璃体积浓度为 Mg_2SiO_4 的 1/2）

3-9　如果 A 原子的原子半径为 B 的 2 倍,那么其他条件都相同的情况下原子 A 的电子极化率大约是 B 的多少倍?

第4章 材料的光学性能

材料的光学性能是指材料在与光的作用中表现出来的性能,包括光的反射、折射、吸收、透射等,是制备和应用各种光学材料的基础。例如光学玻璃的高透光性使其可以应用于望远镜、显微镜、照相机等仪器中。高纯、高透明的光纤的研制成功,使光通信成为现实,并使人们进入网络时代。利用材料在能量激发下的发光性能制成的发光材料在手机、电视、电脑等电器领域中大量应用。由于光子比电子速度快,光子计算机的运行速度可高达一万亿次。其存贮量是现代计算机的几万倍,还可以对语言、图形和手势进行识别与合成。随着现代光学与计算机技术、微电子技术相结合,在不久的将来,光子计算机将成为社会中的普遍的工具。因此,研究材料的光学性能具有非常重要的意义。

本章主要介绍光和固体相互作用时产生的各种光现象规律、物理本质、影响因素,材料的发光类型及机理,简单介绍无机材料的红外光学性能和光导纤维。

4.1 光的基本性质

4.1.1 光的波动性

光是一种电磁波,在传播过程中,变化着的电场周围感生出变化的磁场,变化着的磁场周围又感生另一个变化的电场,二者交织在一起。而且光波是一种横波,电场强度 E 和磁场强度 H 的振动方向垂直,并且同时垂直于传播方向 S(即光的能量流动方向),如图 4-1 所示。

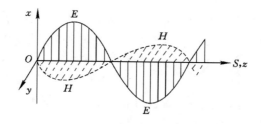

图 4-1 光波的横波特性

电磁波在真空中的速度 c 可以写成

$$c = \frac{1}{\sqrt{\varepsilon_0 \mu_0}} = 3 \times 10^8 \text{ m/s} \tag{4-1}$$

式中,ε_0 为真空介电常数;μ_0 为真空磁导率。

电磁波在介质中的速度 v 为

$$v = \frac{1}{\sqrt{\varepsilon\mu}} = \frac{1}{\sqrt{\varepsilon_0\varepsilon_r\mu_0\mu_r}} = \frac{c}{\sqrt{\varepsilon_r\mu_r}} < c \tag{4-2}$$

式中，ε_r 为介质的相对介电常数；μ_r 为介质的相对磁导率。

电磁波具有宽阔的频谱，波长最长的是无线电波，波长从几千米到几毫米，红外线、可见光、紫外线的波长比无线电波短得多，可见光的波长范围为 $390\sim760$ nm，X 射线和 γ 射线的波长更短。可见光是人眼能感受到的一小部分电磁波，不同的波长可以引起不同的视觉。白光是各种单色光的混合光。

4.1.2　光子的能量和动量

光的能量是不连续的，可分成最小的单元，这个最小的能量单元称为光子。

光子的能量 E 为

$$E = h\nu = \frac{hc}{\lambda} \tag{4-3}$$

式中，ν 为光波频率；c 为真空中的光波速度；λ 为光波波长；h 为普朗克常数。

光子的动量 P 为

$$P = \frac{h}{\lambda} \tag{4-4}$$

光具有波粒二象性，既可以看作光波，又可以看作光子流。光子是能量和动量量子化的粒子。

4.2　光在固体中的传播特性

4.2.1　光和固体的相互作用

光从一种介质进入另一种介质时，一部分在两种介质的界面上被反射，一部分被吸收，一部分被散射，一部分透过介质。用光辐射能流率表示单位时间内通过与光传播方向垂直的单位面积的光能量，单位为 W/m^2。设入射到材料表面的光辐射能流率为 φ_0，透过、吸收、反射和散射的光辐射能流率分别为 φ_τ、φ_A、φ_R、φ_σ，则根据能量守恒定律可得

$$\varphi_0 = \varphi_\tau + \varphi_A + \varphi_R + \varphi_\sigma \tag{4-5}$$

记透射系数 $T = \dfrac{\varphi_\tau}{\varphi_0}$，吸收系数 $\alpha = \dfrac{\varphi_A}{\varphi_0}$，反射系数 $R = \dfrac{\varphi_R}{\varphi_0}$，散射系数 $\sigma = \dfrac{\varphi_\sigma}{\varphi_0}$，则有

$$T + \alpha + R + \sigma = 1 \tag{4-6}$$

图 4-2 表示了光子与固体介质的相互作用。

从微观上分析，光与固体材料相互作用，实际上是光子与固体材料内部的原子、离子、电子之间的相互作用，得到如下两个重要结论：

（1）电子极化

电磁波的分量之一是迅速变化的电场分量，在可见光范围内，电场分量与传播过程中遇到的每一个原子都发生相互作用引起电子极化，即造成电子云与原子核的电荷重心发生相对位移。所以，当光由真空进入介质时，一部分能量被吸收，同时光速减小，后者导致折射。

（2）电子能态转变

光子被吸收和发射，都可能涉及固体材料中电子能态的改变。如图 4-3 所示，如果一个

入射光子的能量正好等于 E_2 和 E_4 能级的能级差,即满足

$$\Delta E = h\nu_{42} \tag{4-7}$$

式中,h 为普朗克常数;ν_{42} 为入射光子的频率。

则原子可能吸收光子的能量,将 E_2 能级上的电子激发到能量更高的 E_4 空能级上。

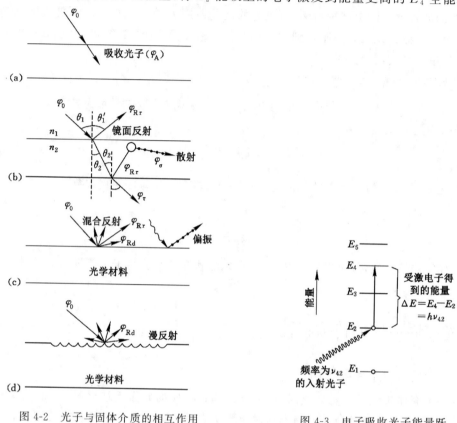

图 4-2　光子与固体介质的相互作用

图 4-3　电子吸收光子能量跃迁至高能级示意图

需要注意的是,电子能态转变是与光子的频率有关系的。因为原子中电子能级是分立的,能级间存在特定的能级差 ΔE,只有当能量为 ΔE 的光子才能被原子吸收而使电子能态转变。另外,激发态是不稳定的,电子在激发态停留很短时间后会衰变回基态,同时辐射出电磁波。衰变的途径不同,辐射出的电磁波频率就不同。

4.2.2　光的折射和反射机理

光是一种电磁波,当光从一种介质入射到另一种介质中时,光波中的交变电场 E 分量会使介质中的自由电子做受迫振动,形成振荡电流(称为等离子体振荡),从而发射与入射光频率相同的次级电磁波,或者使介质中的束缚电子或离子产生极化而形成电偶极子,同时电偶极子做受迫振动,也发射与入射光频率相同的次级电磁波。如果介质是均匀的,由于光的波长比物质中的原子、分子间的平均距离大得多,在数量级为 λ^3 的体积内含有几百万个原子、分子。因此,这些原子、分子被同一束入射光激发,同时辐射次级电磁波,这些次级电磁波相互干涉,与入射光波也相互干涉,结果是合成波在符合反射定律、折射定律的方向上出现了干涉极大值,而在其他方向上由于干涉而抵消。

4.2.3　光的折射

4.2.3.1　折射率

光在真空中沿着直线传播。光进入材料中,其能量将损失,因此光子的速度将发生改变,传播方向也发生变化,即产生折射。光的折射遵循折射定律。折射现象在光学成像技术、光纤通信、光谱分析技术等方面有着重要应用。

当光从真空进入较致密的材料内时,其速度下降。光在真空和材料中的速度之比称为材料的折射率 n,可表示为

$$n = \frac{v_{真空}}{v_{材料}} = \frac{c}{v_{材料}} \tag{4-8}$$

材料的折射率是大于 1 的正数。表 4-1 列出了部分透明材料的折射率。

表 4-1　部分透明材料的折射率

材料		平均折射率	材料		平均折射率
玻璃	氧化硅玻璃	1.458	陶瓷	石英(SiO_2)	1.55
	钠钙玻璃	1.51		尖晶石($MgAl_2O_4$)	1.72
	硼硅酸玻璃	1.47	高聚物	聚乙烯	1.35
	重火石玻璃	1.65		聚四氯乙烯	1.60
陶瓷	刚玉	1.76		聚甲基丙烯酸甲酯	1.49
	方镁石(MgO)	1.74		聚丙烯	1.49

设光从材料 1 通过界面进入材料 2 时,与界面法线所形成的入射角为 θ_1,折射角为 θ_2,则材料 2 相对材料 1 的相对折射率 n_{21} 为

$$n_{21} = \frac{\sin \theta_1}{\sin \theta_2} = \frac{n_2}{n_1} = \frac{v_1}{v_2} \tag{4-9}$$

式中,v_1 为光在材料 1 中的传播速度;n_1 为材料 1 的折射率;v_2 为光在材料 2 中的传播速度;n_2 为材料 2 的折射率。

折射率是光学材料的重要参数,了解折射率,有助于光学元件、光学系统的设计。利用折射率还可以进行物质的成分和结构的分析等。

4.2.3.2　影响折射率的因素

(1) 构成材料元素的离子半径

材料的折射率随原子半径的增大而增大,其原因:由材料折射率的定义和光在介质中的传播速度,可以导出材料的折射率

$$n = \sqrt{\varepsilon_r \mu_r} \tag{4-10}$$

式中,ε_r,μ_r 分别为材料的相对介电常数和相对磁导率。

因陶瓷等无机材料 $\mu_r \approx 1$,故

$$n \approx \sqrt{\varepsilon_r} \tag{4-11}$$

由式(4-11)可知:材料的折射率随介电常数增大而增大,而介电常数与介质的极化有关。当光的电磁辐射作用到介质上时,其原子受到光的电场作用而极化,正电荷沿着电场方向移动,负电荷逆着电场方向移动,这样就使原子的正、负电荷重心产生相对位移,正是电磁

辐射与原子的相互作用,使光子速度降低。为了进一步说明影响介质折射率的因素,利用如下方程

$$\frac{\varepsilon_r - 1}{\varepsilon_r + 2} = \frac{1}{3\varepsilon_0} \sum_i N_i \alpha_i \tag{4-12}$$

式中,ε_r 为介质的相对介电常数;ε_0 为真空介电常数;N_i 为第 i 种偶极子数量;α_i 为第 i 种偶极子电极化率。

式(4-12)称为克劳修斯-莫索堤方程,由该式可以看出:单位体积中原子的数量越多,或者结构越紧密,或者偶极子电极化率越大,相对介电常数越大,因而折射率越大。在讨论电子位移极化时给出了电子的平均极化率 α_e。

$$\alpha_e = \frac{4}{3} \pi \varepsilon_0 R^3$$

由于介质的折射率随着组成固体原子的电子极化率的增大而增大,因此材料的折射率随着原子半径的增大而增大。由此可以推断:大离子可以构成高折射率材料,如 PbS,其 n = 3.912;而小离子可以构成低折射率材料,如 $SiCl_4$,其 n = 1.412。

(2)材料的结构、晶型

如果晶体中不同方向的原子堆积程度不同,则不同方向的折射率也不同,晶体中沿密堆积方向具有最高的折射率。光通过非晶态材料和立方晶体(这些材料各向同性)时,光速不会因传播方向改变而变化,材料只有一个折射率。光通过立方晶体外的其他晶体材料(这些材料各向异性)时,一般都要分为振动方向相互垂直、传播速度不等的 2 个光波,构成两条折射光线,这种现象称为双折射。双折射使晶体有 2 个折射率:平行于入射面的光线(称为寻常光)的折射率不随入射角的变化而变化,始终为一常数,服从折射定律,称为寻常光折射率 n_0。与寻常光垂直的光线(称为非常光)的折射率随入射线方向的改变而变化,不服从折射定律,称为非常光折射率 n_e。不发生双折射的特殊方向称为"光轴",光沿光轴方向入射时,只有 n_0 存在;垂直于光轴方向入射时,n_e 达到最大值。

(3)材料存在的内应力

垂直于受拉主应力方向的 n 大,平行于受拉主应力方向的 n 小,这是因为垂直于受拉主应力方向相当于材料结构变得致密,平行于受拉主应力方向相当于材料结构变得疏松。对于压应力,具有相反的效果。

(4)同质异构体

一般情况下,同质异构材料的高温晶型原子的密堆积程度低,因此高温晶型的折射率较低,低温晶型原子的密堆积程度高,因此其折射率较高。例如,常温下的石英晶体,n = 1.55;高温时的鳞石英,n = 1.47;方石英,n = 1.49。可见常温下的石英晶体 n 值最大。

4.2.3.3 色散

人们早已熟知色散现象,如雨后的彩虹就是太阳光通过空气中的小水滴时发生的色散现象,太阳光通过三棱镜后分成红、绿、蓝单色光也是色散现象。本质上,材料的折射率随着入射光的频率的减小(或波长的增大)而减小的性质称为色散。其数值可表示为

$$色散 = dn/d\lambda \tag{4-13}$$

图 4-4 为一些材料的色散曲线。色散值可直接由色散曲线 n-λ 作切线斜率而得。由图 4-4 可以看出:对于同一材料,入射光的波长越短,则色散值越大;对于不同材料,同一波

长时,折射率越大者色散值越大。

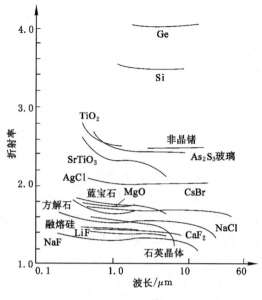

图 4-4　一些材料的色散曲线

色散也可以用两个不同波长的折射率的差 $\delta_n = n_F - n_c$ 来表示。选择红光 C 线(波长为 656.3 nm)和蓝光 F 线(波长为 486.1 nm)来表征,因为它们几乎涵盖了所有的可见光部分。

另一种表示色散的通用方法是利用阿贝数 ν_d,也称为色散系数。

$$\nu_d = \frac{n_d - 1}{n_F - n_C} \tag{4-14}$$

式中,n_d 为以氢光谱中的 d 线($\lambda_d = 587.6$ nm,黄色)为光源测得的折射率;n_F 为以氢光谱中的 F 线($\lambda_F = 486.1$ nm,蓝色)为光源测得的折射率;n_C 为以氢光谱中的 C 线($\lambda_C = 656.3$ nm,红色)为光源测得的折射率。

阿贝数越大表示色散越弱,阿贝数越小则色散越强。一般眼镜片材料的阿贝数在 30~60 之间。光的色散产生的原因是光波的频率不同导致介质极化强度不同,而极化强度不同导致折射率不同。

由于光学玻璃或多或少具有色散现象,所以使用这种材料制成的单片透镜,成像不够清晰,自然光透过后在像的周围环绕一圈色带。用不同牌号的光学玻璃,分别磨成凸透镜和凹透镜组成复合镜头,可以消除色差,这称为消色差镜头。

4.2.4　光的反射

光从一种介质进入另一种介质时,一部分光被反射,光的反射遵循反射定律。可以推导得出:当一束光从介质 1 垂直入射到介质 2 时,反射系数 R 为

$$R = \left(\frac{n_{21} - 1}{n_{21} + 1}\right)^2$$

$$n_{21} = \frac{n_2}{n_1} \tag{4-15}$$

如果介质 1 为空气,可认为 $n_1 = 1$,则 $n_{21} = n_2$;如果 n_1 和 n_2 相差很大,界面反射损失

严重；如果 $n_1 = n_2$，则 $R = 0$，在垂直入射情况下，几乎没有反射损失。玻璃在可见光区的折射率大约为 1.5，可见光从空气进入玻璃的反射系数大约为 0.04。

陶瓷、玻璃等材料的折射率较空气的大，反射损失比较严重。如果透镜系统是由许多块玻璃组成的，则反射损失更大。为了减小反射损失，可以采用折射率和玻璃相近的胶将它们粘起来，这样，除了最外和最内的表面是玻璃和空气的相对折射率外，内部各界面都是玻璃和胶的较小的相对折射率，从而大幅度减小了界面的反射损失。

对于同一种金属来说，入射光频率不同，反射系数也不同。图 4-5 为垂直入射时几种金属的反射系数随波长的变化曲线。由图 4-5 可以看出：金属对于可见光的反射率较大，如银对大多数可见光的反射系数接近 1，而金属对波长较短的紫外光、X 射线、γ 射线的反射系数很小，这是金属的电导率和介电常数取决于入射光频率所引起的。在入射光交变电场作用下，金属中的自由电子产生等离子振荡，振荡电流具有趋肤效应，会使大量自由电子集中在金属表面。大量自由电子振荡的固有频率称为等离子振荡频率。金属的等离子振荡频率位于可见光或近红外光频率范围内。频率较低的无线电波、红外光、可见光波，电场频率与金属的等离子振荡频率相同或接近，会引起大量自由电子共振，从而发射出大量与入射光频率相等的次级电磁波，使金属的介电常数很大，折射率很大，致使反射系数很大。对于波长较短的紫外光、X 射线、γ 射线，它们的频率远大于等离子振荡频率，自由电子的振荡跟不上外加电场的变化，不能形成振荡电流，只能以电子极化的形式对电场做出反应，因此电导率几乎为 0，介电常数也比较小，折射率就比较小，从而使反射系数很小。例如，银对于红光和红外光的反射率在 0.9 以上，而在紫外区，反射率很低，在 $\lambda = 316$ nm 附近，反射率降至 0.04，相当于玻璃（电介质）的反射。电介质材料一般对可见光的反射系数很小，原因是电介质在交变电场作用下的极化包含离子极化、电子极化等，离子的固有振动频率位于远红外光的频率范围内，而且离子的质量比电子大，可见光的频率能使离子产生共振作用很小，因此介电常数小，折射率小，反射系数就小。

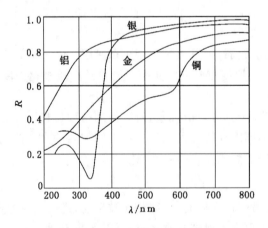

图 4-5　几种金属的反射系数随波长的变化

不同的金属显示出不同的颜色，如铝显示银白色，铜显示紫红色，金显示黄色。这是由于不同的金属对光的选择性反射引起的，而选择性反射与金属的等离子振荡频率有关系，不同金属的等离子振荡频率不同，取决于电子的能带结构。如铝的等离子振荡频率位于可见光波段的中间,因此所有的可见光都可以引起铝中自由电子比较强烈的等离子振荡,使得铝对各种波长的可见光的反射率都比较大,因而铝显示银白色。铜的等离子振荡频率处于红外光范围内,所以可见光中只有红光能引起比较强烈的等离子振荡,其他可见光频率远大于等离子振荡频率,引起的共振作用小,因而铜只对红光的反射系数大,而对其他可见光反射系数很小,所以铜显示红色。

4.2.5　光的吸收

光的吸收是指光在介质中传播时一部分光能量被吸收而转化成为介质的内能,使光的强度随传播距离增大而衰减的现象。

4.2.5.1　朗伯特定律

设一束强度为 I_0 的单色平行光束沿 x 轴方向照射均匀介质并在其中传播,如图 4-6 所示,经过厚度为 dx 的薄层后,光强从 I 减小到 $I+dI$(此处 $dI<0$)。朗伯特经过大量实验后总结指出入射光强减小量 dI/I 正比于吸收层的厚度 dx,即

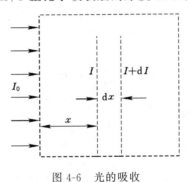

图 4-6　光的吸收

$$dI = -\alpha I dx \tag{4-16}$$

式中,负号表示光强随着介质厚度的增大而减小;α 为介质对光的吸收系数,即光通过单位距离时能量损失的比例系数,其单位为 cm^{-1},其取决于介质的性质和光的波长。

对式(4-16)积分并代入边界条件:当 $x=0$ 时,$I=I_0$,可得到介质内 x 处的光强为

$$I = I_0 e^{-\alpha x} \tag{4-17}$$

式(4-17)称为朗伯特定律。朗伯特定律表明:在介质中光强随着传播距离增大呈指数衰减。吸收系数 α 越大,介质越厚,光就被吸收得越多,因此透过介质的光强度就越小。

不同材料的吸收系数差别很大,例如,对于可见光波段,空气的 $\alpha \approx 10^{-5}\ cm^{-1}$,玻璃的 $\alpha \approx 10^{-2}\ cm^{-1}$,金属的 α 在 $10^4\ cm^{-1}$ 以上。

4.2.5.2　光的吸收机理

光的吸收是指材料中的原子、分子、电子等微观粒子与光相互作用过程中的能量交换过程。光在介质中传播时,当入射光子的能量等于介质中某两个能态的能量差值时,介质中的价电子会吸收光子能量而被激发,当尚未退激时,在运动过程中与其他原子或分子碰撞,电子的能量转变为原子或分子的动能,即热能。另外,光子能量也可能因为转化为原子振动能量而被吸收。这些都是光吸收的原因。

4.2.5.3　光的吸收与波长的关系

研究发现:介质的吸收性能与波长有关。除真空外,没有任何一种介质对任何波长的电

磁波均完全透明,只能是对某些波长范围内的光透明,对另一些波长范围内的光不透明,因此吸收是物质的普遍属性。图 4-7 为材料的吸收系数与电磁波长的关系曲线。由图 4-7 可以看出:金属对无线电波、红外光、可见光的吸收系数都是很大的,而对紫外光、X 射线、γ 射线的吸收系数很小。这是因为对于无线电波、红外光、可见光,集中在金属表面的大量自由电子在电磁波的交变电场作用下做受迫振动,在运动过程中将电磁波能量转化为热能,使电磁波衰减很快,所以,金属对所有的低频电磁波都是不透明的。从能带理论来看,是金属电子能带结构的特殊性引起的。金属的费米能级以上存在许多空能级,电子容易吸收入射光子的能量而被激发到费米能级以上的空能级上,所以各种不同频率的低频电磁波,即具有各种不同能量的光子都能被金属吸收。而紫外光、X 射线、γ 射线的频率高于等离子振荡频率,自由电子的振荡跟不上外加电场的变化,不能吸收电磁波的能量,因而金属对于紫外光、X 射线、γ 射线是透明的。

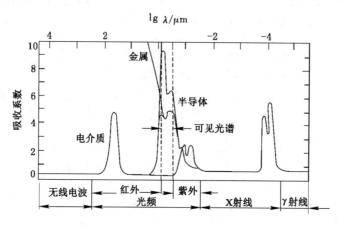

图 4-7　材料的吸收系数与电磁波长的关系曲线

半导体材料对低频和高频电磁波的吸收系数都很小,只有对可见光的吸收系数很大,这是因为半导体的满价带和空导带之间存在宽度比较小的禁带。对于低频电磁波,光子能量不能激发价带电子到达导带,因而吸收系数很小。可见光的光子能量和半导体的禁带宽度差不多,正好可以激发价带电子到达导带,因而半导体对可见光的吸收系数很大。半导体不能吸收高频电磁波的机理与金属不能吸收高频电磁波的机理是相同的。

电介质材料对电磁波的吸收有 3 个吸收峰:第一个吸收峰在红外区,是由红外频率的光波导致材料中的离子或分子的共振引起的,因为离子或分子振动的固有频率位于红外区。第二个吸收峰在紫外区,是紫外线引起原子中的电子共振引起的,从能带理论来看,就是紫外光频率的光子能量与禁带宽度差不多,可以使电子从满价带激发到空导带或其他能级上。第三个吸收峰位于频率很高的 X 射线区,是由 X 射线激发原子内层电子跃迁到导带而引起的。

对于半导体或电介质材料,在可见光区和紫外光区,吸收光的机理一般都是电子吸收光子能量越过禁带到达导带。因此,只有当光子能量 $h\nu$ 大于禁带宽度 E_g 时,即

$$h\nu > E_g \tag{4-18}$$

或

$$\frac{hc}{\lambda} > E_g \tag{4-19}$$

材料才能以这种机制吸收光子。可见光的最大波长约为 700 nm，因此吸收光子后电子能越过的最小禁带宽度为

$$E_{min} = \frac{hc}{\lambda_{max}} = \frac{hc}{700 \text{ nm}} = 1.8 \text{ eV}$$

可见光的最小波长约为 400 nm，因此吸收光子后电子能越过的最大禁带宽度为

$$E_{max} = \frac{hc}{\lambda_{min}} = \frac{hc}{0.4 \text{ } \mu m} = 3.1 \text{ eV}$$

因此禁带宽度大于 3.1 eV 的材料，不吸收所有可见光，如果其纯度很高，将是无色透明的。禁带宽度小于 1.8 eV 的材料，所有可见光都可以被吸收，将是不透明的。禁带宽度介于 1.8~3.1 eV 的材料，只有部分可见光被吸收，是带色透明的。

4.2.5.4 选择吸收和均匀吸收

选择吸收是指同一种物质对某一种波长的光吸收系数非常大，而对另一种波长的光的吸收系数非常小的现象。如在 3.5~5.0 μm 红外线区，石英表现为强烈吸收，且吸收系数随波长改变而剧烈变化，如图 4-8 所示。透明材料的选择吸收使其呈现不同的颜色。均匀吸收是指介质在可见光范围内对各种波长的光吸收程度相同。在此情况下，随着吸收程度的增加，颜色从灰色变到黑色。电子吸收光子能量受到激发跃迁到高能级，当从激发态回到低能级时会重新辐射出光子，但是其波长不一定与入射光的波长相等。透射波是未被吸收光波和重新辐射的光波的混合波。透明材料的颜色是由混合波的颜色决定的。红宝石是三氧化二铝单晶中加入少量三氧化二铬，因此在三氧化二铝中引进了 Cr^{3+} 杂质能级，选择性吸收

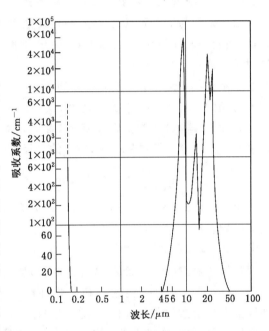

图 4-8 石英的吸收光谱

波长约 0.4 μm 的蓝紫色光和波长约 0.6 μm 的黄绿色光，因此非吸收光和重新辐射的光决定了其呈现红色。

4.2.6 光的散射

光的散射是指光通过不均匀的介质时从侧向可以观察到光的现象。

4.2.6.1 散射的一般规律

由于散射，光在前进方向上的强度减弱。对于相分布均匀的材料，其减弱的规律与吸收规律具有相同的形式。

$$I = I_0 e^{-Sx} \tag{4-20}$$

式中，I_0 为入射光的强度；I 为光透过厚度为 x 的材料后由于散射引起的剩余强度；S 为散射系数，cm^{-1}。

如果将吸收定律与散射定律的式子统一起来，可以得到

$$I = I_0 e^{-(\alpha+S)x} \tag{4-21}$$

式(4-21)称为布格尔(Bouguer)定律。

4.2.6.2 散射的机理

散射光的产生原因可以用经典电磁波的次级电磁波叠加观点解释。当光在介质中传播时,将激发介质中的电子、原子作受迫振动,从而激发出次级电磁波。如果介质是非常均匀的,这些次级电磁波与入射光频率相同,具有位相关系,属于相干波,次级电磁波相互干涉的结果是在光波传播方向上加强,在其他方向上由于干涉而互相抵消,因而不产生散射。但是,如果介质是不均匀的,介质内有杂质颗粒、晶界、气孔等,这时入射光所激发的次级电磁波的振幅是不完全相同的,波程差较大,位相差不恒定,次级电磁波不能产生干涉而相互抵消,因此形成光的散射。散射使光在前进方向上的强度减弱。

4.2.6.3 散射系数与散射中心尺寸的关系

散射系数与散射质点的大小、数量及散射质点与基体的相对折射率等因素有关。一般来说,当光的波长约等于质点的直径时出现散射峰值。散射质点与基体的相对折射率越大,散射越严重。

图 4-9 为质点尺寸对散射系数的影响。所用入射光为 Na_D 谱线,介质为玻璃,其中含有 1% 的 TiO_2(体积)作为散射质点,二者的相对折射率 $n_{21}=1.8$。散射最强时,质点的直径为

$$d_{max} = \frac{4.1\lambda}{2\pi(n-1)} = 0.48 \ \mu m$$

由上式可知:光的波长不同时,使散射系数最大的质点尺寸也不同。

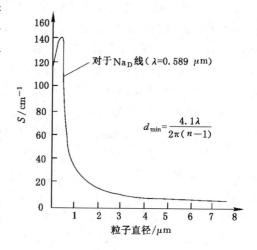

图 4-9　质点尺寸对散射系数的影响

4.2.6.4 弹性散射

根据散射前后光子能量(或光波波长)变化与否,散射可以分为弹性散射和非弹性散射。弹性散射是指散射前后光的波长不变的散射。与弹性散射相比,通常非弹性散射低几个数量级,常被忽略。弹性散射过程可以看作光子和散射中心的弹性碰撞,只是把光子碰撞到别的方向上去,光子的能量并没有改变。散射光强 I_s 与入射光波长 λ 的关系式为

$$I_s \propto \frac{1}{\lambda^\sigma} \tag{4-22}$$

式中,σ 为与散射中心尺寸 d_0 有关的参量。

按照散射中心尺寸 d_0 与光的波长 λ 的比较,弹性散射又可以分为廷德尔散射、米氏散射、瑞利散射。

(1) 廷德尔(Tyndall)散射

当散射中心的尺寸 d_0 远大于光波的波长 λ 时,$\sigma \to 0$,即散射光强与入射光波长没有关系。例如,粉笔灰颗粒的尺寸远大于所有可见光的波长,所以粉笔灰对白光中所有单色光都具有相同的散射能力,因此显示为白色。白云是由比较大的水滴组成的,水滴的尺寸远大于

所有可见光的波长,所以散射光也呈白色。

（2）米氏（Mie）散射

当散射中心的尺寸 d_0 约等于光波的波长 λ 时,σ 在 $0\sim4$ 之间,此时的散射光性质比较复杂。

（3）瑞利（Rayleid）散射

当散射中心的尺寸 d_0 远小于光波的波长 λ 时,$\sigma=4$,此时散射光光强度与波长的 4 次方成反比,即

$$I_s \propto \frac{1}{\lambda^4} \tag{4-23}$$

根据瑞利散射规律,微小颗粒（$d_0 \ll \lambda$）对长波的散射不如短波强烈,因此,当入射光为白光时,波长较短的紫光和蓝光的散射比波长较长的红光和黄光强烈。例如,天空的蔚蓝色是太阳光中的紫光和蓝光受到大气层的强烈散射造成的。如果没有大气层的散射,白天的天空也将是漆黑的,只有直接仰望太阳才能看到光。当太阳升起和落下时,太阳在天空中处于很低的位置,太阳光要穿过很厚的大气层,蓝光和紫光被散射掉了,所以看到的太阳是透过大气层的红色。

4.2.7　光的透射

光通过介质后,由于反射、吸收、散射,使光的能量衰减,如图 4-10 所示,可以推导得出:透射光的光强 I 与入射光强 I_0、反射系数 R、吸收系数 α、散射系数 S、介质厚度 x 的关系式为

$$I = I_0(1-R)^2 e^{-(\alpha+S)x} \tag{4-24}$$

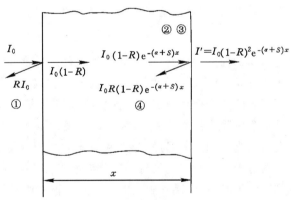

图 4-10　光透过介质时的反射、散射与吸收损失

由式（4-24）可以看出影响介质透光性的因素主要有以下 3 个:

（1）吸收系数 α

对于陶瓷、玻璃等电介质材料,在可见光部分吸收系数较低,吸收损失较小。

（2）反射系数 R

材料和环境的相对折射率越大,反射损失越大。金属的反射系数很高（接近 1）,玻璃的反射系数很小。

（3）散射系数 S

散射系数 S 是影响陶瓷等电介质透光性的主要因素。如果材料中存在宏观缺陷和微

观缺陷,由于不均匀界面存在相对折射率,使散射系数增大。材料中的气孔、孔洞构成了第二相,与基体晶粒存在相对折射率,由此也会引起反射损失和散射损失。

4.3 材料的发光

材料的发光是指由于某种因素导致的材料向外发射光的现象,实质是材料以某种方式吸收能量之后将其转变为光能,即发射光子的过程。发光是人类研究最早也是应用最广泛的物理效应之一。发光材料可以作为光源,也可以作为显示、显像、探测辐射场等其他技术手段的基础。

按照发光是否与温度有关,发光可以分为热发光和冷发光。热发光是指由于可燃物质燃烧或物体温度升高达到红热、白热状态时的发光。热发光在能量转化中的热耗大,发光效率比较低。冷发光是指物质不是由于温度升高而发光。冷发光由于热耗小,发光效率较高。

4.3.1 热辐射发光

电灯、火焰、太阳等热辐射体的发光是由于物质在受到热能作用时原子中的电子吸收外来能量从低能级跃迁到高能级(即原子被激发)后从高能级自发地向低能级跃迁过程中放出能量的过程。电子从低能级向高能级跃迁的过程实际上是一个"受激吸收"过程。电子处在高能级的寿命很短($10^{-8} \sim 10^{-9}$ s),在没有外界作用下,处于高能级的电子会自发地向低能级跃迁,这种跃迁过程所发出的辐射称为自发辐射。热辐射的最短波长和强度取决于温度。材料的颜色是随温度改变的,例如,烧红了的铁、白炽灯中的灯丝等,在 700 ℃ 以下,材料呈淡红色,1 500 ℃ 以下材料呈橘黄色,非常高的温度下材料呈白热状态。

4.3.2 冷发光

冷发光不需要提高物体的温度,是物体在某种外界条件的刺激下由激发态到基态的跃迁所产生的辐射。物体要发光,首先就得使电子处于高能态。以某种方式将能量传递给物体使电子跃迁到一定高能态的过程称为激发。按激发除去以后发光的时间,冷发光可以分为荧光和磷光。荧光是指激发除去后在大约 10^{-8} s 以内发出的光。磷光是指激发除去之后的一段时间内持续发出的光。图 4-11 为发荧光和磷光的原理示意图。发荧光是被激发的电子跳回价带的同时发射光子。发磷光的材料往往含有杂质并在能隙中建立施主能级,当激发的电子从导带跳回价带时,首先跳到施主能级上并停留一段时间,然后再跳回价带并发射光子,因此延迟了光子发射时间。

实际上,荧光和磷光的区分并不严格。冷发光材料可称为荧光材料或磷光材料。磷光材料一般是在基体材料中有选择性地掺入微量杂质。其中基体材料简称基质,微量杂质称为激活剂。有时激活剂本身就是发光中心,有时激活剂与周围离子或晶格缺陷组成发光中心。发光中心吸收外界能量后从基态激发到激发态,当从激发态回到基态时就以发光形式释放出能量。发光材料的化学表达式为 MR:A,其中 MR 为发光材料的基质,A 为激活剂。例如,ZnS:Cu,读作铜激活的硫化锌。基体通常是金属硫化物,如 CaS、SrS、BaS、ZnS、CdS 等。激活剂主要是金属,由基质选定。例如 ZnS 和 CdS,最好的激活物质是 Ag、Cu、Mn。

冷发光的方式主要有光致发光、阴极射线发光、电致发光等。

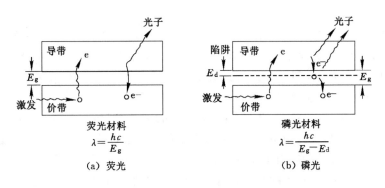

图 4-11 发荧光和磷光的原理示意图

（1）光致发光

光致发光是指通过光的辐照将材料中的电子激发到高能态而发光。光激励可以采用光频波段，也可以采用 X 射线和 γ 射线波段。日常照明用的荧光灯是通过紫外线激发涂布于灯管内壁的荧光粉而发光的。荧光灯由一个内壁涂有磷光体的玻璃管内充有汞蒸气和氩气构成。通电后，汞原子受到灯丝发出电子的轰击，被激发到较高能态。当它返回到基态时便发出波长为 254 nm 和 185 nm 的紫外光，涂在灯管内壁的磷光体受到这种光辐照，就随之发出白光。在荧光灯中广泛应用的磷光体材料是掺杂了 Sb^{3+} 和 Eu^{2+} 的磷灰石。基质 $Ca_5(PO4)_3F$ 中掺入 Sb^{3+} 发蓝色光，掺入 Mn^{2+} 后发橘黄色光，二者都掺入则发出近似白色光。用氯离子部分取代氟磷灰石中氟离子，可以改变发射光谱的波长分布，这是由于基质变化改变了激活剂离子的能级，也就改变了其发射光谱波长。以这种方式小心控制组成比例，可以获得较佳的荧光颜色。蓄光型发光材料也是光致发光材料中重要的一种。例如道路交通标示应用的就是长余辉荧光粉，俗称夜光粉、磷光粉，在去掉激发源（日光、灯光）后还能够长时间发光（几小时到十几小时）。

（2）阴极射线发光

阴极射线发光是指发光物质在电子束激发下所产生的发光。例如前些年的电视显像屏、示波器显示屏、雷达显示屏等都应用了阴极射线发光。通常一个阴极射线发光装置，都具有一个阳极和一个能发射电子的阴极，它们封装在一个抽成高真空的容器中。阴极上加有几千伏或上万伏的高压，阳极上涂有荧光材料（称为荧光屏）。阴极发射的电子撞击到荧光材料上时，能量可达几千电子伏特以上。而光致发光中紫外线的光子能量只有 3～6 eV，一个激发光子被发光物质吸收后，通常只能辐射一个光子。但是，阴极射线发光时，高速电子本身可以激发发光物质发光，高速电子也可能从物质中打出二次电子，这个二次电子能量也很高，可以激发发光物质发光，二次电子又可以产生下一个二次电子，最终大量的二次电子激发发光物质发光。这种发光区域只局限于电子所轰击的区域附近，而且由于高速电子的能量在几千电子伏特以上，除发光以外，还可以产生 X 射线。

在阴极射线发光材料中，发展极快、具有前途的一类材料是稀土型发光材料。稀土型发光材料既能承担激活剂的作用，也能作为发光材料的基质，而且具有极短余晖、颜色饱和度高和性能稳定的特点，能够在高密度电子流激发下使用，因此在彩色电视显像管中得到了广泛应用。

（3）电致发光

电致发光是指通过电场或电流产生的发光。例如发光二极管（LED）的发光就是半导体的电致发光。发光二极管是由 GaAs（砷化镓）、GaP（磷化镓）、GaAsP（磷砷化镓）等半导体材料制成的，施加正向电压时，通过 pn 结分别把 n 区电子注入 p 区，p 区空穴注入 n 区，电子和空穴复合发光，将电能直接转换成光能。

发光二极管照明具有高效节能、环保、寿命长、体积小、易维护等特点。以发光二极管为主的半导体照明被誉为人类照明史上继白炽灯、荧光灯之后的又一次革命。发光二极管也可做成指示器和数字显示器，用于计算机、广告、家用电器、车辆、交通信号等仪器仪表的显示中。北京奥运会开幕式开场的画轴打开在一个巨大的 LED 屏幕上。该 LED 屏幕长 147 m，宽 22 m，总面积 3 234 m²，上面铺了 44 000 颗 LED。LED 地面完全经得住演员踩踏、水浸等考验。LED 大屏幕分辨率高达 7 052×1 056，是普通电脑的 5 倍，制造的光影效果和表演密切结合，将观众引入梦幻世界。光立方是国庆 60 周年联欢晚会的一个表演区。以天安门广场国旗旗杆为中心，四周有 4 028 棵 LED"发光树"，每一棵发光树的 LED 管通过电脑操作可变换 7 种颜色，高度也可以变换，且左右摇摆，4 028 名表演者站在"树"下，用手持道具配合"发光树"按照指令进行表演。

红色、黄色发光二极管很早就发明了，但是蓝色发光二极管的发明经历了很多波折，赤崎勇、天野浩、中村修二因为发明蓝色发光二极管（LED）获得了 2014 年诺贝尔物理学奖。1987 年，美籍华裔教授邓青云和范斯莱克（Van Slyke）采用了超薄膜技术，用透明导电膜作电极，制成了双层有机电致发光器件。1990 年，伯勒斯（Burroughes）等发现了以共轭高分子 PPV 为发光层的 OLED（也称为 PLED），从此在全世界范围内掀起了研究 OLED 的热潮。邓青云也因此被称为"OLED 之父"。2011 年，邓青云与两位同行共同获得了沃尔夫化学奖，这是在化学领域仅次于诺贝尔奖的国际大奖。OLED 具有结构简单、超轻薄（厚度小于 1 mm）、低功耗及可实现柔性显示等特点，OLED 显示器被誉为"梦幻显示器"。OLED 显示技术与传统的 LCD 显示方式不同，无需背光灯，采用非常薄的有机材料（染料及颜料小分子，共轭高分子）涂层发光。OLED 具有可折叠、视角范围大（超过 170°）等优点，给人类生活提供极大的便利。

热辐射发光、光致发光、阴极射线发光、电致发光等都属于自发辐射发光，其特点为：由于原子的自发辐射是一种随机过程，各发光原子的发光过程彼此独立，互不关联，所以各原子发出的光无规则地射向四面八方，且位相、偏振状态也各不相同。由于激发能级有大的宽度，因此发射光的频率不会是单一的，而是有一定的频率范围。

4.3.3 激光

4.3.3.1 激光特点

激光是指在外来光子的激发下诱发电子能态的转变，从而发射出与外来光子的频率、相位、传输方向以及偏振态均相同的相干光波。激光技术是 20 世纪 60 年代之后发展起来的一种技术，带动了傅立叶光学、全息术、光学信息处理、光纤通信、非线性光学和激光光谱学等学科的发展，形成了现代光学。激光具有方向性好、单色性好、相干性好、能量集中、亮度高等特点，应用非常广泛。如在工业中应用激光打孔、切割和焊接，医学中应用激光进行视网膜凝结和外科手术，测绘时应用激光可以进行地球到月球之间距离的测量和卫星大地测量，在军事领域应用激光可以制成摧毁敌机和导弹的激光武器等。1917 年爱因斯坦在研究

"黑体辐射能量分布"这一当时物理学难题时曾提出,光与物质的相互作用除了光吸收和光发射还有第三个基本过程——受激辐射。为了与受激辐射相区别,前面所涉及的光发射应称为自发辐射。

4.3.3.2　光的发射和吸收的三种过程

处于较低能级的粒子在受到外界激发吸收能量时跃迁到与此能量相适应的较高能级上去,这个过程称为受激吸收。处在高能级上的粒子,如存在可以接纳它的较低能级,即使没有外界的作用,也有一定的概率自发地从高能级 E_2 向低能级 E_1 跃迁。同时辐射出能量为 $E_2 - E_1$ 的光子,这个过程称为自发辐射。除自发辐射以外,当频率为 $\nu = (E_2 - E_1)/h$ 的光子入射时,粒子也会以一定的概率迅速地从高能级 E_2 跃迁到低能级 E_1,同时辐射一个与外来光子频率、相位、偏振态以及传播方向等都相同的光子,这个过程称为受激辐射。

在受激辐射过程中入射一个光子,就会出射两个完全相同的光子,这意味着原来光信号被放大,这种在受激过程中产生并被放大的光,就是激光。

描写光的辐射有三种基本理论,即辐射的经典理论、半经典理论和量子理论,有其各自适用范围。经典的辐射理论引用偶极振子的概念,认为原子的电子和离子之间存在弹性力。离子质量比电子质量大得多,可以近似认为离子是不动的,电子在弹性力的作用下绕其平衡位置振动,实际就是振荡的偶极子,即辐射电磁波。自发辐射可以用偶极振子的阻尼振动过程解释,受激辐射和受激吸收可以用偶极振子的受迫振动解释。

4.3.3.3　激光产生的条件

受激辐射的概念由爱因斯坦 1917 年就提出来了,激光器却在 1960 年问世,中间相隔了43 年,主要原因是普通光源中的粒子产生受激辐射的概率极小。

一个诱发光子不但能引起受激辐射,而且能引起受激吸收,所以只有当处于高能级的原子数量比处于低能级的还多时,受激辐射跃迁才能超过受激吸收,从而占优势。所以为了使光源发射激光而不是发出普通光的关键是发光原子处于高能级的数量比低能级上的多,这称为粒子数反转。但是在热平衡条件下,原子几乎都处于最低能级(基态)。因此,如何从技术上实现粒子数反转是产生激光的必要条件。

要实现粒子数反转,必须具备一定条件:一是具备必要的能源(如光源、电源等),将低能级上原子尽可能多激发到高能级上去,这个过程称为"激励""激发"或者"抽运""泵浦"。二是必须选取能实现粒子数反转的工作物质,这种物质要具有合适的能级结构,即具有亚稳态,这种物质称为激活介质。如红宝石中的铬离子等可以作为激活介质。激光器主要有三能级系统和四能级系统。

图 4-12 为三能级系统示意图。在外界激励下,处于基态 E_1 的粒子大量跃迁到激发态 E_3 上,在 E_3 能级上的平均寿命很短,约为 5×10^{-8} s,很快转移到 E_2 能级上,在 E_2 能级上的寿命较长(10^{-3} s),因此在能量等于 $E_2 - E_1$ 的光子的激发下,可以辐射出 2 个光子。

图 4-13 为四能级系统示意图。在外界激励下,基态 E_1 的粒子大量跃迁到 E_4,然后迅速转移到 E_3。E_3 能级为亚稳态,寿命较长。E_2 能级寿命较短,到达 E_2 上的粒子会很快回到基态 E_1。在 E_3 和 E_2 之间可能实现粒子数反转。E_3 下能级不是基态,而是激发态 E_2,在室温下 E_2 能级的粒子数很少,因而 E_3 和 E_2 之间的粒子数反转比三能级系统更容易实现。

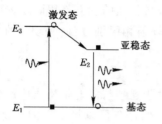

图 4-12　红宝石中铬离子三能级系统示意图

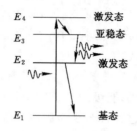

图 4-13　N_d^{3+}四能级系统示意图

4.3.3.4　激光器的组成

常用激光器由激光工作物质、泵浦源、光学谐振腔三部分组成。

（1）激光工作物质

必须能在该物质中实现粒子数反转。激光工作物质可以是固体、半导体、气体、液体。现已有工作物质近千种，可以产生波长从紫外到远红外波段的激光。固体激光器工作物质一般是在基质中加入激活离子，提供亚稳态能级。

（2）泵浦源

为了使工作物质中实现粒子数反转，必须采用一定的方法激励原子体系，使处于高能级的粒子数增加。采用气体放电的方法激发物质原子，称为电激励，也可以用脉冲光源去照射工作物质，称为光激励，还有热激励、化学激励等。为了不断得到激光输出，就需要不断将处于低能级的原子抽运到高能级上去，激励源被形象地称为泵。

（3）光学谐振腔

在激光器两端面对面装上两块反射率很高的平面镜，一块平面镜对光几乎全反射，另一块平面镜则使光大部分反射，少部分透射出去，以使激光可透过这一块平面镜射出，如图 4-14 所示。

图 4-14　光学谐振腔示意图

光沿着工作物质轴线在反射镜间来回反射，每经过一次工作物质光就得到一次放大，被反射回到工作物质的光，继续诱发新的受激辐射，光在谐振腔内来回振荡，造成连锁反应，雪崩式地被放大。

4.3.3.5　激光器的分类

激光器按工作物质可以分为固体激光器、半导体激光器、气体激光器、液体激光器，按照输出方式可以分为连续输出激光器和脉冲输出激光器。

（1）固体激光器

固体激光器工作物质有红宝石、钕玻璃、钇铝石榴石（YAG）等，是在作为基质的材料的晶体或玻璃中均匀掺入少量离子，称为激活离子。产生激光发射作用的是掺入的离子。可作为激活离子的有过渡族金属离子（如铬离子 Cr^{3+}）、稀土金属离子（如钕离子 Nd^{3+}）、锕系离子等。

红宝石激光器中的红宝石是在蓝宝石(Al_2O_3 单晶)中加入 0.05％Cr^{3+} 离子后得到的产物。Cr^{3+} 离子使红宝石呈红色,更重要的是,提供了产生激光所必需的电子能态,属于三能级系统激光器。红宝石激光器由一支闪光灯、激光介质和两面镜子组成。激光介质是红宝石晶体,当中有微量的铬离子。开始时闪光灯发出的光射入激光介质,使激光介质中的铬离子受到激发,最外层的电子跃迁到受激态。有些电子会透过释放光子,回到较低的能级。而释放出的光子会被设于激光介质两端的镜子来回反射,诱发更多的电子受激辐射,使激光的强度增大。设在两端的其中一面镜子会将全部光子反射,另一面镜子则会把大部分光子反射,并让其余小部分光子穿过,而穿过镜子的光子就构成所见激光。

掺钕的钇铝石榴石激光器为四能级激光器,其基质晶体为 $Y_3Al_5O_{12}$(缩写为 YAG),激活离子为 Nd^{3+}。钇铝石榴石激光器效率高,具有良好的热稳定性能、热导率高、热膨胀系数小,适用于脉冲、连续、高重复率等多种器件。YAG 晶体各向同性,硬度大,化学性质稳定,易制成高稳定度要求的器件,是当前应用最广泛的主要固体工作物质。

嫦娥三号探测器所用的激光测距敏感器和激光三维成像敏感器就是固体激光器。

(2) 半导体激光器

半导体激光器常用工作物质有砷化镓(GaAs)、氮化镓 (GaN)、硫化镉(CdS)、磷化铟(InP)、硫化锌(ZnS)等半导体。半导体激光器体积小、质量小、寿命长、结构简单且坚固,特别适用于飞机、车辆、宇宙飞船。光驱、VCD、DVD 的激光头都是一个小型半导体激光发射器。

(3) 气体激光器

气体激光器工作物质是气体或金属蒸气。气体激光器的特点是激光输出波长范围较大。常用的氦-氖激光器,是通过气体放电使 Ne 原子产生粒子数反转,输出激光的波长为632.8 nm(红光)。气体激光器具有结构简单、造价低、操作方便、光束质量好以及能长时间较稳定连续工作的特点,是目前品种最多且应用最广泛的激光器。

(4) 液体激光器

液体激光器常用有机染料作为工作物质,大多数情况下是将有机染料溶于乙醇、丙酮、水等,也有以蒸汽状工作的。液体激光器的工作原理比较复杂,但输出的波长连续可调,且覆盖面宽。

4.4　无机材料的红外光学性能

4.4.1　红外技术的应用

所有温度在 0 K 以上的物体,只要不是处于炽热状态,辐射出的特征电磁波均主要位于红外波段,这个特征对于军事观察和测定肉眼看不见的物体具有重要意义。现在几乎各个领域都可以找到红外技术的应用,主要有四个方面:① 辐射测量,如非接触式测温、农业、渔业、地面勘察等;② 对辐射物搜索和跟踪,如导弹、火箭等;③ 制造红外成像器件,如夜视仪、红外显微镜等;④ 通信和遥控,如宇宙飞船之间进行视频和音频传输、测距、测速等,红外通信比无线电通信抗干扰性好,保密性好。

红外光学仪器主要由两部分组成:一部分是红外光学系统,用于接受外来红外辐射,透过、折射、吸收等均由光学系统完成。另一部分是红外探测器,用于将接收到的红外辐射转换成便于测量和观察的电能、热能等形式。

4.4.2 红外透过材料

红外光学材料通常是指红外透过材料,在短波的可见光部分有强吸收,而在很宽的红外光波段有很高的透过率。红外光学材料是红外光学系统中用来制造透镜、棱镜、滤光片、窗口、整流罩等不可缺少的物质。随着红外技术的迅速发展,目前已制造出上百种透过某一部分红外辐射的光学材料,但是真正符合一定的使用要求和具有一定的物理化学性能的红外材料并不多,大约有二三十种,可分为红外玻璃、晶体、陶瓷和金刚石、塑料四类。

（1）红外玻璃

玻璃的光学均匀性好,容易加工成型,价格低廉。其缺点是透过波长较短,使用温度低于 500 ℃。主要有卤化物玻璃、硅酸盐玻璃、重金属氧化物玻璃、硫化物玻璃等。

（2）晶体

与玻璃相比,晶体具有透过长波限较长（最大可达 60 μm）、折射率和色散范围较大、熔点高、热稳定性好等优点。其缺点是制备较慢、不容易长成大尺寸、价格高。硅和锗单晶体是常用的红外透过材料,它们的化学稳定性很好,都可以长成大尺寸单晶（硅直径 150 mm,锗直径可达 250 mm）。锗的缺点是较软,实用温度限为 150 ℃。硅的硬度高,但加工性能不好,且因为禁带较宽,受温度影响比锗小。它们都需镀增透膜。另一类晶体是离子晶体,如 CsI 和 MgF_2。MgF_2 在用于红外窗口或整流罩时往往采用热压多晶体,红外透过率超过90%,是比较好的中红外材料。

（3）陶瓷和金刚石

常用的红外陶瓷有热压氟化镁、硫化锌、氧化镁和烧结氧化铝、氧化锆等。Al_2O_3 透明陶瓷可以透近红外光和可见光,熔点高,价格便宜。金刚石是最理想的红外透过材料,透过带宽从 0.23 μm 到 200 μm 以上,热导率是铜的 5 倍,散射是多晶金刚石的主要问题。

（4）塑料

塑料具有价格便宜、耐化学腐蚀性好、比重小、易加工成型、在近红外和远红外有良好的透过率等优点。但是由于塑料是复杂的高分子聚合物,其分子振动和转动吸收带、晶格振动吸收带正好处于中红外区,因此中红外透过率很低。此外塑料软化温度低,强度不高。目前塑料只用于远红外光,主要在低温下作为窗口和保护膜用。

4.4.3 红外探测器材料

红外探测器材料主要有两类:一类是光子与材料相互作用无选择性,称为无选择红外探测器材料,包括热释电材料、光声材料等。另一类是相互作用过程出现选择性,利用选择性相互作用引起的物理性能变化测定环境红外光的变化,该类探测器称为选择性红外探测器。选择性红外探测器材料又可以分为外光电效应材料、内光电效应材料、光生伏特光电材料、光磁效应材料。

典型的红外探测器材料有 HgCdTe、$(SrBa)Nb_2O_6$、$LiTaO_3$ 等。

4.5 光导纤维

光导纤维,简称"光纤",是一种能利用光的全反射来传导光线的透明度极高的玻璃或塑料纤维。在很多物理性能方面,光子优于电子,用电子可以实现的物理过程一般可以用光子实现。同电话线类似,光纤是用来传输信息的。光纤的优点有传输损耗低、频带宽、尺寸小、弯曲半径小、质量小,缺点是比电子难于控制,技术要求比较高。

4.5.1　概述

　　光通信是人类最早应用的通信方式之一。从烽火传递信号,到信号灯、旗语等通信方式,都是光通信的范畴。但由于受到视距、大气衰减、地形阻挡等诸多因素的限制,光通信的发展缓慢。20 世纪 60 年代发现激光,这是人们期待已久的信号载体。1966 年高锟博士在其发表的著名论文《光频介质纤维表面波导》中首次明确提出:通过改进制备工艺,减少原材料杂质,可使石英光纤的损耗大幅度下降,并有可能拉制出损耗低于 20 dB/km 的光纤,从而使光纤可用于通信中。高锟因此获得 2009 年诺贝尔物理学奖。1970 年康宁玻璃公司(Corning Glass Co)率先研制成功损耗为 20 dB/km 的石英光纤,使光通信成为现实。光纤电话与普通电话很相似,其基本原理和差别如图 4-15 所示。在调制器和解调器之间,由光发射器、光纤和光接收器组成的“光传输通路”取代了原来的电话线。光发射器将要送出的电信号变换成光信号,并将光信号送入光纤,光接收器将光纤传来的微弱的光信号变换成电信号,并经放大后还原成原来的电信号。经过 30 年的发展,光纤的损耗已经降至 0.2 dB/km(单模光纤)。通常光纤的一端的发射装置使用发光二极管(LED)或一束激光将光脉冲传送至光纤,光纤的另一端的接收装置使用光敏元件检测脉冲。包含光纤的线缆称为光缆。在日常生活中,由于光在光导纤维中的传导损耗比电在电线中传导的损耗低得多,因此光纤被用作长距离的信息传递。随着光纤的价格日渐降低,光纤也被用于医疗和娱乐中。医学中光纤用于内视镜,在娱乐方面常用于音响的讯号线。光纤在国防军事、工业、照明等领域中的应用也越来越广泛。光纤通信既可以是模拟传输,也可以是数字传输。光纤通信系统主要用于数字传输。

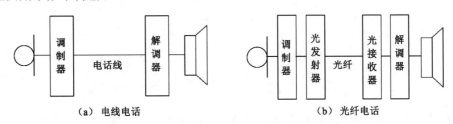

图 4-15　光纤电话与电线电话原理示意图

　　光纤可以分为普通光纤和特种光纤。普通光纤是指为通信设计的光纤,作为通信信号的载体介质。特种光纤是指用于传感的或其他材料集成为智能复合材料的光纤。目前用于通信中的光纤主要是玻璃纤维,其外径约为 250 μm,中心通光部分直径为 10~60 μm。

4.5.2　通信光纤的构成和分类

　　通信光纤一般由芯部、包覆层(包层)、保护层构成,如图 4-16 所示。芯部材料是非晶 SiO_2、P_2O_5 等。包覆层一般由高硅玻璃组成。保护层基本由尼龙增强材料制成。按光在光纤中的传播模式来分类,光纤可分为单模光纤和多模光纤。单模光纤是指只传输一个模式的光波导(只能传输一条光线)的光纤,其内芯很小,为 $8\sim10~\mu m$。这种光纤适用于大容量、长距离的光纤通信,是未来光纤通信和光波技术发展的必然趋势。多模光纤是指可以传输多种模式的光波导(能传输多条光线)的光纤。

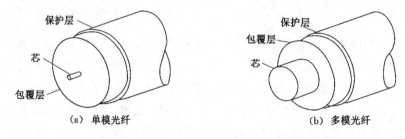

图 4-16　通信光纤的构成

按折射率变化来分类,光纤可以分为突变(阶跃)光纤和渐变(梯度)光纤。突变(阶跃)光纤是指芯部有均匀的折射率,直到包层和芯部的界面折射率发生变化。渐变(梯度)光纤是指芯部折射率在剖面上看上去是逐渐变化的,包层的折射率是均匀的。图 4-17 为阶跃光纤和渐变光纤示意图。

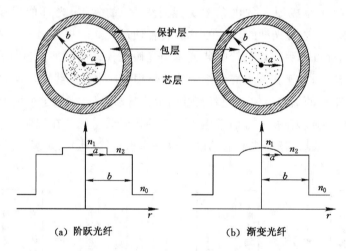

图 4-17　阶跃光纤和渐变光纤示意图

按材料分类,光纤可分为玻璃光纤、胶套硅光纤、塑料光纤。玻璃光纤的纤芯与包层都是玻璃,其具有损耗小、传输距离长、成本高等特点。胶套硅光纤的纤芯是玻璃,包层为塑料,特性同玻璃光纤差不多,成本较低。塑料光纤的纤芯与包层都是塑料,损耗大、传输距离很短、价格很低,多用于家电、音响以及短距的图像传输。

4.5.3　光导纤维传输光的原理

当光束从折射率较大的光密介质(折射率为 n_1)进入折射率较小的光疏介质(折射率为 n_2),即 $n_2<n_1$ 时,则折射角大于入射角。当入射光与界面夹角等于某一角度 θ_c 时,折射角可等于 $90°$,此时有一条很弱的折射光线沿界面传播,如图 4-18 所示。如果入射光与界面夹角小于 θ_c,就不再有折射光线,入射光的能量全部回到第一介质中,这种现象称为全反射,θ_c 就称为全反射的临界角。临界角可由式(4-25)求得:

$$\theta_{1\max} = \theta_{临} = \arccos \frac{n_2}{n_1} \tag{4-25}$$

式中, $\theta_{1\max}$ 为入射光线与界面夹角的最大值。

不同介质的临界角不同,例如普通玻璃对空气的临界角为 $48°$,水对空气的临界角为 $41.50°$ 。而钻石因折射率很大($n = 2.417$),故临界角很大,容易发生全反射。切割钻石时,经过特殊的角度选择,可使进入的光线全反射并经色散后向其顶部射出,光彩夺目。当光线从一端射入光纤内部时,如果其方向与芯部和包覆层的界面所成夹角小于临界角,则光线全反射,无折射能量损失,因此光线在芯部和包覆层界面产生多次全反射而传播到光纤另一端,如图 4-19 所示。

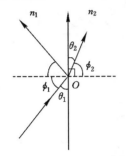

图 4-18　全反射原理示意图

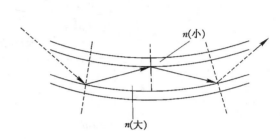

图 4-19　光在光纤中的传播

4.5.4　光纤传输特性

光纤特性有光学特性、传输特性、机械特性、温度特性等,其中传输特性包括损耗特性和色散特性。

4.5.4.1　损耗特性

当光在光纤中传输时,随着传输距离的增大,光功率逐渐减小,这种现象称为光纤的损耗。损耗一般用损耗系数 α 表示, α 可由式(4-26)求得。

$$\alpha = \frac{10}{L} \lg \frac{P_i}{P_0} \tag{4-26}$$

式中, P_i 为光纤输入端注入的光功率; P_0 为经过光纤传输后的输出光功率; L 为光纤长度; α 的单位为 dB/km 。

损耗影响光纤的传输距离和中继距离的选择。引起光纤损耗的主要原因有吸收损耗、散射损耗和其他损耗。吸收损耗分为本征吸收损耗和杂质吸收损耗。本征吸收损耗是由光纤材料自身吸收光能量产生的,主要存在红外波段的分子振动吸收和紫外波段的电子跃迁吸收。杂质吸收损耗主要是由光纤中含有的各种过渡金属离子和氢氧根离子(OH^-)在光的激励下产生振动,吸收光能量造成。

散射损耗是指在光纤中传输的一部分光由于散射而改变传输方向,从而使一部分光不能到达接收端所产生的损耗。散射损耗分为瑞利散射损耗和波导效应散射损耗。瑞利散射损耗是由于光纤材料折射率分布不均匀所引起的本征损耗。瑞利散射损耗与波长的 4 次方成反比,即波长越短,损耗越大。波导效应散射损耗是由光纤波导结构缺陷引起的损耗,与波长无关。光纤波导结构缺陷主要由熔炼和拉丝工艺不完善造成。

其他损耗主要包括连接损耗、弯曲损耗和微弯损耗。连接损耗是进行光纤接续时端面不平整或光纤位置未对准等造成接头处出现的损耗,其大小与连接使用的工具和操作者的技能有密切关系。弯曲损耗是由于光纤中部分传导模在弯曲部位成为辐射模而形成的损耗,与弯曲半径呈指数关系,弯曲半径越大,弯曲损耗越小。微弯损耗是由于成缆时产生不均匀的侧压力,纤芯与包层的界面处出现局部凹凸引起的。

4.5.4.2 色散特性

当光脉冲在光纤中传播时,脉冲可能扩展,这种现象称为延时失真,也称为光纤的色散,如图 4-20 所示。光纤的色散将引起最初是分离的脉冲在传输一段距离后相互重叠,很难区分开。光纤色散的主要原因有两个:脉冲扩展效应和光纤的材料色散效应。

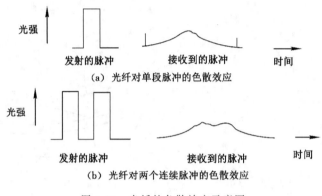

图 4-20 光纤的色散效应示意图

(1) 脉冲扩展效应

光纤导光是在一个角度范围内进行的,如图 4-21 所示,从几何尺寸来看,一束沿光纤轴线方向传播的光总比与轴线成临界角(最大角)的光束更快到达指定距离外(设为 z 轴方向)。若设光在自由空间的传播速度为 c(m/s),芯部的折射率为 n_1,包覆层的折射率为 n_2,那么沿 z 轴方向传播距离 L(m)时,最慢光束 2 所需时间 t_2 为 $(Ln_1/c)(\cos\theta_{\max})^{-1}$,而 $\theta_{\max}$ $=\arccos(n_2/n_1)$,所以 t_2 为 $(Ln_1/c)(n_1/n_2)$。最快光束 1 所需时间 t_1 与最慢光束 2 所需时间 t_2 之间的延时差为

$$\Delta t = \frac{Ln_1}{c} \cdot \frac{n_1 - n_2}{n_2} \tag{4-27}$$

对式(4-27)进行计算,对于典型的光纤,时间差约为 50 ns/km。若每秒发射 20×10^6 次脉冲,它们的时间间隔仅为 50 ns,传播 1 km 之后脉冲将完全重叠。

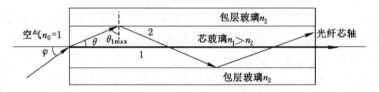

图 4-21 不同角度光线在光纤中的传播示意图

为了减弱这种脉冲扩展效应,人们可以使用渐变型光纤,即梯度光纤。图 4-22 为渐变型光纤中光传播模型。设计时使光束 2 的传播速度快,可以补偿其在距离上的损失,从而保

证光束 1 和光束 2 在时间上相同,从而解决延时失真问题。

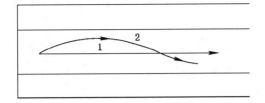

图 4-22　渐变型光纤中光传播的射线模型

(2) 光纤的材料色散效应

通常以延时随波长变化的大小来表征这种影响。图 4-23 为硅玻璃的色散与波长的关系曲线。由图 4-23 可以看出:如果光的波长为 0.82 μm,则材料色散约为 0.1 ns/(km·nm),说明发光二极管发出的波长为 0.82 μm、光频宽度为 50 nm 的非相干光将产生的脉冲扩展为 0.1×50＝5 (ns/km)(因为不同波长的光传播速度不同)。为了减小材料色散对光传播的影响,可以使用激光光源,因为激光是相干光,单色性很好。或者使用对材料色散作用小的波长作为光源。由图 4-23 可以看出:当光的波长接近 1.3 μm 时,色散为 0,这种波长的损耗值也相当低。因此,1.3 μm 是很受光纤系统欢迎的波长。

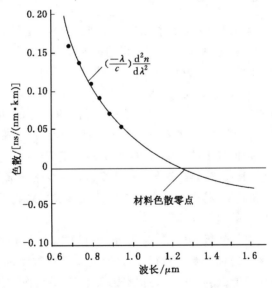

图 4-23　硅玻璃的色散与波长的关系曲线

课程思政案例

案例一:"中国天眼"技术

"中国天眼"全称为 500 m 口径球面射电望远镜(five-hundred-meter aperture spherical radio telescope,英文简称 FAST),位于贵州省平塘县的喀斯特洼坑中。该望远镜是具有中国自主知识产权、全世界最大单口径和最灵敏的射电望远镜。2021 年 3 月 31 日,"中国天眼"FAST 宣布正式向全世界开放。任何国家的研究员和研究机构都可以申请 FAST 的观测时间。

"中国天眼"由我国著名天文学家南仁东于 1994 年提出构想,到 2016 年 9 月 25 日建成启用,历时 22 年,其中"中国天眼"建设工期 5 年多。该装置是由中国科学院国家天文台主导建设,是典型的大科学装置。

"中国天眼"让以往的天文望远镜相形见绌,其口径达 500 m,反射总面积高达 25 万 m^2,相当于 30 个足球场大小,由 4 450 块反射板拼接而成,又搭载了 100 块铝制冲孔小面板。虽然这种设计铺设难度大,但可以减少重量,而且"中国天眼"抗震、防雨、防渗透,能够抵御强烈阳光辐射,可以保护周边生态环境。

"中国天眼"与号称"地面上最大的机器"的德国波恩 100 m 望远镜相比,灵敏度提高了约 10 倍;与被评为"人类 20 世纪十大工程之首"的美国 Arecibo 300 m 望远镜相比,其综合性能提高了约 10 倍。"中国天眼"在未来二三十年都将保持世界一流天文装置的地位。

"中国天眼"由五大系统组成:主动反射面系统,馈源支撑系统,测量与控制系统,馈源与接收机系统,实验室、动力与后勤保障辅助系统。

"中国天眼"不仅规模大,科技含量也非常高,其设计理念、技术创新、工程建造难度,都位于世界前列。

例如,索网结构是"中国天眼"主动反射面的主要支撑结构,是反射面主动变位工作的关键点。索网制造与安装工程也是"中国天眼"工程的主要技术难点之一。"中国天眼"索网结构采用短程线网格划分,并采用间断设计方式,即主索之间通过节点断开。索网结构的一些关键指标远高于国内外相关领域的规范要求。

索网采取主动变位的独特工作方式,即根据观测天体的方位,利用促动器控制下拉索,在 500 m 口径反射面的不同区域形成直径为 300 m 的抛物面,以实现天体观测。

"中国天眼"索网结构是世界上跨度最大、精度最高的索网结构,也是世界上第一个采用变位工作方式的索网体系,其技术难度非常大。随着不断攻克索网诸多技术难题,我国形成了 12 项自主创新性的专利成果,其中发明专利 7 项。这些成果对我国索网结构工程领域的研发与制造能力起到了巨大的提升作用。

来自太空天体的无线电信号极其微弱,70 年来所有射电望远镜收集的能量还不足以翻动一页纸。阅读宇宙边缘的信息需要大口径望远镜,由于其自重和风力引起形变,传统全可动射电望远镜的最大口径只能做到 100 m,而"中国天眼"巧妙地卧在地面上,克服了传统的立架结构的缺点,使其口径可以达到 500 m。

"中国天眼"灵敏度相当高,假设在月球上打电话,"中国天眼"可以探测到电话信号。理论上"中国天眼"能接收到 137 亿光年以外的电波信号,这个距离接近到达宇宙的边缘。

"中国天眼"收集、处理、"翻译"电波信息的过程非常复杂。例如观测脉冲星时,天体呈周期性发射的微弱的电磁波射向地球,有一部分落在"中国天眼"的反射面上,反射面将这种电信号汇聚到馈源舱接收机处,接收机将电信号转换成光信号,然后通过光缆将光信号传回总控室,再把光信号转换成电信号,进而转换成数字信号。计算机集群再根据事先设定好的程序将这些数字信号储存、计算,最终结合科学家的分析,识别出能够代表脉冲星的一串特殊的信息。

"中国天眼"能够把覆盖 30 个足球场大小的信号聚集在只有 1 个药片大小的空间内。在 500 m 的结构中,各处精度都控制在毫米级,编织索网 7 000 多根手臂般粗细的钢索加工精度都控制在 1 mm 以内。"中国天眼"能够"冲出"银河系寻找新星,还能够观察到早期宇宙的蛛丝马迹——中性氢云团的运动,掌握星系之间互动的细节,揭示宇宙的起源和演进。"中国天眼"还能够监听太空中有机分子发出的独特电磁波,搜索可能存在的星际通信信号并寻找外星生命。

"中国天眼"建成并运行的时间不长,但成果十分丰硕。

2018 年 4 月,"中国天眼"首次发现毫秒脉冲星,并得到了国际认证。新发现的脉冲星 J0318+0253 自转周期为 5.19 ms,根据色散估算距离地球约 4 000 光年,由 FAST 使用超宽带接收机进行一小时跟踪观测发现,它是至今发现的射电流量最弱的高能毫秒脉冲星之一。

截至 2021 年 6 月,"中国天眼"所发现的脉冲星就超过了 370 颗。另外,它在快速射电暴等研究领域中所取得的重大突破也受世界瞩目。2021 年天眼捕捉到了世界最大最快射电暴样本,因此还荣获"中国科学十大进展"荣誉。

2022 年 7 月,"中国天眼"所发现的新脉冲星的数量又增加至 660 多颗,这对于全球人类对太空探索和研究生命的起源做出了巨大贡献。

"中国天眼"的主管部门是中国科学院,这些专家们在通过天眼观测天文数据时也必然会发表一些高水平的论文。

截至 2022 年 8 月,相关部门发布的国际论文就已超过百篇。这些数据能够更加客观地揭示快速射电暴、偏振角变化以及遥远宇宙磁芯的奥秘。

今后,"中国天眼"将在基础研究众多领域,例如宇宙大尺度物理学、物质深层次结构和规律等研究领域提供发现及突破的机遇,也将在日地环境研究、国防建设和国家安全等方面发挥不可替代的作用。

案例二:福耀玻璃公司的创业经历

福耀玻璃公司的前身是创办于 1976 年的福建福清市高山镇的一家乡镇企业高山异形玻璃厂。1987 年,曹德旺联合 11 个股东集资 627 万元,在高山异形玻璃厂的基础上,成立了中外合资福耀玻璃有限公司。当时,国内的汽车玻璃基本依赖进口,市场空间巨大。"中国人应该有一块自己的汽车玻璃。"万事开头难,当时国内几乎没有人做汽车玻璃,但是董事长曹德旺面临产品、技术、人才"三无"的困境,却铁了心,"别人不做,我一定要做"。为了解决技术难题,他带着团队四处奔走,花了 2 万元买下上海耀华玻璃厂一套旧的汽车玻璃设备图纸,随后,从芬兰引进先进的玻璃制造设备,开始投入生产。经过多次试验,曹德旺终于制造出了成本不到 200 元的汽车玻璃。由于价格较低,品质过硬,产品在维修市场火爆,1987 年,他赚到了 500 万元。"方向决定结果,追求的目标端正了,就决定了你的进步。"之后,福耀玻璃不断引进新技术、新设备,结束了中国汽车玻璃依赖进口的历史。后面的成功自然水到渠成,福耀玻璃逐渐成为中国第一、世界第二大汽车玻璃供应商。

1996 年,由国际汽车玻璃龙头企业法国圣戈班投资 1 530 万美元,福耀投资 1 470 万美元,双方合资成立万达汽车玻璃有限公司。3 年的合作,让曹德旺受益匪浅,福耀的员工直接到法国圣戈班的生产一线接受再培训,在生产流程、设计思路、工艺路线上让福耀的员工见识了先进的蓝本并得到实践,还领略了圣戈班具有国际水准的管理模式和一些可取的理财理念,学会了怎样做一个典范的汽车玻璃供应商。

1999 年,因双方经营原则不同,曹德旺用 4 000 万美元买断圣戈班在福耀的所有股份,以此为条件与圣戈班约法三章,圣戈班在 2004 年 7 月 1 日前不得再进入中国市场,为福耀在 5 年内排除一个强大的竞争对手,赢得发展时空。曹德旺的果敢和对福耀事业的忠诚也赢得了国际同行的尊敬,重新由曹德旺掌控的福耀保持了和国际同行在技术和信息方面的畅通交流。多年来,始终如一地坚持每年派人员赴国外培训学习,福耀的事业又一次跃上了一个新的巅峰。

在工作上,曹德旺犹如"苦行僧"般自律、勤奋,每天早上四点起床,晚上十二点睡觉,用餐时间一般是 5~6 min,没有节假日,几十年如一日地在汽车玻璃行业默默耕耘。"为什么要扎根在这么苦的制造业?因为这是我的责任,我的'苦'没有白费,我们证明了'中国制造'一样可以成为世界一流产品、国际知名品牌。"高品质的产品、领先的研发中心、完善的产品线加上巨大产能,决定了福耀产品强劲的市场开拓力。如今,福耀公司生产的汽车玻璃占中国汽车玻璃 71% 的市场份额的同时,还成功挺进国际汽车玻璃配套市场,在竞争激烈的国际市场占据了一席之地,是德国奥迪、奔驰、宝马、宾利等车企的合格供应商,并成为世界第三大汽车玻璃厂商。

本 章 小 结

本章主要介绍了光和固体的相互作用的本质;光的折射、反射、吸收、散射的微观机理和影响因素;材料的发光类型及机理;无机材料的红外光学性能和光导纤维;简单介绍了常用的激光器类型及典型的光学材料。

复 习 题

4-1　一透明 Al_2O_3 板厚度为 1 mm,用以确定光的吸收系数和散射系数。如果光通过板之后其强度降低了 15%。(1) 计算吸收系数及散射系数的总和。(2) 若材料厚度增至 2 mm,则同样光透过该材料后强度降低多少?

4-2　解释金属对可见光不透明的原因。

4-3　假设 X 射线源用铝材屏蔽。假设使 95% 的 X 射线能量不能穿透它,设线性吸收系数为 $0.42 \ cm^{-1}$,试计算:(1) 铝材的最小厚度。(2) 如果铝材厚度为 9 cm,有多少 X 射线能量不能穿透它?

4-4　按照激发方式,举例说明材料的发光类型。

4-5　自发辐射与受激辐射各自的特点是什么?

4-6　简述激光产生的过程。

4-7　发光辐射的波长由材料中的杂质决定,也就是取决于材料的能带结构。试计算:(1) ZnS 中使电子激发的光子波长($E_g = 3.6 \ eV$);(2) ZnS 中杂质形成的陷阱能级为导带下的 1.38 eV 时的发光波长。

4-8　洗发香波有各种颜色,但其泡沫总是白的,为什么?

4-9　为什么不同时间观察到的太阳颜色可能不同?

4-10　简述金属、半导体材料、电介质材料吸收光的机理。

4-11　简述影响材料折射率的因素。

4-12　一阶跃光纤芯部折射率为 1.50,包覆层的折射率为 1.40,求光从空气进入芯部形成波导的入射角。

4-13　为什么海水是蓝色的而浪花是白色的?

4-14　简述激光器的组成及分类。

第 5 章　材料的热学性能

热能是能量的一种,是系统和环境之间由于温度不同而交换的能量。材料的热学性能是指与温度变化直接相关的性能,主要包括热容、热膨胀、热传导、热稳定性等,是材料的重要物理性能之一,也是保证材料应用的先决条件。例如,精密天平、游标卡尺等精密仪器、标准量具使用的材料要求其具有低的热膨胀系数;工业炉衬、建筑材料、输热管道等要求具有低的导热系数。电子封装材料要求具有高的导热系数和低的膨胀系数。导弹、宇宙飞船等空间飞行器从发射、入轨以后的轨道飞行直到再返回地球的过程中,经受气动加热的各个阶段,都会遇到超高温和极低温的问题,导热系数、导温系数、比热、热膨胀系数等是研制、评价和选用隔热和防热材料的主要技术参数。另外,材料的组织结构变化时经常伴随一定的热效应,引起热容、热膨胀系数的突然变化,因此热性能分析已成为材料科学研究中的一种重要手段,特别是对于确定相变临界点和判断材料的相变特征具有重要的意义。

本章主要介绍材料的热容、热膨胀、热传导等名词物理概念,探讨这些热学性能参数的物理本质、影响因素、测试方法及其在材料科学研究中的应用,最后简要介绍热电性及其应用。

5.1　材料的热容

热容不但是评价材料的重要物理量,而且是对热过程和热系统进行热计算和热设计的重要参数之一。例如,对于高温防热材料以及蓄热材料,希望其具有高热容,以期在使用过程中吸收更多的热量。因此,了解物质或材料的热容理论,正确测定热容值,是十分必要的。

5.1.1　热容概念

在没有相变或化学反应的条件下,材料温度升高 1 K 时所吸收的热量 Q 称为该材料的热容,用大写字母 C 表示,单位为 J/K。不同温度下,材料的热容不同。温度 T 时材料的热容为

$$C_T = \lim \frac{\Delta Q}{\Delta T} = \left(\frac{\partial Q}{\partial T}\right)_T \tag{5-1}$$

热容与物质的量及温度升高的条件有关,因此又有比热容、摩尔热容、平均热容、定压热容、定容热容等物理量。

(1) 比热容(质量热容):是指单位质量的材料温度升高 1 K 时所吸收的热量,用小写字母 c 表示,单位为 J/(kg·K)。温度 T 时材料的比热容为

$$c_T = \frac{1}{m}\left(\frac{\partial Q}{\partial T}\right)_T \tag{5-2}$$

（2）摩尔热容：是指 1 mol 材料温度升高 1 K 时所吸收的热量，用 C_m 表示，单位为 J/(mol·K)。

（3）平均热容：是指材料从温度 T_1 升高到 T_2 所吸收热量的平均值，单位为 J/K，可表示为

$$C_{均} = \frac{Q}{T_2 - T_1} \tag{5-3}$$

（4）定压热容：是指加热过程中维持压强不变，材料温度升高 1 K 时吸收的热量，单位为 J/K，用 C_p 表示为

$$C_p = \left(\frac{\partial Q}{\partial T}\right)_p = \left[\frac{\partial(E+PV)}{\partial T}\right]_p = \left(\frac{\partial H}{\partial T}\right)_p \tag{5-4}$$

（5）定容热容：是指加热过程中维持体积不变，材料温度升高 1 K 时吸收的热量，单位为 J/K，用 C_V 表示为

$$C_V = \left(\frac{\partial Q}{\partial T}\right)_V = \left(\frac{\partial E}{\partial T}\right)_V \tag{5-5}$$

由于定压加热过程中，物体除温度升高外，还要对外界做功（体积功），温度每升高 1 K 需要吸收更多的热量。因此，对于同一材料，$C_p > C_V$。但是对于液体和固体来说，低温时，温度升高 1 K，体积几乎不变，所以定压热容和定容热容大致相等。高温时，温度升高 1 K，体积变化较大，$C_p > C_V$。

C_V 值一般不能由实验测定，采用所有热容测试方法测得的都是 C_p。在工程计算中，应用的比热数据一般都是 C_p 值，但是 C_V 更有理论意义，因为它可以直接根据系统的能量增量进行计算。

5.1.2　固体热容理论简介

固体中的原子（离子）并不是固定不动的，而是在其平衡位置附近快速振动。热容来源于受热后点阵原子（离子）的振动加剧和体积膨胀对外做功。固体热容理论根据原子（离子）热振动的特点，从理论上阐明了热容的物理本质，并建立热容随温度变化的定量关系。其发展过程是从经典热容理论（即杜隆-珀替定律）到爱因斯坦的量子热容理论，再到德拜量子热容理论。

5.1.2.1　经典热容理论

19 世纪，杜隆（Dulong）和珀替（Petit）发现了杜隆-珀替定律：恒压下元素的每摩尔原子热容为 25 J/(mol·K)。他们把理想气体热容理论直接应用于固体，假设固体中的原子彼此孤立地进行热振动，并认为原子振动的能量是连续的。晶态固体中原子只在其平衡位置附近振动，每个原子每个自由度的振动可以用一个简谐振子代表。根据能量均分定理，每一个简谐振子的平均能量是 kT（k 为玻尔兹曼常数），其中平均动能是 $\frac{1}{2}kT$，平均势能是 $\frac{1}{2}kT$。每个原子有 3 个振动自由度，若固体中有 N 个原子，则有 $3N$ 个简谐振子，总的平均能量 E 为 $3NkT$，则固体的定容摩尔热容为

$$C_{V,m} = \left(\frac{\partial E}{\partial T}\right)_V = 3N_0 k = 3R \tag{5-6}$$

式中，N_0 为阿伏伽德罗常数；R 为气体常数。

代入数据可得：

$$C_{V,m} \approx 24.9 \, [\text{J}/(\text{mol} \cdot \text{K})]$$

由式(5-6)可知：固体的热容是一个与温度无关的常数。图 5-1 为实验测量的几种金属的定压热容随温度的变化曲线与杜隆-珀替定律的比较。由图 5-1 可以看出：杜隆-珀替定律在高温(室温以上)时与实验测得的一部分金属的热容相符合，在低温时与实验不符合，更不能解释 $C_{V,m}$ 随温度下降而减小的实验事实。不符合的原因是：经典热容理论认为原子振动的能量是连续的，实际上原子振动的能量是量子化的。

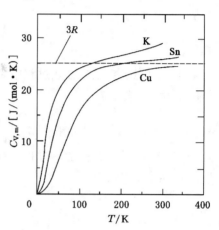

图 5-1　杜隆-珀替定律与几种
金属定压热容随温度变化曲线的比较

5.1.2.2　爱因斯坦量子热容理论

1907 年爱因斯坦提出晶格振动的能量应该是量子化的，认为可以把原子振动看作谐振子，每个原子的振动是独立的且振动频率都是相等的。

频率为 ν 的谐振子的振动能量 E_n 为

$$E_n = nh\nu + \frac{1}{2}h\nu \tag{5-7}$$

式中，h 为普朗克常数；n 为声子量子数，取 $0,1,2,3,\cdots$；$\frac{1}{2}h\nu$ 为零点能(温度为 0 K 时谐振子具有的能量)，因为是常数，常把它省略。晶格振动的能量量子 $h\nu$ 称为声子。

根据玻尔兹曼分布规律，具有能量 E_n 的谐振子数量正比于 $e^{-\frac{E_n}{kT}} = e^{-\frac{nh\nu}{kT}}$。温度为 T 时，振动频率为 ν 的 1 个谐振子的平均能量为

$$\bar{\varepsilon} = \frac{\sum_0^\infty nh\nu \exp\left(-\dfrac{nh\nu}{kT}\right)}{\sum_0^\infty \exp\left(-\dfrac{nh\nu}{kT}\right)} = \frac{h\nu}{\exp\left(\dfrac{h\nu}{kT}\right)-1} \tag{5-8}$$

1 mol 晶体中谐振子振动的总能量

$$E = 3N_0\bar{\varepsilon} = 3N_0 \frac{h\nu}{\exp\left(\dfrac{h\nu}{kT}\right)-1} \tag{5-9}$$

由定容摩尔热容定义得

$$C_{V,m} = \left(\frac{\partial E}{\partial T}\right)_V = 3N_0 k \left(\frac{h\nu}{kT}\right)^2 \frac{\exp\left(\dfrac{h\nu}{kT}\right)}{\left[\exp\left(\dfrac{h\nu}{kT}\right)-1\right]^2} = 3R f_E(\theta_E/T) \tag{5-10}$$

式中，R 为气体常数；θ_E 为爱因斯坦温度，$\theta_E = \dfrac{h\nu}{k}$；$f_E(\theta_E/T)$ 称为爱因斯坦函数，

$$f_E(\theta_E/T) = \left(\frac{h\nu}{kT}\right)^2 \frac{\exp\left(\frac{h\nu}{kT}\right)}{\left[\exp\left(\frac{h\nu}{kT}\right) - 1\right]^2}。$$

下面对式(5-10)进行讨论。

(1) 当晶体处于较高温度时，可以满足 $kT \gg h\nu$，$h\nu/kT \ll 1$，爱因斯坦函数值趋于 1，则 $C_{V,m} = 3R = 24.9\ \text{J/(mol·K)}$，这与杜隆-珀替定律是一致的，与实验结果也比较符合，说明温度较高时爱因斯坦热容理论比较准确。

(2) 当温度很低时，可以满足 $h\nu \gg kT$，则有

$$C_{V,m} = 3R\left(\frac{\theta_E}{T}\right)^2 e^{-\frac{\theta_E}{T}} \tag{5-11}$$

实验表明：低温时，固体的热容与 T^3 成正比，式(5-11)比实验值更快趋于 0。爱因斯坦热容温度曲线与实验曲线的对比如图 5-2 所示。低温区计算值与实验测得值不符合的原因是爱因斯坦理论假设原子振动互不相关且振动频率都相等，而实际上固体中的原子振动彼此存在联系，原子振动频率并不相等，而是存在一个频率范围。

5.1.2.3　德拜量子热容理论

在爱因斯坦量子热容理论基础上发展得到德拜量子热容理论。德拜认为可以将晶体近似看作连续介质，原子间存在弹性引力和斥力，该种力迫使原子间的振动受到相互牵连和制约，从而达到相邻原子间协调齐步振动，形成格波，如图 5-3 所示。晶格振动的能量是量子化的；可以把原子振动看作谐振子，每个谐振子的振动频率不相等，可连续分布于 $0 \sim \nu_{max}$，低温时以低频振动的原子较多，温度升高时，以高频振动的原子逐渐增加；温度高于德拜温度后，几乎所有的原子均以 ν_{max} 振动。某频率附近单位频率间隔内可能具有的谐振子数，由频率分布函数 $g(\nu)$ 决定，频率在 ν 到 $\nu + d\nu$ 之间的谐振子数为 $g(\nu)d\nu$。

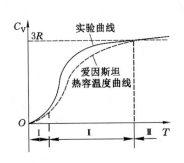

图 5-2　爱因斯坦热容温度曲线与实验曲线的对比

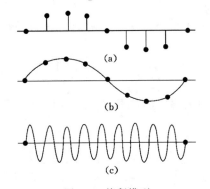

图 5-3　德拜模型

德拜假设的振动谱区间内共有的谐振子数为

$$\int_0^{\nu_{max}} g(\nu)d\nu = 3N \tag{5-12}$$

晶格振动可以看作弹性波在晶体内的传播，可以证明频率分布函数为

$$g(\nu) = \frac{12\pi\nu^2}{v_0^3} \tag{5-13}$$

式中，v_0 由式 $\dfrac{3}{v_0^3}=\dfrac{1}{v_l^3}+\dfrac{2}{v_\tau^3}$ 决定；v_l 为纵波传播速度；v_τ 为横波传播速度。

频率为 ν 的谐振子能量 $E_n=nh\nu$。根据玻尔兹曼分布规律，具有能量为 E_n 的谐振子数正比于 $\mathrm{e}^{-\frac{E_n}{kT}}=\mathrm{e}^{-\frac{nh\nu}{kT}}$。温度为 T 时，振动频率为 ν 的 1 个谐振子的平均能量为

$$\bar{\varepsilon}=\dfrac{\sum\limits_0^\infty nh\nu\exp\left(-\dfrac{nh\nu}{kT}\right)}{\sum\limits_0^\infty \exp\left(-\dfrac{nh\nu}{kT}\right)}=\dfrac{h\nu}{\exp\left(\dfrac{h\nu}{kT}\right)-1} \tag{5-14}$$

在 ν 到 $\nu+\mathrm{d}\nu$ 频率范围内，振动平均能量为 $\bar{\varepsilon}g(\nu)\mathrm{d}\nu$。

则晶体热振动总能量为：

$$E=\int_0^{\nu_{\max}}\bar{\varepsilon}g(\nu)\mathrm{d}\nu=\int_0^{\nu_{\max}}\dfrac{h\nu}{\exp\left(\dfrac{h\nu}{kT}\right)-1}\dfrac{12\pi}{v_0^3}\nu^2\mathrm{d}\nu \tag{5-15}$$

令 $x=\dfrac{h\nu}{kT}$，代入式（5-15）得

$$E=\dfrac{12\pi k^4 T^4}{v_0^3 h^3}\int_0^{x_{\max}}\dfrac{x^3}{\mathrm{e}^x-1}\mathrm{d}x \tag{5-16}$$

由式（5-12）和式（5-13）可得

$$\nu_{\max}=\dfrac{v_0}{2\pi}\sqrt[3]{6\pi^2 N} \tag{5-17}$$

定义德拜温度 $\Theta_D=\dfrac{h\nu_{\max}}{k}$，由式（5-17）可得

$$v_0^3=\dfrac{4\pi k^3\Theta_D^3}{3h^3 N} \tag{5-18}$$

将式（5-18）代入式（5-16）并对温度微分得到热容

$$C_V=9Nk\left(\dfrac{T}{\Theta_D}\right)^3\int_0^{\frac{\Theta_D}{T}}\dfrac{\mathrm{e}^x x^4}{(\mathrm{e}^x-1)^2}\mathrm{d}x \tag{5-19}$$

引入德拜热容函数 $f_D\left(\dfrac{\Theta_D}{T}\right)$，令

$$f_D\left(\dfrac{\Theta_D}{T}\right)=3\left(\dfrac{T}{\Theta_D}\right)^3\int_0^{\frac{\Theta_D}{T}}\dfrac{\mathrm{e}^x x^4}{(\mathrm{e}^x-1)^2}\mathrm{d}x \tag{5-20}$$

则式（5-19）为

$$C_V=3Nkf_D\left(\dfrac{\Theta_D}{T}\right) \tag{5-21}$$

当 $N=N_0$ 时，定容摩尔热容为

$$C_{V,m}=3Rf_D\left(\dfrac{\Theta_D}{T}\right) \tag{5-22}$$

下面对式（5-22）进行讨论。

（1）当晶体处于较高温度时，可以满足 $kT\gg h\nu_{\max}$，得 $x\ll1$，则 $f_D\left(\dfrac{\Theta_D}{T}\right)\approx1$，故 $C_{V,m}=$

$3Rf_D \approx 3R = 24.9$ J/(mol·K),结果说明与杜隆-珀替定律一致,与实验结果也比较符合,因此在温度较高时德拜热容理论比较准确。

(2) 当晶体处于低温时,可以满足 $T \ll \Theta_D$,取 $\Theta_D/T \to \infty$,则 $\int_0^{\infty} \dfrac{e^x x^4}{(e^x - 1)^2} dx = \dfrac{4}{15}\pi^4$,代入式(5-22)中得

$$C_{V,m} = 9R\left(\frac{T}{\Theta_D}\right)^3 \frac{4}{15}\pi^4 = \frac{12\pi^4}{5}R(T/\Theta_D)^3 \tag{5-23}$$

由式(5-23)可看出:低温时 $C_{V,m} \propto T^3$,这与实验热容温度曲线的低温段比较符合,这就是著名的德拜三次方定律。它反映了低温阶段固体由于温度升高而吸收的热量,主要用于增强点阵原子的振动,使得具有高频振动的振子数急剧增加。德拜热容温度曲线与实验曲线的对比如图 5-4 所示。

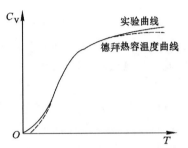

图 5-4 德拜热容温度曲线与实验曲线的对比

德拜模型的优点是低温下能很好地描述晶体热容 $C_{V,m} \propto T^3$,其不足之处是没有考虑电子对热容的贡献,而对金属而言,极低温度下热容基本由电子贡献;德拜把晶体看作连续介质,这对于振动频率较高部分不适用,因此德拜理论对某些化合物的计算结果与实验值不符。另外,德拜理论认为德拜温度 Θ_D 与温度无关也不尽合理。

5.1.3 金属和合金的热容

5.1.3.1 自由电子对热容的贡献

根据量子自由电子理论推导可得每个自由电子的平均能量为

$$\overline{E}_e = \frac{3}{5}E_F^0\left[1 + \frac{5\pi^2}{12}\left(\frac{kT}{E_F^0}\right)^2\right] \tag{5-24}$$

则自由电子的定容摩尔热容为

$$C_{V,m}^e = \left(\frac{\partial \overline{E}}{\partial T}\right)_V = \frac{\pi^2}{2}R \cdot Z\frac{k}{E_F^0}T \tag{5-25}$$

式中,R 为气体常数;Z 为金属原子价电子数;k 为波尔兹曼常数;E_F^0 为 0 K 时金属的费米能。

由式(5-25)可以看出:自由电子对热容的贡献与温度成正比,实际上,对自由电子热容起作用的是能量接近费米能的那部分电子。

下面以铜为例,计算其自由电子热容。

铜的密度为 8.9×10^3 kg/m³,相对原子质量为63,则

$$E_F^0 = \frac{h^2}{2m}\left(\frac{3n}{8\pi}\right)^{\frac{2}{3}} = \frac{(6.6 \times 10^{-34})^2}{2 \times 9.11 \times 10^{-31}} \times \left(\frac{3 \times \dfrac{8.9 \times 10^3}{63 \times 10^{-3}} \times 6.022 \times 10^{23}}{8 \times 3.14}\right)^{\frac{2}{3}} = 11 \times 10^{-19} \text{ (J)}$$

$$C_{V,m}^e = \left(\frac{\partial \overline{E}}{\partial T}\right)_V = \frac{\pi^2}{2}R \cdot Z\frac{k}{E_F^0}T = 0.64 \times 10^{-4}RT = 0.000\,532\,T \tag{5-26}$$

常温时与原子振动摩尔热容(约 $3R$)相比,此值很小,可忽略不计。

5.1.3.2 金属实验热容

温度很低时,原子振动热容 $C_{V,m}^A$ 可以表示为式(5-23),自由电子热容 $C_{V,m}^e$ 可以表示为式(5-25),则自由电子热容与原子振动热容之比为

$$\frac{C_{V,m}^e}{C_{V,m}^A} = \frac{5Z}{24\pi^2} \frac{kT}{E_F^0} (\Theta_D/T)^3$$

如果取 $\Theta_D = 200$,$\frac{k}{E_F^0} = 0.13 \times 10^{-4}$,对于一价金属,$\frac{C_{V,m}^e}{C_{V,m}^A} \approx \frac{2}{T^2}$,当温度低于 1.4 K 时,$C_{V,m}^e > C_{V,m}^A$。实验证明:温度低于 5 K 时,$C_{V,m} \propto T$,金属热容以自由电子贡献为主。因此,当温度很低时($T \ll \Theta_D$)时,金属热容需要同时考虑原子振动和自由电子两部分对热容的贡献,此时金属热容可以写为

$$C_{V,m} = C_{V,m}^A + C_{V,m}^e = AT^3 + BT \tag{5-27}$$

过渡族金属中电子热容更突出,因为它包括 s 层电子热容,也包括 d 层或 f 层电子的热容,即过渡族金属的电子对热容贡献较大,因此过渡族金属的定容热容远比简单金属的大。例如镍在 $T < 5$ K 时,热容基本由电子热容决定,其热容可以近似表示为 $C_{V,m} = 0.007\,3T$ [J/(mol·K)]。

由于受电子热容的影响,金属的热容温度曲线与其他键合晶体的热容温度曲线不同。当温度很高时,其热容随温度升高稍微增大,并不一直等于 $3R$;当温度接近 0 K 时,其热容与温度近似呈线性关系。图 5-5 为铜的定容摩尔热容随温度变化曲线。由图 5-5 可以看出:金属铜热容随温度变化曲线分为四个区间。I 区为 0~5 K(图中 I 区被放大),$C_{V,m} \propto T$,该区间以自由电子对热容的贡献为主。II 区为 5 K 至接近德拜温度,$C_{V,m} \propto T^3$,该区间以原子振动对热容的贡献为主。III 区为德拜温度 Θ_D 附近,热容趋于常数 $3R$,该区间以晶格振动热容贡献为主。IV 区为温度远高于德拜温度 Θ_D,热容超过 $3R$,高出部分主要是自由电子对热容的贡献。

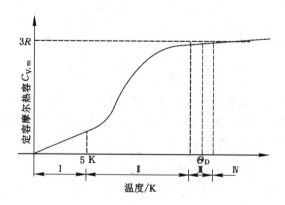

图 5-5 铜的定容摩尔热容随温度变化曲线

表 5-1 为部分金属材料的定压摩尔热容。由表 5-1 可以看出:温度远高于德拜温度以后,金属的热容高于 $3R$。

表 5-1　部分金属材料的定压摩尔热容 $C_{p,m}$　　　　　单位:J/(mol・K)

温度/K	W	Ta	Mo	Nb	Pt	温度/K	W	Ta	Mo	Nb	Pt
1 000					30.03	2 500	34.57	32.08	48.3	37.08	
1 300		28.14	30.66	27.68	31.67	2 800	37.84	34.06			
1 600	29.32	28.98	32.59	29.23	34.06	3 100	43.26				
1 900	30.95	29.85	35.11	30.91	37.93	3 400	53.13				
2 200	32.59	30.87	39.69	33.43		3 600	63				

5.1.3.3　德拜温度

德拜温度的定义式为 $\Theta_D = \dfrac{h\nu_{max}}{k}$。不同材料的德拜温度不同,$\Theta_D$ 主要取决于材料的键强度、弹性模量和熔点。

(1) 德拜温度与熔点的关系

材料的德拜温度 Θ_D 和原子的最大振动频率是两个与材料性能有关的物理参数。材料在温度达到熔点时原子的最大振动频率 ν_{max} 可表示为

$$\nu_{max} = 2.8 \times 10^{12} \sqrt{\frac{T_M}{M V_a^{2/3}}} \tag{5-28}$$

式中,T_M 为熔点温度;M 为相对原子质量;V_a 为原子体积。

将式(5-28)代入德拜温度定义式可得

$$\Theta_D = 137 \sqrt{\frac{T_M}{M V_a^{2/3}}} \tag{5-29}$$

由式(5-29)可以看出:材料的熔点越高,其德拜温度越高。

(2) 德拜温度 Θ_D 与原子间结合力的关系

原子间结合力 F 与原子位移 δ 的关系式可近似写为

$$F = -\beta\delta$$

其中比例系数 β 与德拜温度的关系式为

$$\beta \propto m\Theta_D^2$$

因此德拜温度 Θ_D 是反映材料原子间结合力强弱的重要物理量。当熔点高,即材料原子间结合力强时,Θ_D 较高。例如,金刚石的 Θ_D 为 2 230 K,而钾的为 91 K。表 5-2 为某些物质的德拜温度。

表 5-2　某些物质的德拜温度　　　　　单位:K

物质名称	Θ_D	物质名称	Θ_D	物质名称	Θ_D	物质名称	Θ_D
Hg	71.9	Ti	420	Ru	600	Cd	209
K	91	Zr	291	Os	500	Al	428
Rb	56	Hf	252	Co	445	Ga	320
Cs	38	V	380	Rh	480	In	108
Be	1 440	Nb	275	Ir	420	Tl	78.5

表 5-2(续)

物质名称	Θ_D	物质名称	Θ_D	物质名称	Θ_D	物质名称	Θ_D
Mg	400	Ta	240	Ni	450	C	2 230
Ca	230	Cr	630	Pd	274	Si	645
Sr	147	Mo	450	Pt	240	Ge	374
Ba	110	W	400	Cu	343	Sn(w)	200
Sc	360	Mn	410	Ag	225	Pb	105
Y	280	Re	430	Au	165	Bi	119
La(β)	142	Fe	470	Zn	327	U	207

（3）德拜温度的计算方法

德拜温度可以采用不同方法计算得到,可以按德拜温度与熔点的关系式(5-29)计算,也可以按德拜温度与热容的关系式(5-23)计算,或者按固体中弹性波传播速度与德拜温度的关系式(5-18)计算。

5.1.3.4 合金热容

尽管不同组元在形成合金相时由于形成热而使总的结合能量增大,但是在高温时(德拜温度以上)仍可粗略认为合金中每个原子的热振动能与纯物质中同一温度的热振动能是相等的。合金的摩尔热容 $C_{p,m}$ 为其组元的摩尔热容按比例相加,即

$$C_{p,m} = pC_{p,m_1} + qC_{p,m_2} \qquad (5\text{-}30)$$

式中,p,q 为各组元的原子百分数;C_{p,m_1},C_{p,m_2} 为各组元的摩尔热容。

式(5-30)称为纽曼-科普(Neumann-Kopp)定律,该式可应用于化合物、固溶体或多相混合组织。由纽曼-科普定律计算的热容值与实验值相差不超过 4%,但是它不适用于低温条件(德拜温度以下)或铁磁性合金。

5.1.4 无机材料的热容

图 5-6 为典型陶瓷材料的热容-温度关系曲线,可以看出:无机材料的热容-温度关系曲线更符合德拜模型,这是因为无机材料基本由共价键、离子键组成,室温下几乎无自由电子。

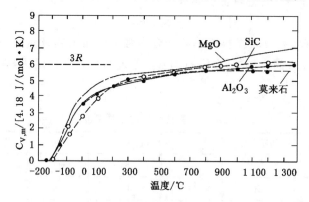

图 5-6 陶瓷材料的热容-温度关系曲线

实验证明:在较高温度下(573 K 以上)无机材料的热容与合金一样具有加和性,化合物的摩尔热容 $C_{p,m}$ 等于构成该化合物各原子热容的总和,即

$$C_{p,m} = \sum n_i C_{im} \tag{5-31}$$

式中, n_i 为化合物中元素 i 的原子数; C_{im} 为化合物中元素 i 的摩尔热容。

多相材料也可以采用类似公式计算, 即

$$C = \sum g_i C_i \tag{5-32}$$

式中, g_i 为材料中第 i 种相的质量分数; C_i 为材料中第 i 种相的热容。

气孔率对无机材料的热容具有比较大的影响。多孔材料因为质量小, 所以热容小。故加热多孔材料所需的热量远低于致密的耐火材料, 因此窑炉尽量选用多孔的硅藻土砖、泡沫刚玉等以达到节能的目的。

5.1.5 相变对热容的影响

金属及合金发生相变时会产生附加的热效应, 并因此使热容(及热焓)发生异常变化。根据热力学特点, 相变可以分为一级相变和二级相变。

5.1.5.1 一级相变

一级相变是指发生相变时新、旧两相的化学势相等, 但是化学势对温度和压力的一阶偏导数不相等。一级相变是在某一特定温度(相变点)下完成的转变。一级相变的特点: 在转变温度处具有处于平衡的两个相, 而在两相之间存在分界面; 除体积突变外, 还吸收或放出相变潜热(热效应); H(焓)发生突变, 热容无穷大, 如图 5-7(a)所示。晶体的熔化、升华, 液体的凝固、气化, 同素异构转变, 共晶、包晶、共析转变等都属于一级相变。

图 5-8 为铁加热时的热容变化, 可以看出: 铁在温度 A_3、A_4 的转变由于是一级相变, 热容产生突变。无机材料发生一级相变时, 热容会发生不连续突变, 图 5-9 为 α-石英 ↔ β-石英转变的热容变化曲线。

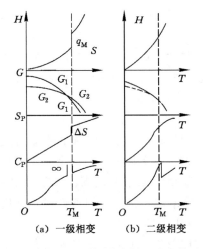

图 5-7 焓、自由能、熵、热容随温度变化示意图

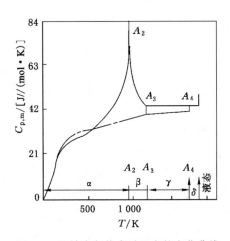

图 5-8 纯铁摩尔热容随温度的变化曲线

5.1.5.2 二级相变

二级相变是指发生相变时新、旧两相的化学势相等, 化学势对温度和压力的一阶偏导数也相等, 但二阶偏导数不相等。二级相变是在一定温度区间内逐步完成的转变。二级相变的特点为转变过程中只有一个相; 转变过程中无相变潜热和无体积的突变; H(焓)发生变化

但不突变,热容在转变温度附近有剧烈变化,但为有限值,如图 5-7(b)所示。某些合金有序-无序转变、铁磁性-顺磁性转变、超导态转变等都属于二级相变。铁在温度 A_2 由于发生磁性转变(图 5-8)及 $CuCl_2$ 在 24 K 发生磁性转变时(图 5-10),热容变化较大,但是为有限值。

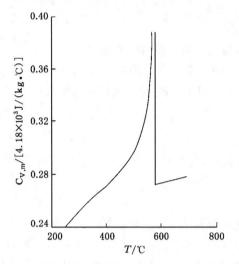
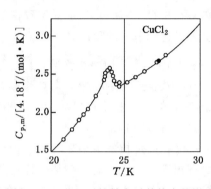

图 5-9 α-石英↔β-石英转变的定容摩尔热容变化曲线   图 5-10 $CuCl_2$ 磁性转变对其热容的影响

5.1.6 热分析

热分析是在程序控制温度下(线性升温或线性降温,非线性升温、降温等)测量物质的物理性质与温度关系的一种技术。热分析的目的是探测相变过程中的热效应并测出热效应的大小和发生的温度。1899 年英国学者罗伯茨-奥斯汀(Roberts-Austen)第一次使用差示热电偶和参比物,正式发明了差热分析(DTA)技术。1915 年日本东北大学本多光太郎,在分析天平的基础上研制了"热天平",即热重法(TG)。1964 年美国学者沃森(Watson)和奥尼尔(ÓNeill)在 DTA 技术的基础上发明了差示扫描量热法(DSC)。应用最广泛的方法是热重(TG)和差热分析(DTA),其次是差示扫描量热法(DSC),这三者为热分析三大支柱,占热分析总应用 75% 以上。下面主要介绍差热分析和差示扫描量热法。

5.1.6.1 差热分析(DTA)

差热分析(DTA)是在程序控制温度下,将被测材料与参比物在相同条件下加热或冷却,测量试样与参比物之间温度差 ΔT 随温度 T 或时间 t 的变化关系。记录的曲线称为差热曲线或 DTA 曲线。需要注意的是:要求参比物在整个测试温差范围内不发生分解、相变、破坏,也不与被测物反应,同试样的比热容和热传导系数相接近。如钢铁材料常用镍作为参比物,硅酸盐材料常用高温煅烧的 Al_2O_3 和 MgO 作为参比物。

差热分析的工作原理如图 5-11 所示,图中 1 为试样,2 为参比物。放置在加热炉中的试样和参比物在相同条件下加热或冷却,试样和参比物之间的温度差由对接的两支热电偶进行测定。当升温或降温过程中没有相变时,试样温度 T_s 和参比物温度 T_r 相等,温差 ΔT 为 0。如果试样发生吸热或放热反应,则可以得到温差随温度 T 或时间 t 变化曲线,称为 DTA 曲线,如图 5-12 所示。差热曲线的横坐标表示温度或时间,纵坐标表示试样和参比物的温度差。吸热时呈向下的峰,放热时呈向上的峰。DTA 曲线中峰的数量、位置、方向、高度、宽度和面积等均具有一定的意义。但是试样产生热效应时,升温速率是非线性变化的,而且由于与参比物、环境的温度有较大差异,三者之间会发生热交换,降低了对热效应测量的灵敏度和精确度。使得差热分析难以进行定量分析,只能进行定性或半定量的分析工作。

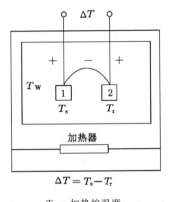

T_w—加热炉温度。

图 5-11　DTA 差热分析仪示意图

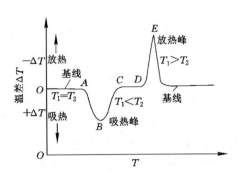

图 5-12　典型的 DTA 曲线

5.1.6.2　差示扫描量热法(DSC)

为了克服差热分析的缺点,发展了差示扫描量热法。该方法对试样产生的热效应能及时得到应有的补偿,使得试样与参比物之间无温差、无热交换,试样升温速度始终跟随炉温线性变化,测量灵敏度和精度大幅度提高。

差示扫描量热法是在程序控制温度条件下,测量输入给样品与参比物的功率差与温度(或时间)关系的一种热分析方法(DSC),分为功率补偿式差示扫描量热法和热流式差示扫描量热法两种。记录的曲线称为差示扫描量热(DSC)曲线。图 5-13 为功率补偿式差示扫描量热仪示意图。试样和参比物分别具有独立的加热器和传感器。整个仪器由两套控制电路进行监控。一套控制温度,使试样和参比物以预定的速率升温,另一套用来补偿二者之间的温度差。实验测试中通过调整试样的加热功率 P_s,使得试样和参比物的温度差值始终为0。无论试样产生任何热效应,试样和参比物温度都相等,$\Delta T = 0$。补偿的能量相当于样品吸收或放出的能量,这是 DSC 和 DTA 技术最本质的区别。差示扫描量热曲线的纵坐标表示热流率 dH/dt,即试样与参比物的加热功率差;横坐标表示时间 t 或温度 T,如图 5-14 所示。当升温或降温过程中没有相变时,试样温度 T_s 和参比物温度 T_r 相等,温差 ΔT 为 0,热流率为 0。如果试样发生吸热或放热反应,则热流率大于 0 或小于 0。DSC 曲线上峰或谷包围的面积即热量的变化量。因而差示扫描量热法可以直接测量样品发生物理或化学变化时的热效应。

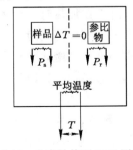

图 5-13　功率补偿型 DSC 原理图

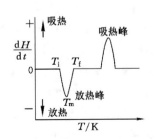

图 5-14　典型的 DSC 曲线

DSC 曲线与 DTA 曲线形状相似,但它们的物理含义不同。DSC 曲线的纵坐标表示热流率 dH/dt,而 DTA 曲线的纵坐标表示温度差 ΔT。DSC 曲线的吸热峰为上凸峰,DTA 曲线的吸热峰为下凹峰。二者最大的差别是 DTA 只能定性或半定量,而 DSC 的结果可用于定量分析。

差示扫描量热法还可以用于测量材料的比热容,这种方法与常规的量热计法相比,具有试样用量少、测试速度快和操作简便等优点。

5.1.7 热分析的应用

热分析是研究材料不同温度时的热量、质量等变化规律的重要方法。通过材料在加热或冷却过程中出现的各种热效应,可以制作合金的相图,研究有序-无序转变和回火过程等。

5.1.7.1 测定并建立合金相图

利用热分析可测定相变临界温度,从而建立合金相图。在该方面差热分析法应用得比较多。例如,取某成分的 A-B 合金,测定其在冷却过程中的 DTA 曲线,如图 5-15(a)所示。根据测得的 DTA 曲线的特征,取曲线上宽峰的起始点 T_1 作为该成分合金的凝固温度,取窄峰的峰值 T_2 为共晶转变温度。按照此方法测出各种成分 A-B 合金的 DTA 曲线,分别确定各自的凝固温度和共晶转变温度,再在成分和温度坐标图中标出不同成分 A-B 合金的凝固温度和共晶转变温度,将它们分别连成平滑的曲线,从而得到液相线和共晶线,如图 5-15(b)所示。

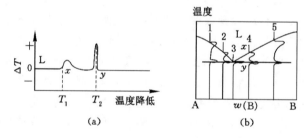

图 5-15 差热分析曲线与合金相图

5.1.7.2 有序-无序转变的研究

可以通过差式扫描量热法测量比热容来研究合金的有序-无序转变。例如,当铜锌合金成分接近 CuZn 时,形成具有体心立方点阵的固溶体,它在低温时为有序固溶体,即铜原子占据每个单胞的节点位置,锌原子占据单胞中心位置,随着温度升高便逐渐转变为无序固溶体。图 5-16 为测得的铜锌合金比热容-温度关系曲线。如果在加热过程中该合金不发生相变,则比热容随着温度升高沿着虚线 AE 线性增大。但是,由于在加热时发生了有序-无序转变,产生吸热效应,故其实际比热容沿着 AB 增大,在 470 ℃ 有序化温度附近达到最大值,最后再沿 BC 下降到 C 点,再降到 D 点。温度再升高,沿着稍高于 AE 的平行线增大,这说明高温保持了短程有序状态。铜锌合金的比热容随温度变化曲线符合二级相变的特征。

5.1.7.3 研究钢的回火转变

可以通过差式扫描量热法测量比热容来研究碳钢的回火转变。例如,图 5-17 为含碳量为 0.74% 的碳钢淬火后加热时的比热容曲线,1 为淬火态样品,2 为 250 ℃ 预先回火 2 h 样品。由图 5-17 中曲线 1 可以看出:若无组织转变,比热容应呈直线变化。由于加热过程中发生组织转变,在不同温度区间产生 3 种不同热效应,其中热效应Ⅰ对应于淬火马氏体转变为回火马氏体,此时马氏体正方度减小,并从固溶体中析出 ε 碳化物相;热效应Ⅱ由残余奥氏体分解引起,即残余奥氏体转变为回火马氏体并析出碳化铁;热效应Ⅲ由碳化铁转变为渗碳体及位错大量减少引起。曲线 2 上,热效应Ⅰ已完全消失,表明马氏体已转变为回火马氏体。热效应Ⅱ显著减少,说明 250 ℃回火已使部分残余奥氏体分解,尚未分解的继续分解为铁素体和碳化铁。与曲线 1 相同的热效应Ⅲ表明:250 ℃回火对碳化铁转变为渗碳体不产生影响。

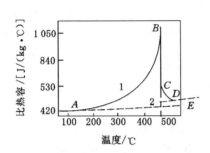

1—实线代表有转变;2—虚线代表无转变。

图 5-16　铜锌合金比热容-温度关系曲线

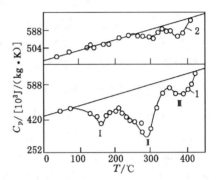

1—淬火态样品;2—250 ℃回火 2 h 样品。

图 5-17　碳钢加热时的比热容-温度关系曲线

5.2　材料的热膨胀

5.2.1　热膨胀的概念及表征

热膨胀是指物体的体积或长度随温度升高而增大的现象。一般用线膨胀系数、体膨胀系数表征材料的热膨胀性能。线膨胀系数是指单位长度的物体温度升高 1 ℃时长度的变化量;体膨胀系数是指单位体积的物体温度升高 1 ℃时体积的变化量。在温度 T 时的线膨胀系数 α_L 和体膨胀系数 α_V 分别为

$$\alpha_L = \frac{dL}{L_T dT} \tag{5-33}$$

$$\alpha_V = \frac{dV}{V_T dT} \tag{5-34}$$

式中,L_T,V_T 为温度为 T 时物体的长度和体积。

实践表明许多物体的长度和体积随温度升高线性增大,因此定义平均线膨胀系数和平均体膨胀系数分别为

$$\bar{\alpha}_L = \frac{\Delta L}{L_0 \Delta T} \tag{5-35}$$

$$\bar{\alpha}_V = \frac{\Delta V}{V_0 \Delta T} \tag{5-36}$$

式中,L_0,V_0 为物体的原始长度和原始体积。

温度为 T 时物体的长度和体积分别为

$$L_{\mathrm{T}} = L_0[1 + \bar{\alpha}_{\mathrm{L}} \Delta T] \tag{5-37}$$

$$V_{\mathrm{T}} = V_0[1 + \bar{\alpha}_{\mathrm{V}} \Delta T] \tag{5-38}$$

各种金属和合金 $0 \sim 100\ ℃$ 时的线膨胀系数一般为 $10^{-5} \sim 10^{-6}\ \mathrm{K}^{-1}$，无机非金属材料的线膨胀系数一般也为 $10^{-5} \sim 10^{-6}\ \mathrm{K}^{-1}$。工程中，膨胀系数是经常要考虑的物理参数之一。例如，玻璃陶瓷与金属间的封接，低温、高温下膨胀系数值均应相接近，否则容易漏气。如高温钠蒸灯所用的透明 $\mathrm{Al_2O_3}$ 灯管 $\alpha_{\mathrm{T}} = 8 \times 10^{-6}\ \mathrm{K}^{-1}$，选用的封装导电金属铌 $\alpha_{\mathrm{T}} = 7.8 \times 10^{-6}\ \mathrm{K}^{-1}$。在多晶、多相以及复合材料中，由于各相及各个方向的膨胀系数不同，会引起内应力，这已成为选材、用材的突出问题。例如，石墨垂直于 c 轴方向的线膨胀系数为 $1.0 \times 10^{-6}\ \mathrm{K}^{-1}$，平行于 c 轴方向的线膨胀系数为 $27 \times 10^{-6}\ \mathrm{K}^{-1}$，所以石墨在常温下易因热应力较大而强度不高，但是在高温下内应力消除，强度反而增大。

5.2.2 热膨胀的物理本质

固体材料热膨胀的物理本质为点阵结构中的相邻原子间平均距离随温度升高而增大。在热容理论中近似认为原子的热振动是简谐振动，但是热膨胀的存在表明原子的热振动不是简谐振动，而是非简谐振动。因为原子如果围绕其平衡位置做简谐振动，当温度升高时振幅增大，但是不会改变平衡位置，原子的振动中心位置不会变化，即不会改变原子平均间距，就不会引起热膨胀。实际上，原子热振动时，原子的位移和原子间相互作用力呈非线性和非对称的关系，因而引起热膨胀。这可以用双原子模型进行解释。

如图 5-18 所示，假设有一对相邻原子，A_1 原子不动，A_2 原子振动，两个原子之间的平衡间距为 r_0。A_2 原子在平衡位置两侧受力是不对称的，合力曲线的斜率不相等。当两个原子距离 $r < r_0$ 时，合力曲线的斜率较大，斥力随位移增大得很快。当 $r > r_0$ 时，合力曲线的斜率较小，吸引力随位移增大得较慢。原子振动时的位置就不在 r_0 处而要向右移动，相邻原子间平均距离大于 r_0。温度越高，振幅越大，原子在 r_0 两侧受力不对称情况越显著，原子振动的位置向右移动得越多，相邻原子间平均距离也就增大得越多，以致晶胞参数增大，宏观上晶体产生热膨胀。这可用弹簧振子作为类比。假设弹簧振子在平衡位置两侧的位移分别为 X_1 和 X_2，压缩时受斥力 $F = kX_1$，拉伸时受引力 $F = kX_2$，k 是弹簧的弹性系数，压缩时和拉伸时 k 相等。如果弹簧振子在平衡位置两侧受力是对称的，由牛顿第二定律 $a = F/m$，弹簧振子在平衡位置两侧的加速度也对称，使平衡位置处的最大速度 $v_{\max}$ 减小为 0 所需的时间相等，弹簧振子在平衡位置两侧振动的最大位移 $X_{1\max} = X_{2\max}$，则平均位置与平衡位置是重合的。如果弹簧两端都有振子，两个振子的平均距离与受力平衡时的距离重合，因此平均距离即平衡时的距离，与振幅无关。假设有一个特殊的弹簧，弹簧振子在平衡位置两侧的位移分别为 X_1 和 X_2，压缩时受斥力 $F = k_1 X_1$，拉伸时受引力 $F = k_2 X_2$，$k_1 > k_2$，则相同位移时，压缩时所受的力大于拉伸时所受的力。由 $a = F/m$，压缩时加速度 a_1 大于拉伸时的加速度 a_2，使平衡位置处的最大速度 $v_{\max}$ 减小为 0 所需的时间 $t_1 < t_2$，最大位移 $X_{1\max} < X_{2\max}$，则弹簧振子的平均位置与其固定端的距离比平衡位置与其固定端的距离大，且振幅越大，相差越大。

两个原子相互作用势能曲线的非对称性也可以解释热膨胀的物理本质。如图 5-19 所示，原子间的相互作用势能曲线不是严格对称的抛物线，即势能随原子间距的减小，比随原子间距的增大而增大得更迅速。作平行横轴的平行线 $1,2,3,\cdots$，它们与横轴的距离分别代表在 $T_1, T_2, T_3, \cdots$ 温度下原子振动的总能量。原子振动通过 r_0 时，动能最大，势能最小；

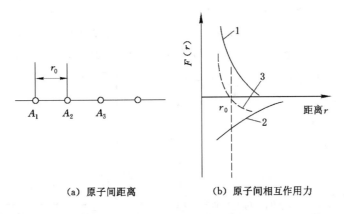

(a) 原子间距离　　　　　(b) 原子间相互作用力

1—斥力曲线;2—引力曲线;3—合力曲线。

图 5-18 双原子模型中一对原子间的相互作用力曲线

偏离 r_0 时,动能逐渐转变为势能,达到振幅最大时动能为 0,势能最大。如 T_1 温度,r_a 为原子向左振动最大振幅,r_b 为向右振动最大振幅,a、b 点时势能最大,动能为 0,ab 线段中心 r'_0 为原子振动几何中心。随着温度升高,原子振动的总能量增加,振幅增大,原子振动中心由 r'_0,r''_0 向 r'''_0 右移,导致相邻原子间的平均距离增大,宏观上晶体产生热膨胀。

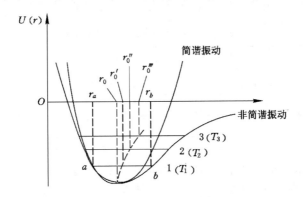

图 5-19 双原子模型中一对原子间的相互作用势能曲线

5.2.3 膨胀系数与其他物理量的关系

5.2.3.1 膨胀系数与热容的关系

热膨胀是固体材料加热以后晶格振动加剧而引起的体积增大,而热容是升高单位温度时能量的增加量,因此热膨胀系数与热容关系密切。格律乃森推导出了金属体膨胀系数 α_V 与定容热容 $C_{V,m}$ 之间的关系式为

$$\alpha_V = \frac{r}{KV_m} \cdot C_{V,m} \tag{5-39}$$

式中,r 为格律乃森常数,为 $1.5 \sim 2.5$;K 为体积弹性模量,N/m^2;V_m 为摩尔体积,m^3/mol。

式(5-39)称为格律乃森定律。由该定律可以看出膨胀系数和热容随温度变化的特征基本一致,而且材料的摩尔体积 V_m 越小,α_V 越大,因此 γ-Fe 比 α-Fe 膨胀系数大。

图 5-20 为铝的热膨胀曲线与热容曲线比较。可以看出:低温时,C_V 随温度按 T^3 变化,膨胀系数在低温也按 T^3 变化。但是在 $T > \Theta_D$ 时热容曲线基本不再增大,而膨胀系数仍在增大,这是因为温度高于德拜温度后,空位等热缺陷的增加对膨胀系数有较大影响。

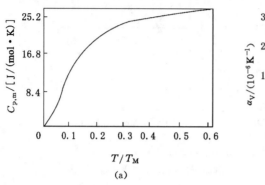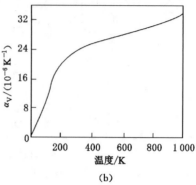

图 5-20　铝的热膨胀曲线与热容曲线的比较

5.2.3.2　膨胀系数与熔点的关系

一般来说,材料的熔点越高,膨胀系数越小。表 5-3 列出了几种材料的熔点和膨胀系数。由表 5-3 可以看出:金刚石的熔点比锡的高得多,但是膨胀系数比锡的小。

表 5-3　几种材料的熔点和膨胀系数

单质材料	$(r_0)_{min}/10^{-10}$ m	结合能/($\times 10^3$ J/mol)	熔点/℃	$\alpha_L/\times 10^{-6}$K^{-1}
金刚石	1.54	712.3	3 500	2.5
硅	2.35	364.5	1 415	3.5
锡	5.3	301.7	232	5.3

金属的膨胀系数与熔点 T_M 之间的关系式如下

$$\alpha_L T_M = b \tag{5-40}$$

式中,α_L 为线膨胀系数;T_M 为金属熔点;b 为常数,立方晶格和六方晶格金属取 $0.06 \sim 0.076$。

因为质点之间结合力越强的材料,其势能曲线越深且窄,如图 5-21 所示。因此升高同样温度,质点振幅增幅越小,热膨胀系数越小。熔点越高的材料,原子间结合力越强,因此膨胀系数越小。图 5-22 为测量得到的各种材料的熔点与膨胀系数呈倒数关系。

5.2.3.3　膨胀系数与德拜温度的关系

利用式(5-29)和式(5-40)可以推导得到膨胀系数 α_L 与德拜温度 Θ_D 之间的关系式

$$\alpha_L = \frac{A}{V_a^{2/3} M \Theta_D^2} \tag{5-41}$$

式中,A 为常数;M 为相对原子质量;V_a 为原子体积。

由式(5-41)可以看出:材料的德拜温度越高,膨胀系数越小。

5.2.3.4　膨胀系数与原子序数的关系

材料的膨胀系数随元素的原子序数呈现明显的周期性变化。图 5-23 为线膨胀系数

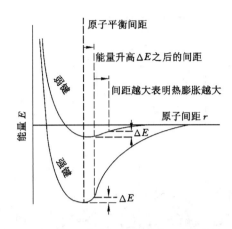

图 5-21　键能与原子平均间距示意图

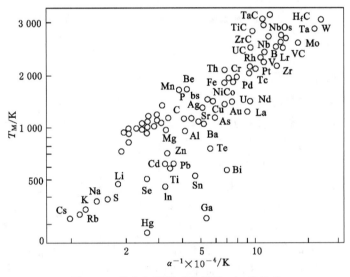

图 5-22　熔点与膨胀系数倒数 $1/\alpha$ 的关系

（$300\ K$）和元素原子序数的周期性。可以看出：只有ⅠA族的 Li、Na、K、Rb、Cs、Fr，膨胀系数随着原子序数增加而增大，其余主族元素都随原子序数增加，膨胀系数减小。过渡族元素具有低的膨胀系数值。碱金属膨胀系数值高的原因是其原子间结合力低。

5.2.3.5　膨胀系数与纯金属硬度的关系

　　一般来说，金属硬度越大，膨胀系数越小。这是因为金属的硬度越大，说明金属的原子间结合力越大，原子的相互作用势能曲线越深且窄，因此膨胀系数越小。表 5-4 列出了一些纯金属的膨胀系数与硬度。

表 5-4　一些纯金属的膨胀系数 α_L 与硬度

元素名称	Al	Cu	Ni	Co	α-Fe	Cr
$\alpha_L(20\sim100\ ℃)/(10^{-6}℃^{-1})$	23.6	17.3	13.4	12.4	11.5	6.2
硬度/HV	约20	约90	约110	约120	约120	约130

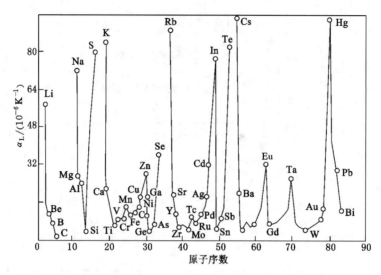

图 5-23　线膨胀系数(300 K)和元素原子序数的周期性

5.2.4　影响热膨胀的因素

5.2.4.1　合金成分和相变对热膨胀的影响

合金中的溶质元素及含量对膨胀系数的影响极为明显。图 5-24 为不同溶质元素含量对纯铁膨胀系数的影响。由图 5-24 可以看出:有些元素使铁的膨胀系数增大,而有些元素使铁的膨胀系数减小。图 5-25 为某些合金连续固溶体膨胀系数与合金元素含量的关系。由图 5-25 可以看出:如果合金形成均匀的单相固溶体,其膨胀系数介于组元的膨胀系数之间,符合相加律,如银金合金。若在合金固溶体中添加过渡族元素,则固溶体的膨胀系数变化没有规律。形成有序固溶体时,随着合金有序度的增大,原子间结合力

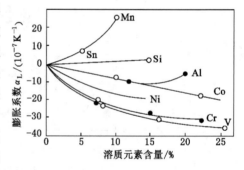

图 5-24　不同溶质元素含量对纯铁膨胀系数的影响

增强,其膨胀系数比一般固溶体小一些。如果形成化合物,化合物的膨胀系数一般小于固溶体的膨胀系数,这是因为化合物的原子相互作用比固溶体原子间的作用要大得多。

当金属和合金中发生一级相变或二级相变时,其膨胀量和膨胀系数都会发生变化。图 5-26 为相变膨胀量与膨胀系数变化示意图。材料发生一级相变时由于比容的突变,膨胀系数 α 将不连续变化,转变点处 α 无限大。

图 5-27 为纯铁加热时比容变化曲线,在温度 A_3、A_4、T_M 处比容突变,因此膨胀系数将不连续变化,膨胀系数无限大。材料发生二级相变时膨胀系数曲线将有拐点。图 5-28 为合金有序-无序转变膨胀曲线。其中 Au-50％Cu 合金有序结构加热至 300 ℃时,有序结构开始被破坏,450 ℃时完全转变为无序结构,在这一段温度范围内,膨胀系数增大很快,这是由有序结构原子间结合力比无序结构原子间结合力大引起的。

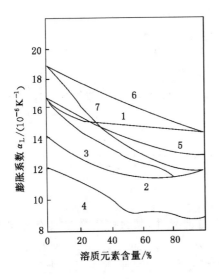
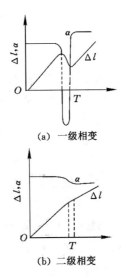

1—CuAu(35 ℃);2—AuPd(35 ℃);3—CuPd(35 ℃);4—CuPd(-140 ℃);
5—CuNi(35 ℃);6—AgAu(35 ℃);7—AgPd(35 ℃)。

图 5-25　连续固溶体膨胀系数与
合金元素含量的关系曲线

图 5-26　相变膨胀量与
膨胀系数变化示意图

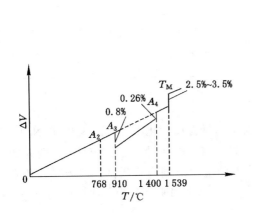
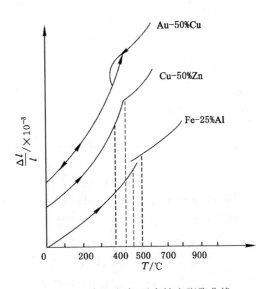

图 5-27　纯铁加热时比容变化曲线

图 5-28　合金有序-无序转变膨胀曲线

5.2.4.2　晶体缺陷对热膨胀的影响

晶体缺陷会影响热膨胀性能,其中空位对热膨胀系数影响较大,因为空位会引起晶体体积增大,从而导致热膨胀系数的增大。由空位引起的晶体体积变化可表示为

$$\frac{\Delta V}{V} = \frac{n}{N}$$

式中,N 为晶体原子数;n 为空位数。

熔点附近空位引起的热膨胀系数变化可表示为

$$\Delta \alpha_V = B \frac{Q}{T^2} \exp(-\frac{Q}{kT}) \tag{5-42}$$

式中,Q 为空位形成能;B 为常数;k 为玻尔兹曼常数。

位错也会引起金属体积膨胀。每个原子长度的位错线将引起约 1 个原子体积的膨胀效应。材料的位错密度越大,膨胀系数越大。

5.2.4.3 晶体各向异性对热膨胀的影响

立方晶系金属具有各向同性,热膨胀系数也是各向同性。该类材料体膨胀系数与线膨胀系数之间的关系式为

$$\alpha_V = 3\alpha_L \tag{5-43}$$

对称性较差的金属锌、镉、锡等晶体具有各向异性,其膨胀系数也具有各向异性。弹性模量较大的方向有较小的 α,弹性模量较小的方向有较大的 α。表 5-5 列出了一些各向异性晶体的主膨胀系数。该类材料体膨胀系数与线膨胀系数之间的关系式为

$$\alpha_V = \alpha_{L1} + \alpha_{L2} + \alpha_{L3} \tag{5-44}$$

式中,α_{L_1}、α_{L_2}、α_{L_3} 为晶体主要晶轴方向的膨胀系数。

表 5-5 一些各向异性晶体的主膨胀系数 α 单位:$10^{-6} K^{-1}$

晶体	垂直于 c 轴	平行于 c 轴
刚玉	8.3	9.0
Al_2TiO_5	−2.6	11.5
莫来石	4.5	5.7
锆英石	3.7	6.2
石英	14	9
石墨	1	27

5.2.4.4 铁磁性转变对热膨胀的影响

铁磁性金属和合金(如铁钴镍及其合金),膨胀系数随温度变化出现反常现象,如 Ni、Co 具有正膨胀峰,Fe 具有负膨胀峰,当温度超过居里点之后,膨胀曲线恢复正常变化,如图 5-29 所示。磁性转变属于二级相变,转变是在接近居里点的温度范围内进行的。具有负反常膨胀特性合金可用于获得因瓦合金或可伐合金。因瓦合金是指膨胀系数为 0 或负值的合金。可伐合金是指在一定温度范围内膨胀系数不变的合金。

铁磁性材料的膨胀系数出现反常现象的原因:具有负反常膨胀的铁在加热过程中发生由铁磁性向顺磁性转变时,自旋磁矩的同向排列逐渐被破坏,并引起原子间距减小。缩小程度超过了因温度升高晶格热振动引起的原子间距增大程度,故出现热膨胀反常现象。当温度超过居里点时,只存在热振动对原子间距的影响,热膨胀曲线恢复正常。同理,可以解释 Ni、Co 的正反常现象,因为 Ni、Co 在由铁磁性向顺磁性转变时将引起原子间距增大。

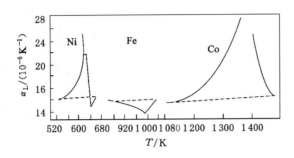

图 5-29　铁、钴、镍磁性转变区的热膨胀曲线

5.2.5　热膨胀测量方法及其应用

5.2.5.1　热膨胀的测量方法

热膨胀的测量方法主要有机械放大测量、光学放大测量、电磁放大测量三类。

（1）机械式膨胀仪

机械式膨胀仪包括千分表式和机械杠杆式。千分表式膨胀仪是利用千分表将试样的膨胀量放大，设备简单、操作方便、有足够的精度和可靠性，但是不能自动记录。机械杠杆式膨胀仪是利用机械杠杆对热膨胀引起的位移进行放大。机械杠杆式放大机构有很多形式，这里只介绍"正切-正切"型杠杆放大机构，如图 5-30 所示。该放大机构的特点是：杠杆的两臂长度随着测量杆的移动量 y 变化而变化；短臂和测量杆的接触点及长臂的放大端点均做直线运动。但是短臂和长臂在通过杠杆铰支点的水平直线上的投影至该支点的距离 l_1 和 l_2 固定不变。当测量杆直线移动量为 y 时，杠杆的偏转规律为

$$\tan \alpha = y/l_1 \tag{5-45}$$

则位移放大量 Y 为

$$Y = l_2 \tan \alpha = y l_2 / l_1 \tag{5-46}$$

图 5-31 为机械杠杆式膨胀仪示意图。由图 5-31 可以看出：试样加热后的膨胀量经过石英顶杆和两次杠杆机构的放大传递到记录用的笔尖位置处，记录纸安放在转筒上并以一定速度移动，从而记录下试样膨胀量随时间的变化曲线。与此同时，用温控仪记录试样温度随时间的变化曲线，根据这两条曲线换算成膨胀曲线。

（2）光学膨胀仪

光学膨胀仪是使用最为广泛的膨胀仪，包括光杠杆式膨胀仪、光干涉法膨胀仪等。光杠杆式膨胀仪的基本原理：利用光杠杆放大试样的膨胀量，并用标准试样的伸长标出待测试样的温度，又通过照相自动记录膨胀曲线，放大倍数可达 200～800 倍。通常可分为普通光学膨胀仪和示差光学膨胀仪。普通光学膨胀仪主要用于测定膨胀系数。示差光学膨胀仪的灵敏度和精确度更高，适用于测定相变临界点。下面主要介绍普通光学膨胀仪，其结构原理如图 5-32 所示。膨胀仪的主体部分是由一块等腰直角三脚架组成的光学杠杆机构，三脚架的直角顶点 A 点用铰链固定，顶点 B 与连接标准试样的石英杆紧密接触，顶点 C 与连接待测试样的石英杆紧密接触，三脚架的中心固定一块凹面镜，起反射光束的作用。标准试样的作用是指示和跟踪待测试样的温度，其位置应靠近待测试样。要求标准试样的膨胀量与温度成正比，在测量范围内无相变，不易氧化，其导热系数接近待测试样的，与待测试样的形状和

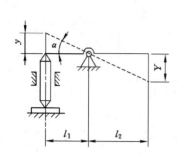

图 5-30 "正切-正切"型机械
杠杆式放大机构

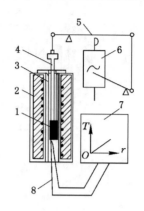

1—试样;2—加热炉;3—石英套管;4—石英顶杆;
5—杠杆机构;6—转筒;7—温度记录仪;8—热电偶。

图 5-31 机械杠杆式膨胀仪示意图

尺寸相同。较低温度范围内研究有色金属和合金时,常用铜和铝做标准试样;研究钢材时,标准试样可采用皮洛斯合金(Ni80%-Cr16%-W4%)。测试时,若待测试样长度不变,只有标准试样长度变化时,三脚架将以 AC 为轴转动,通过凹面镜反射到照相底片上的光点将沿水平方向移动,从而记录待测试样温度的变化。若标准试样长度不变,只有待测试样长度变化时,三脚架将以 AB 为轴转动,反射光点将沿垂直方向移动,从而记录待测试样的膨胀量;当待测试样和标准试样同时受热膨胀时,光点便在底片上感光出膨胀曲线。

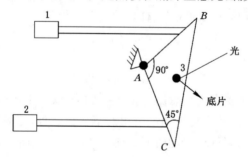

1—标准试样;2—待测试样;3—凹面镜。
图 5-32 光杠杆式膨胀仪结构原理图

(3) 电测式膨胀仪

电测式膨胀仪将膨胀量转换为电信号,然后进行电信号的记录、数据处理和画出膨胀曲线,主要包括应变电阻式膨胀仪、电容式膨胀仪和电感式膨胀仪。下面介绍一下电感式膨胀仪。

电感式膨胀仪采用差动变压器原理将试样的膨胀量转换为电信号,放大倍数可达到6 000 倍。仪器的控制、操作、实验数据处理,均可使用计算机,但是易受电磁因素的干扰,变压器电源采用 200~400 Hz,以防止工业电网的干扰。图 5-33 为电感式膨胀仪结构示意图,其主体部分是差动变压器。图 5-34 为差动变压器原理图。差动变压器由初级线圈、次级线圈和磁芯构成。初级线圈和次级线圈绕在同一绝缘管上,次级线圈由两段完全相同的绕组反向的线圈串接而成。它们相对初级线圈完全对称。磁芯处于中间位置时,反接的次级线圈的感生电动势相互抵消。磁芯偏离中间位置时,差动变压器信号与磁芯偏离量呈线性关系。测量膨胀曲线前,调节磁芯位置使其处于两个次级线圈中间位置,此时输出电压为0。试样受热膨胀后,通过石英杆使磁芯沿管轴移动,使磁芯偏离中间位置,差动变压器有电压输出,该电压信号与试样膨胀量呈线性关系。将此信号放大后输入 $X\text{-}Y$ 记录仪一端,温度信号输入另一端,便可得到试样的膨胀曲线。

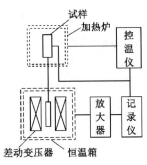

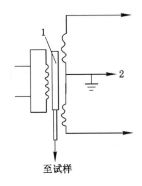

图 5-33　电感式膨胀仪结构示意图

1—铁芯;2—线圈。

图 5-34　差动变压器原理图

5.2.5.2　热膨胀分析的应用

由于钢铁材料中各相的比容相差很大,因此钢在加热或冷却过程中如果发生组织变化,会伴随着显著的体积变化。根据这一特性,膨胀分析适合用于研究钢在加热、等温、连续冷却等过程中的转变。

(1) 材料相变临界点的测定

① 碳钢膨胀曲线的分析。图 5-35 为亚共析钢、共析钢、过共析钢的热膨胀曲线。由图 5-35 可以看出:共析钢的加热曲线在相变温度处近于垂直下降,冷却曲线在相变温度处垂直上升,这是由于珠光体转变为奥氏体时伴随体积的收缩,而冷却时奥氏体转变为珠光体时体积膨胀,而且转变在恒温下进行,所对应的转折温度分别为 A_{c_1} 和 A_{r_1}。亚共析钢的加热膨胀曲线在发生组织转变时曲线的下降是在一个温度区间,这是因为亚共析钢在珠光体完全转变为奥氏体之后,紧接着先共析铁素体在一个温度区间内逐渐转变为奥氏体,也将伴随体积收缩,所对应的转折温度为 A_{c_1} 和 A_{c_3},冷却时则为 A_{r_3} 和 A_{r_1}。由于热滞后作用,A_{r_3} 和 A_{r_1} 将向较低方向移动。过共析钢的加热膨胀曲线在发生组织转变时近于垂直变化,这是由于在珠光体完全转变为奥氏体后,二次渗碳体的溶解和析出缓慢,而且二次渗碳体的相对量少,其在加热溶解时的体积收缩不足以抵消奥氏体的膨胀效应,因此膨胀曲线是上升的。

② 测定钢的相变临界点。根据热膨胀曲线确定钢的临界点有两种方法,这里以亚共析钢为例加以说明,如图 5-36 所示。

第一种方法称为切线法。该方法是以膨胀曲线上偏离正常热膨胀的开始点(也称为切离点)作为临界点,通过作切线得到,故称为切线法。图 5-36 中曲线上的 a、b、c、d 分别对应 A_{c_1}、A_{c_3}、A_{r_3}、A_{r_1}。该方法符合金属学原理,但切离点不易取准。

第二种方法称为极值法。该方法是以膨胀曲线上的极值点作为临界点。图 5-36 中曲

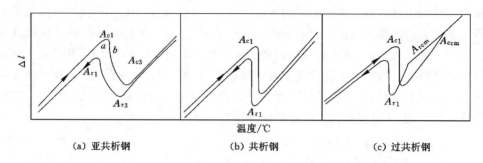

Δl—碳钢试样的膨胀量；A_{ccm}—加热时渗碳体转变为奥氏体的温度；A_{rcm}—冷却时奥氏体转变为渗碳体的温度。

图 5-35　碳钢的热膨胀曲线示意图

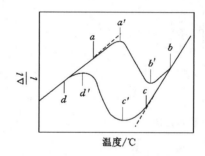

图 5-36　确定钢相变临界点的方法示意图

线上的 a'、b'、c'、d' 分别对应 A_{c_1}、A_{c_3}、A_{r_3}、A_{r_1}。该方法中极值温度容易判断，但所测定的临界点与真实值有偏差。

（2）测定钢的过冷奥氏体等温转变曲线

在钢的过冷奥氏体等温分解过程中均存在明显的体积膨胀，如亚共析钢过冷奥氏体在高温区分解成先共析铁素体和珠光体、中温区的贝氏体、低温区的马氏体，钢的体积都要膨胀，且膨胀量与转变量成比例，故用膨胀法可以定量研究过冷奥氏体分解。将钢的试样装入膨胀仪的加热炉，使其加热到奥氏体化温度，并保持足够时间达到转变均匀，然后迅速将试样淬入等温炉中，记录膨胀曲线。图 5-37 为确定等温转变的示意图。如测量出 400 ℃等温的膨胀曲线 BPE，B 点对应转变的开始时间 t_1，E 点对应转变终了时间 t_2，P 点的膨胀量为总膨胀量的一半，对应 50％转变量的时间 t_3。分别测量出过冷奥氏体在不同温度等温的膨胀曲线，将不同等温温度转变的开始、终了和转变不同数量所对应的时间标在温度与时间坐标系上，并分别连成光滑曲线，即测定得到过冷奥氏体等温转变曲线 TTT 图。

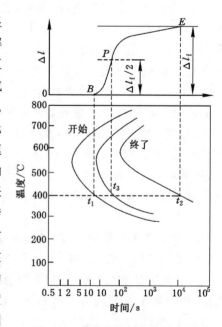

图 5-37　确定等温转变的示意图

（3）测定钢的连续冷却转变曲线

用全自动快速膨胀仪可以测出钢奥氏体化后在不同冷却速度下连续冷却的膨胀曲线。温度降低,试样长度直线减小;发生组织转变时,试样膨胀,长度增大,曲线出现转折;转折的起点和终点所对应的温度分别是转变开始点和终止点。转折的大小,可以反映转变量的大小,根据转折出现的温度范围(高、中、低温区)可以大致判断转变的类型及产物;根据不同温度范围膨胀曲线的直线斜率变化情况,可以判断转变是连续进行的还是分开进行的。因此,可以用膨胀法测定钢的连续冷却转变曲线。图 5-38 为 40CrNiMoA 钢不同冷却速度时的连续冷却膨胀曲线。由图 5-38 可以看出:当冷却速度为 159 ℃/min 时,膨胀曲线出现一个转折,转折的起点为 325 ℃,而且伸长量急剧增加,说明该转变产物为马氏体,转变量较多,所以可以判断 325 ℃ 为 M_s 点。当冷却速度为 79 ℃/min 时,膨胀曲线上出现两个转折:360～480 ℃属于中温转变,转变产物为贝氏体;295 ℃ 的转折仍是马氏体转变,但是转折较小,说明马氏体转变量较少。当冷却速度为 40 ℃/min 时,膨胀曲线上只有一个转折,372～525 ℃属于中温转变,转变产物为贝氏体。当冷却速度为 8.3 ℃/min 时,膨胀曲线上又出现了两个转折:630～680 ℃高温出现转折,说明发生了铁素体类型的转变;372～510 ℃中温区的转变为贝氏体转变。当冷却速度减小到 1.7 ℃/min 时,膨胀曲线在 620～700 ℃只出现一个转折,说明奥氏体全部转变为铁素体和珠光体。由于高温区先共析铁素体转变终止和珠光体开始析出时膨胀曲线斜率变化往往不明显,需采用金相法进行确认。

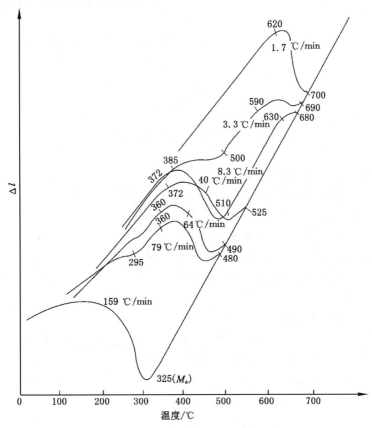

图 5-38　40CrNiMoA 钢试样的加热膨胀曲线

为了绘制连续冷却转变曲线（CCT 曲线），先取时间对数为横坐标、温度为纵坐标绘出不同冷却速度的冷却曲线，将从不同冷却速度的膨胀曲线上确定的转变开始点和终了点标注在相应的冷却曲线上，再将这些转变开始点和转变终了点连成光滑曲线，便绘制完成CCT 曲线，如图 5-39 所示。

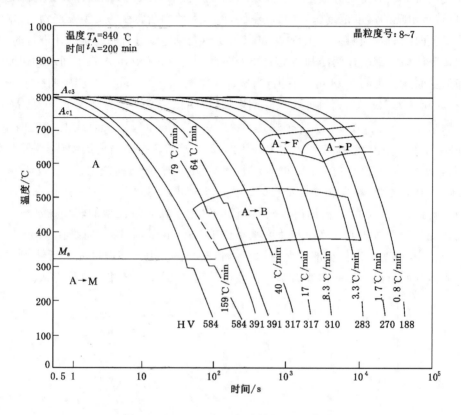

图 5-39　40CrNiMoA 钢试样的 CCT 曲线

（4）马氏体转变点 M_s 点的测定

奥氏体转变为马氏体时膨胀量很大，因此采用膨胀法测定 M_s 点是一种很好的方法。测定 M_s 点的原理与测定 A_{r_1}、A_{r_3} 的原理是相同的。但是膨胀仪需要具有淬火机构和快速记录装置，通常采用光学膨胀仪和电感式全自动快速膨胀仪进行测量。

图 5-40 为钢试样经加热到奥氏体温度并保温后在淬火过程中记录的膨胀曲线。B 点和 D 点为膨胀曲线上的转折点，B 点为马氏体转变开始点 M_s，D 点为马氏体转变终了点 M_f。若要确定在 M_s 和 M_f 点之间的马氏体转变量，需要考虑两个因素，即由于温度下降引起的试样纯冷收缩和奥氏体转变为马氏体产生的膨

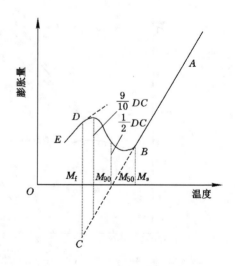

图 5-40　马氏体转变膨胀曲线

胀,实际的膨胀曲线是这两种因素综合作用的结果。假定马氏体和奥氏体的膨胀系数相等,转变量与膨胀量成正比,则可以用下面方法确定马氏体的转变量。作 AB 的延长线,用来表示奥氏体受温度影响产生收缩的情况,线段 DC 对应于马氏体最大转变量。假设 DC 线段相当于 $\varphi_M = 100\%$,则 $(9/10)DC$、$(1/2)DC$ 分别为 90% 和 50% 的马氏体体积分数。实际上,马氏体和奥氏体的膨胀系数不相等,因此这种方法存在一定误差。

5.2.6　膨胀合金

膨胀合金是具有异常热膨胀特性或可控制热膨胀特性的精密合金,可分为低膨胀合金、定膨胀合金和热双金属。

（1）低膨胀（因瓦）合金

低膨胀（因瓦）合金,其 $\alpha_{(20\sim100\,℃)} < 4\times10^{-6}\,℃^{-1}$,主要应用于仪器仪表工业中,如制作标准量尺、精密天平、标准电容等,还用作热双金属的被动层。常用低膨胀合金及其性能见表 5-6。

表 5-6　常用低膨胀合金及其性能

合金	因瓦	超因瓦	不锈钢因瓦	高强低膨胀	高温低膨胀
组成	Fe-Ni36	Fe-Ni32-Co4-Cu0.6	Fe-Co54-Cr9	Fe-Ni34-Co5.5-Ti2.5	Fe-Ni33-Co7.5
$\alpha/℃^{-1}$	$\leqslant1.8\times10^{-6}$ (20~100 ℃)	$\leqslant1.2\times10^{-6}$ (20~100 ℃)	$\leqslant1.0\times10^{-6}$ (耐蚀)	$\leqslant3.6\times10^{-6}$ (20~100 ℃)	$\leqslant12.0\times10^{-6}$ (20~100 ℃)

（2）定膨胀合金

定膨胀合金的膨胀系数在某一定温度范围内基本不变,其 $\alpha_{(20\sim100\,℃)} = (4\sim11)\times10^{-6}\,℃^{-1}$。这种合金的膨胀系数与玻璃、陶瓷和云母等接近,可与之匹配（或非匹配）封接,所以又称为封接合金,被广泛应用于电子管、晶体管、集成电路等电真空器件中作为封接、引线和结构材料。常用的定膨胀合金有 Fe-Ni、Fe-Ni-Co、Fe-Ni-Cr、Ni-Co 系合金,无氧铜、钨、钼及其合金、复合材料等。

（3）热双金属

热双金属是由两层或两层以上具有不同热膨胀系数的金属材料沿层间接触面牢固焊合在一起形成的片状复合材料。具有高膨胀系数的合金作为主动层,具有低膨胀系数的合金作为被动层。如果热双金属片室温时是平直的,加热时主动层伸长多,被动层伸长少,因此向被动层方向弯曲,冷却时则向主动层方向弯曲。热双金属片主要用于温度的测量和控制,大量应用于工业和家用电器中。高灵敏热双金属如 72Mn10Ni18Cu（主动层）和 36Ni-Fe（被动层）电阻率 $\rho_{20\,℃}$ 高达 100 $\mu\Omega\cdot cm$,允许使用温度为 $-70\sim200\,℃$,其 σ_b 达 750~850 MPa。

5.3　材料的热传导

一块材料温度不均匀或两个温度不同的物体互相接触,热量便会自动地从高温度区向低温度区传播,这种现象称为热传导。发生热传导的条件是有温度差存在,其结果是热量从高温部分传向低温部分。不同材料的导热能力不同,有些材料是热的良导体,而有些材料是绝热材料。在热能工程、电子产品的散热以及航天器外层的隔热等领域,材料的导热性能是非常重要的。

5.3.1 热传导的宏观规律

5.3.1.1 稳态热传导

如图 5-41 所示,均匀金属棒的两端分别与温度为 T_1、T_2 的恒温热源接触($T_1 > T_2$),则热量自动从 T_1 端传向 T_2 端,热平衡时各点的温度不随时间变化,这种热传导称为稳态热传导。

图 5-41　温差引起热传导示意图

单位时间内通过单位垂直截面的热量称为热流密度 q。在稳态热传导过程中,通过物体内某点的热流密度 q 与该点处温度梯度 $\dfrac{\mathrm{d}T}{\mathrm{d}x}$ 的大小成正比,而方向与温度梯度的方向相反,即热量向低温处传递,其表达式为

$$q = -\kappa \frac{\mathrm{d}T}{\mathrm{d}x} \tag{5-47}$$

式(5-47)称为傅立叶导热定律。比例系数 κ 称为热导率(也称为导热系数),即单位温度梯度下单位时间内通过单位垂直截面的热量,单位为 J/(m·K·s)或 W/(m·K)。热导率表征物体导热能力的大小,是物质的物性常数之一。其大小取决于物质的组成结构、状态、温度和压强等。不同材料的导热能力差别很大,例如 20 ℃时,金属的热导率为 50～425 W/(m·K),合金的热导率为 12～120 W/(m·K),非金属液体的热导率为 0.17～0.7 W/(m·K),绝热材料的热导率为 0.03～0.17 W/(m·K),大气压气体的热导率为 0.007～0.17 W/(m·K)。导热系数小的材料称为保温材料。$T \leqslant 350$ ℃ 时,$\kappa \leqslant 0.12$ W/(m·K)的材料称为保温材料。保温材料导热系数界定值的大小反映了一个国家保温材料的生产及节能的水平,界定值越小,说明生产及节能的水平越高。

5.3.1.2 非稳态热传导

物体内各点的温度随时间变化的热传导称为非稳态热传导。设一个本身存在温度梯度的物体,与外界无热交换,随着时间的推移,物体的温度梯度将趋于 0,该物体截面上各点温度随时间的变化率为

$$\frac{\partial T}{\partial t} = \frac{\kappa}{\rho c_p} \cdot \frac{\partial^2 T}{\partial x^2} \tag{5-48}$$

式中,t 为时间;T 为温度;κ 为热导率;ρ 为密度;c_p 为比定压热容。

定义热扩散率(也称为导温系数)α 为

$$\alpha = \frac{k}{\rho c_p} \tag{5-49}$$

式中,k 为热导率;ρ 为密度;c_p 为比定压热容。

热扩散率表示温度变化的速度,在相同加热和冷却条件下,α 越大,物体各处温差越小。例如钢在淬火时,钢件的内部温度高,外部温度低,如果钢的导温系数大,则温度梯度小,试样温度比较均匀,反之试样温差大,如图 5-42 所示。

工程中经常要处理选择保温材料或热交换材料的问题,导热系数和导温系数都是选择依据之一。

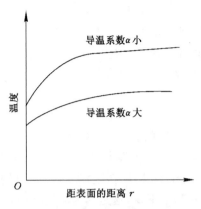

图 5-42　淬火试样温度分布与导温系数的关系曲线

5.3.2　金属的热传导

当气体分子从温度高的区域运动到温度低的区域时,将通过碰撞把它所带的较高的平均能量传递给其他分子;当气体分子从温度低的区域运动到温度高的区域时,将通过碰撞获得一些能量,这些能量传递过程在宏观上表现为热传导过程。分子间的碰撞对气体导热有决定作用。理想气体的热导率 κ 可以表示为

$$\kappa = \frac{1}{3} C_V v l \tag{5-50}$$

式中,C_V 为单位体积气体热容;v 为分子平均运动速度;l 为气体分子运动平均自由程。

5.3.2.1　金属热传导的微观机制

纯金属导热主要靠自由电子的运动。金属中大量的自由电子可以看作自由电子气。高温部分自由电子能量增加,运动速率加快,通过碰撞把能量传递给低温部分自由电子。借用理想气体的热导率公式来描述自由电子热导率,是一种合理的近似,则自由电子热导率可以表示为

$$\kappa_e = \frac{1}{3} C_V^e v_e l_e = \frac{\pi^2 n k^2 T}{3m} \tau_F \tag{5-51}$$

式中,n 为单位体积自由电子数;k 为玻尔兹曼常数;T 为温度;m 为电子质量;τ_F 为费米面附近电子弛豫时间。

金属中自由电子的数量非常多,所以能迅速实现热量的传递,可以估算得到金属中电子热导率为声子热导率的 30 倍。合金导热要同时考虑声子导热的贡献。

5.3.2.2　热导率和电导率的关系

在量子论出现以前,人们研究金属的热导率时发现室温下许多金属的热导率与电导率的比值几乎都相等,不随金属种类不同而改变,称为威德曼-弗朗兹定律。由该定律可以看出:导电性好的材料,其导热性也好。后来洛伦茨进一步发现比值 κ/σ 与温度 T 成正比,可表示为

$$\frac{\kappa_e}{\sigma} = L_0 T \tag{5-52}$$

式中,L_0 称为洛伦茨数,$L_0 = 2.45 \times 10^{-8} \ \mathrm{V^2/K^2}$。

当温度高于德拜温度时,对于电导率较高的金属,均满足式(5-52)。但对于电导率较低的金属,较低温度下 L_0 是变数。

威德曼-弗朗兹定律和洛伦茨数是近似的,但是根据二者所建立的电导率与热导率之间的关系还是很有意义的。因为与电导率相比,热导率的测定既困难又不准确,该定律提供了一个通过测定电导率来确定金属热导率的既方便又可靠的途径。

5.3.2.3　金属热导率的影响因素

（1）纯金属导热性

① 热导率与温度的关系。温度对热导率影响很大。图 5-43 为实验测得的纯铜热导率随温度的变化曲线,曲线分为三个区间。a. Ⅰ区,低温时,随着温度升高,纯铜热导率 κ 增大,这是因为低温时自由电子平均自由程很大,达到上限,不随温度升高而变化,忽略温度对电子速度的影响,则热导率取决于自由电子热容,而在低温铜的热容与温度 T^3 成正比;b. Ⅱ区,随温度升高,热导率 κ 基本不变,这是因为温度升高,晶格振动加剧,对电子的散射增强,电子的平均自由程减小;c. Ⅲ区,随着温度升高,电子的平均自由程急剧减小,而铜的热容逐渐趋于定值,因此铜的热导率急剧减小。熔化时铜的热导率突然降低,这是因为液态铜的原子无序排列,对电子的散射增强。而铋、锑金属熔化时热导率却上升 1 倍,这是因为铋、锑熔化时共价键减弱,而金属键增强。

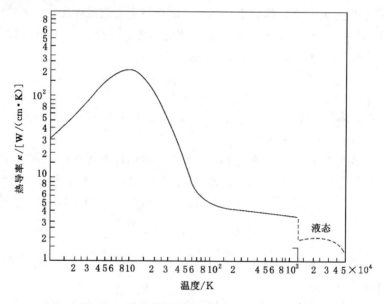

图 5-43　纯铜热导率随温度的变化曲线

② 晶粒大小的影响。一般来说,金属的晶粒越粗大,热导率越高;晶粒越细小,热导率越低。这是因为晶界会增强对电子的散射,使电子的平均自由程减小。对于同一种物质,多晶体的热导率小于单晶体的热导率。

③ 晶体结构的影响。立方晶系的金属热导率与晶向无关,非立方晶系金属热导率呈现各向异性。

④ 杂质的影响。金属中含有杂质将显著影响其热导率。金属中掺入任何杂质将破坏晶格的完整性,干扰自由电子的运动。

（2）合金的导热性

两种金属形成无序固溶体时,随溶质元素浓度增大,合金热导率降低越多,最小值一般在 50%溶质原子浓度处。图 5-44 为 Au-Ag 合金热导率与溶质原子含量的关系曲线。含有过渡族金属时,最小值偏离 50%溶质原子浓度处。两种金属形成有序固溶体时,热导率比无序固溶体热导率高,最大值对应于有序固溶体的成分。钢中的合金元素、杂质及组织状态都影响其热导率。钢中各相的热导率从低到高顺序为:奥氏体、淬火马氏体、回火马氏体、珠光体。一般来说,钢的热导率随其含碳量的增大而降低,钢中合金元素越多热导率越小。

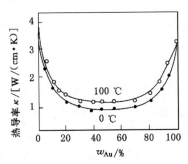

图 5-44　Au-Ag 合金热导率与 Au 含量的关系曲线

5.3.3　无机非金属材料的热传导

5.3.3.1　无机非金属材料热传导的微观机制

（1）声子导热

在无机非金属材料中,主要是晶格振动导热,或者称为格波导热。晶体原子间存在弹性引力和斥力,该种力迫使原子间的振动受到相互牵连和制约,从而达到相邻原子间协调齐步振动,形成格波。晶格振动的能量是量子化的,每一个量子称为“声子”。可以把格波的传播看成声子的运动,高温部分声子能量大,频率大,通过碰撞将能量传递给低温部分频率低的声子,因此可以把格波的导热看作声子间碰撞的结果,大量的声子可看作声子气体。

声子热导率可以写为

$$\kappa = \frac{1}{3}\int C_V(\nu)vl(\nu)\mathrm{d}\nu \tag{5-53}$$

式中,v 为声子的速度,可以看成仅与晶体的密度和弹性力学性质有关,而与频率无关;C_V 为声子的热容;l 为声子的自由程。C_V 和 l 都是声子振动频率的函数。

（2）光子导热

温度高于 0 K 的固体会辐射电磁波,其中波长在 0.4～40 μm 之间的可见光与部分红外光称为热射线。因为热射线在固体中的传播过程和光在介质中传播类似,也有光的散射、衍射、吸收、反射、折射,所以可以把热射线在固体中的导热过程看作光子的导热过程。光子导热过程可以描述为:任何温度的物体既能辐射出一定频率范围的射线,也能吸收来自外界的类似的射线。当介质中存在温度梯度时,在两个相邻体积元间温度高的体积元辐射的能量多,而吸收的能量少;温度较低的体积元情况正好相反,吸收的能量多于辐射的能量。因此产生能量的转移,以致整个介质中热量会从高温处向低温处传递,相当于光子在传播过程中发生了碰撞,能量高的光子把能量传递给能量低的光子。光子热导率可以写为

$$\kappa_r = \frac{1}{3}C_V vl = \frac{16}{3}\sigma n^2 T^3 l_r \tag{5-54}$$

式中，σ 为斯蒂芬-玻尔兹曼常量，为 5.67×10^{-8} m/(m^2 · K^4)；n 为折射率；T 为温度；l_r 为辐射光子的平均自由程。

5.3.3.2 无机非金属材料热导率的影响因素

（1）温度

图 5-45 为 Al$_2$O$_3$ 单晶的温度-热导率关系曲线，可以分为四个温度区间，即低温下迅速上升区、极大值区、迅速下降区、缓慢下降区。但是 Al$_2$O$_3$ 单晶在温度达到 1 600 K 之后热导率又有上升趋势。在温度不太高的范围内，主要是声子热传导。由式(5-54)可知：声子速度 v 通常可看作常数，只有在温度较高时，由于介质的结构松弛而蠕变，使介质的弹性模量迅速下降，v 减小。热容 C_V 在低温下与 T^3 成正比，超过德拜温度时便趋于恒定值。声子平均自由程 l 随着温度升高而降低。l 值随温度的变化规律：低温下 l 值的上限为晶粒的线度，高温下 l 值的下限为晶格间距。在很低温度下 l 已增大到晶粒大小，达到了上限，l 值基本上无多大变化；热容 C_V 在低温下与 T^3 成正比；v 为常数，因此 κ 也近似与 T^3 成比例变化，随着温度升高，κ 迅速增大。温度继续升高，C_V 随温度 T 的变化不再与 T^3 成比例，并在德拜温度之后趋于恒定值；l 值因温度升高而减小，并成为主要影响因素，因此 κ 值随温度升高而迅速减小。在更高温度下，C_V 已基本无变化；l 值也渐趋于下限，因此 κ 值随温度的变化变得缓和。在达到 1 600 K 高温后，κ 值又有少许回升，这是由于高温时光子导热产生的影响。

（2）化学组成

如果材料结构相同，相对原子质量越小，密度越小，弹性模量越大，德拜温度越高，则热导率越大，所以轻元素的固体和结合能大的固体热导率较大。如金刚石的热导率 $\kappa = 1.7 \times 10^{-2}$ W/(m · K)，较重的硅的热导率 $\kappa = 1.0 \times 10^{-2}$ W/(m · K)。这是因为弹性模量越大，德拜温度越高的材料，原子间结合力越大，原子振动越容易带动相邻原子振动，越容易传递热量，因此热导率越大。

两种无机非金属材料形成固溶体时会降低热导率，与金属固溶体的变化趋势相似。图 5-46 为 MgO-NiO 固溶体的热导率曲线。杂质浓度很低时，热导率明显降低，杂质浓度增大时，杂质效应减弱。

（3）显微结构

① 结晶构造——晶体结构越复杂，格波受到的散射越大，因此，声子平均自由程较小，热导率较低。如莫来石的晶体结构复杂，因此热导率比 Al$_2$O$_3$ 低。

② 各向异性晶体的热导率——非等轴晶系的单晶体热导率呈各向异性，如石英、石墨都是在膨胀系数较低的方向热导率最大。

③ 多晶体与单晶体的热导率——对于同一种物质，多晶体的热导率小于单晶体的热导率，这是因为单晶体中晶粒尺寸小，晶界多，缺陷多，声子更容易散射，因而声子的平均自由程小，热导率小。

5.3.4 材料热导率的测试方法

热导率的测试方法可以分为稳态法和非稳态法两种，下面分别介绍。

5.3.4.1 稳态测试

常用的稳态测试方法是驻流法。该方法要求在测试过程中试样各点温度不变，根据测

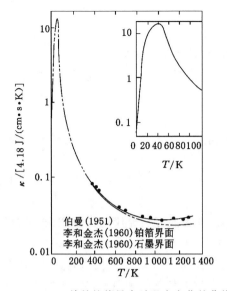

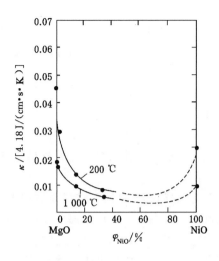

图 5-45　Al_2O_3 单晶的热导率随温度变化的曲线　　　　图 5-46　MgO-NiO 固溶体的热导率曲线

得的温度梯度和热流密度按傅立叶定律计算材料的热导率。

　　热导率测试是在导热系数测定仪上进行的,如图 5-47 所示。AB 为圆柱状的待测试样,其两端温度不同。在高温端用电加热,在低温端通冷却水,则热量由高温端流向低温端,如图 5-48 所示。如果将整个圆柱体试样用石棉绳缠绕并放在保温箱中使其侧面不散失热量,只从端部散热,圆柱试样在高温端加热一段时间后其热传导达到稳态(即圆柱体上各点的温度不随时间发生变化)时开始计时,在 t 时间内,沿圆柱体各截面流过的热量 Q 为

$$Q = \kappa St \frac{T_1 - T_2}{L} \tag{5-55}$$

式中,S 为圆柱体横截面面积;T_1、T_2 分别为 A_1B_1 和 A_2B_2 两个截面处的温度;L 为两个截面之间的距离;κ 为待测试样的热导率。

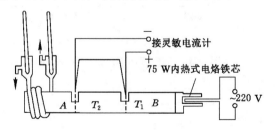

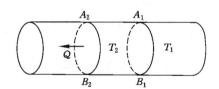

图 5-47　导热系数测定仪示意图　　　　　　图 5-48　导热系数测定仪测量原理示意图

　　如果在 t 时间内低温端流出的冷却水质量为 m,其温度由流入时的 T_3 升高到 T_4,则

$$Q = mc(T_4 - T_3) \tag{5-56}$$

式中,c 为水的比热容。

　　沿圆柱体各截面流过的热量应等于流出的热量,联立式(5-55)和式(5-56),如果圆柱体直径为 d,则 $S = \pi d^2/4$,可解得

$$k = \frac{4Lc(T_4 - T_3)m}{\pi d^2(T_1 - T_2)t} \tag{5-57}$$

式中，T_3，T_4用水银温度计测量；T_1，T_2用插在圆柱体中的热电偶测量。

稳态法测试的温度范围与导热系数范围较窄，主要适用于中等温度下测量中低导热系数材料。

5.3.4.2　非稳态测试

非稳态测试主要是使试样上的温度形成某种有规律的变化，测量温度随时间的变化率，然后根据非稳态热传导过程中试样温度随时间的变化率与热扩散率的关系得出热扩散率，再根据材料的密度和比热容计算材料的热导率。非稳态测试主要有闪光法，采用激光热导仪进行测试。

激光热导仪是 1961 年之后发展起来的。图 5-49 为激光热导仪结构示意图。试样制成薄的圆片状。在一定的设定温度 T（由炉体控制的恒温条件）下，由激光源或闪光氙灯在瞬间发射一束光脉冲，均匀照射在样品上表面，使其表层吸收光能后温度瞬时升高，并作为热端将能量以一维热传导方式向冷端（下表面）传播。测温仪连续测量样品下表面中心部位的温度，得到相应温升过程，得到类似于图 5-50 的温度（检测器信号）与时间的关系曲线。其中纵坐标表示下表面温度与其最高温度 T_{max} 的比值，水平坐标表示时间（乘以 $\frac{\pi^2 \alpha}{L^2}$ 因子，α 为热扩散率，L 为试样厚度）。理论研究表明：当 $T/T_{max}=0.5$ 时，$\frac{\pi^2 \alpha t}{L^2}=1.37$。

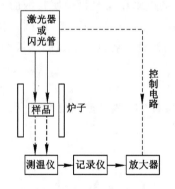

图 5-49　激光热导仪结构示意图

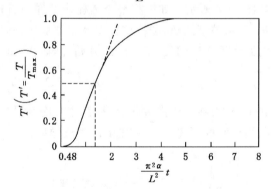

图 5-50　试样背面温度随时间变化曲线

则样品在温度 T 时的热扩散率为

$$\alpha = \frac{1.37 L^2}{\pi^2 \frac{t_1}{2}} \tag{5-58}$$

式中，$\frac{t_1}{2}$ 表示试样下表面温度达到最大值一半时所需要的时间。

由式（5-58）可知：只要测得被测试样下表面温度随时间变化的曲线，找出 $\frac{t_1}{2}$ 的值，代入式（5-58）即可求出热扩散率，然后利用式（5-50）计算出热导率。其中密度一般在室温下测量，其随温度的变化可使用材料的线膨胀系数表进行修正（同时修正样品厚度随温度的变化),在测量温度不太高、样品尺寸变化不太大的情况下也可以近似认为不变。比热可使用文献值,也可以使用差示扫描量热法(DSC)等其他方法测量,也可以用激光热导仪使用比较法测量得到。对于比较法,是使用一个与试样面积相同、厚度相同、表面结构(光滑程度)相同、热物性相近且比热值已知的参比标试样,与待测试样同时进行表面涂覆(确保与试样具有相同的光能吸收比与红外发射率),并依次测量。设标样比热容为 c_0,标样与试样质量分别为 m_0 和 m,最大温升分别为 T_{m_0} 和 T_m,吸收的辐射热量分别为 Q_0 和 Q,则

$$c = c_0 \frac{m_0 T_{m_0} Q}{m T_m Q_0} \tag{5-59}$$

若两个试样受光照强度和时间相同,则 Q_0 和 Q 相等。

闪光法所要求的试样尺寸较小,测量范围宽,可测量除绝热材料以外的绝大部分材料,特别适合用于中高导热系数材料的测量。除常规的固体片状材料测量外,通过使用合适的夹具或试样容器,并选用合适的热学计算模型,还可以测量液体、粉末、纤维、薄膜、熔融金属、基体上的涂层、多层复合材料、各向异性材料等特殊试样的热传导性能。

5.4 热电性

热电性是指在由金属或半导体组成的回路中存在温差或通以电流时会产生热能与电能相互转换的现象。在材料中存在电位差时会产生电流,存在温度差时会产生热流。从电子论观点来看,在金属和半导体中,无论是电流还是热流,都与电子有关。故温度差、电位差、电流、热流之间存在交叉联系,这就构成了热电效应。

5.4.1 热电效应

5.4.1.1 塞贝克效应

1821 年塞贝克发现:在由两种材料 A 与 B(导体或半导体)组成的回路中,若使两个接触点的温度不同,则在回路中将产生一个电动势(图 5-51),这种效应称为塞贝克效应。由塞贝克效应产生的电动势称为热电势,当温度差较小时,热电势与温度差 ΔT 呈线性关系,可表示为

$$E_{AB} = S_{AB} \Delta T \tag{5-60}$$

式中,S_{AB} 称为 A 和 B 之间的相对塞贝克系数。

通常规定在冷端(温度低的一端)电流由 A 流向 B,则 S_{AB} 为正,此时 E_{AB} 也为正。

5.4.1.2 珀耳帖效应

1834 年珀耳帖发现:当两种不同导体或半导体组成一回路并有电流在回路中通过时,将使其中一接头放热,另一接头吸热(图 5-52)。电流方向相反,则吸、放热接头改变,这种效应称为珀耳帖效应。其吸收或放出的热量称为珀耳帖热。单位时间吸收或放出的热量 Q_{AB} 与电流强度 I 之间有如下关系式

$$Q_{AB} = \Pi_{AB} I \tag{5-61}$$

式中,Π_{AB} 为 A 和 B 之间的相对珀耳帖系数,表示单位电流单位时间内吸收或放出的热量。通常规定,电流由 A 流向 B 时,若发生吸热现象,则 Π_{AB} 取正值,反之取负值。

5.4.1.3 汤姆逊效应

1851 年汤姆逊根据热力学理论,证明珀耳帖效应是塞贝克效应的逆过程,并预测在具

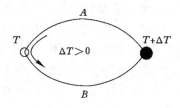

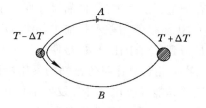

图 5-51 塞贝克效应 　　　　　　　　图 5-52 珀耳帖效应

有温度梯度(因而有热流)的一根均匀导体中通过电流时,会产生吸热或放热现象(图 5-53),当电流与热流方向一致时,产生放热效应;当电流与热流方向相反时,产生吸热效应,这种效应称为汤姆逊效应,吸收或放出的热量称为汤姆逊热 Q_T,其值为

$$Q_T = \mu I t \Delta T \tag{5-62}$$

式中,I 为电流;t 为时间;ΔT 为导体两端温度差;μ 为汤姆逊系数,一般当电流方向与温度梯度方向相同时,μ 取正值。

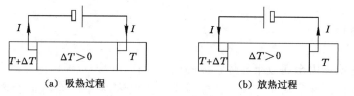

图 5-53 汤姆逊效应

5.4.2　塞贝克效应的应用

5.4.2.1　热电偶测温

热电偶是利用塞贝克效应将温差信号转换成电信号从而实现温度测量的。图 5-54 为热电偶测温原理。热电偶由 2 根不同金属丝组成,若在组成热电偶的 2 根不同金属之间串联另一种金属,只要被串联金属两端的温度相同,则对回路中的总热电势没有影响,此即"中间金属定律"。将两种不同金属的一端焊在一起,作为热端放入待测温度环境,而将另一端分开并保持恒温(通常为室温),分别串接补偿导线(第三金属),再接入电位差计,测量热电势,反过来计算热端温度。

1886 年查特利(Le Chatelier)用 Pt-Rh 合金与纯 Pt 配对制成了第一台实用的热电偶高温计。后来发展了很多种热电偶,已研制出的组合热电偶材料近 300 种,已标准化的有 15 种,其中最常见的是铂铑-铂、镍铬-镍硅、铜-康铜等热电偶。

5.4.2.2　热电发电

热电发电是利用塞贝克效应,将热能直接转变为电能。图 5-55 为热电发电原理。苏联最早应用了热电发电模式,在边远地区利用煤油灯或木材作为热源为家用无线电接收机供电。1962 年,美国首次在人造卫星上应用了热电发电器。随着宇宙空间探索活动的增加,需要开发一类能够自身供能并且无须照看的电源系统,热电发电材料尤其适用于这些场合。采用放射性同位素作为热源的热电发电器已应用于卫星、太空飞船中,如 1977 年,美国发射的"旅行者"号飞船就安装了 1 200 个热电发生器。此外,热电发电在工业余热、废热发电方面的应用潜力很大。

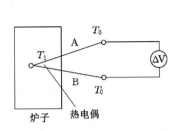

图 5-54 热电偶测温原理

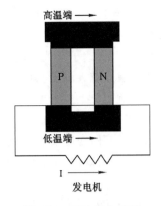

图 5-55 热电发电原理

5.4.3 珀耳帖效应的应用——制冷

热电效应强弱主要取决于两种材料的热电势。纯金属材料的导电性好,导热性也好。用两种金属材料组成回路,其热电势小,热电效应很弱,制冷效果不明显(制冷效率低于 1%)。

半导体材料具有较高的热电势,可以成功地用以制作小型热电制冷器。图 5-56 为热电制冷原理。用铜板和铜导线将 N 型半导体和 P 型半导体连接成一个回路,铜板和铜导线只起导电作用。回路中接通电流时,一个接点变热,一个接点变冷。如果改变电流方向,则两个接点处的冷热作用互易,即原来的热接点变成冷接点,原来的冷接点变成热接点。

热电制冷器不需要一定的工质循环来实现能量转换,没有任何运动部件。热电制冷的效率低,半导体材料的价格又很高,而且,由于必须使用直流电源,变压和整流装置往往不可避免,从而增加了电堆以外的附加体积,所以热电制冷不宜大规模和大冷量使用。但由于其灵活性强、简单方便、使用可靠、冷热切换容易,非常适宜用于微型制冷领域或有特殊要求的用冷场所。例如,为空间飞行器上的科学仪器、电子仪器、医疗器械中需要冷却的部位提供冷源和制作车载小冰箱等。

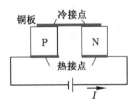

图 5-56 热电制冷原理

课程思政案例

案例一:中国航天技术成就

中国自古有着嫦娥奔月、夸父逐日、万户飞天的神话传说,随着技术的发展和进步,中国人的飞天梦想从神话变成了现实。1967 年,我国第一颗氢弹空爆试验成功,1970 年我国第一颗人造地球卫星"东方红一号"发射成功,无数航天科技工作者心怀报国之志,刻苦攻坚,实现了我国航天事业跨越式的发展。

习近平总书记指出,"探索浩瀚宇宙,发展航天事业,建设航天强国,是我们不懈追求的航天梦。"2016 年 12 月,习近平总书记在会见天宫二号和神舟十一号载人飞行任务航天员及参研参试人员代表时,概括总结了"特别能吃苦、特别能战斗、特别能攻关、特别能奉献"的"载人航天精神",表达了对载人航天工作团队肯吃苦、敢创新、勇攀登精神的高度赞扬,并积极鼓励大家为建设航天强国和世界科技强国建功立业。

作为中国航天史上的跨世纪工程——载人航天工程,自从实施以来,在载人航天精神的感召下,中国走出了一条自力更生、自主创新的载人航天事业发展道路,实现了从"跟跑"到"并跑"甚至"领跑"的跨越发展,彰显了中国力量。在我国载人航天事业不断发展并取得了辉煌成就的同时,涌现出一大批先进典型人物和事迹,孕育、发展、传承了载人航天精神,为实现航天强国目标提供了丰富的精神滋养。

国务院新闻办公室于 2022 年 1 月发布了《2021 中国的航天》白皮书,介绍了 2016 年以来中国航天实现创新跨越发展、推进航天治理现代化、积极开展国际空间交流与合作的实践成就,阐述了中国深入开展航天国际交流合作、推动构建外空领域人类命运共同体的政策理念和倡议主张,展望了未来 5 年中国航天开启全面建设航天强国新征程和构建航天国际合作新格局的愿景。

《2021 中国的航天》白皮书分七个方面介绍了 2016 年以来中国空间技术与系统的发展。

(1) 航天运输系统

2016 年以来,截至 2021 年 12 月,中国共完成 207 次发射任务,其中长征系列运载火箭发射共完成 183 次,总发射次数突破 400 次。长征系列运载火箭加速向无毒、无污染、模块化、智慧化方向升级换代,"长征五号""长征五号乙"运载火箭实现应用发射,"长征八号"等实现首飞,运载能力持续增强。"长征十一号"实现海上商业化应用发射,"捷龙一号"等商业运载火箭成功发射。可重复使用运载器飞行演示验证试验取得成功。

(2) 空间基础设施

① 卫星遥感系统。高分辨率对地观测系统天基部分基本建成,对地观测迈进高空间分辨率、高时间分辨率、高光谱分辨率时代。成功发射"资源三号"03 星等。海洋观测实现全球海域多要素、多尺度、高分辨率连续覆盖,成功发射"海洋一号"C、D 星等。大气全球化、精细化综合观测能力实现跃升,成功发射"风云四号"A、B 星等,并为"一带一路"沿线国家和地区提供卫星监测服务,基本具备卫星遥感数据全球接收、快速处理与业务化服务能力。

② 卫星通信广播系统。固定通信广播卫星系统建设稳步推进,覆盖区域、通信容量等性能进一步提升,成功发射"中星"$6C$ 等,具备为中国及周边地区手持终端用户提供语音、短消息和数据等移动通信服务能力。

③ 卫星导航系统。北斗三号全球卫星导航系统全面建成开通,完成 30 颗卫星发射组网,北斗系统"三步走"战略圆满完成,正式进入服务全球新时代,服务性能达到世界先进水平。

(3) 载人航天

"天舟一号"货运飞船成功发射并与"天宫二号"空间实验室成功交会对接,突破并掌握货物运输和推进剂在轨补加等关键技术,载人航天工程第二步圆满收官。"天和"核心舱成功发射,标志着中国空间站建造进入全面实施阶段。"天舟二号""天舟三号"货运飞船和"神舟十二号""神舟十三号"载人飞船成功发射,先后与"天和"核心舱快速对接,形成空间站组合体并稳定运行,6 名航天员先后进驻中国空间站,实施出舱活动、舱外操作、在轨维护、科学实验等任务。

(4) 深空探测

① 月球探测工程。"嫦娥四号"探测器通过"鹊桥"卫星中继通信,首次实现航天器在月球背面软着陆和巡视勘察。"嫦娥五号"探测器实现中国首次地外天体采样返回,将 1 731 g 月球样品成功带回地球,标志着探月工程"绕、落、回"三步走圆满收官。

② 行星探测工程。"天问一号"火星探测器成功发射,实现火星环绕、着陆,"祝融号"火星车开展巡视探测,在火星上首次留下中国人印迹,中国航天实现从地月系到行星际探测的跨越。

(5) 发射场与测控

① 航天发射场。酒泉、太原、西昌发射场适应性改造全面完成,酒泉发射场新增液体火箭商业发射工位,文昌航天发射场进入业务化应用阶段,基本建成沿海内陆相结合、高低纬度相结合、各种射向范围相结合的航天发射格局,能够满足载人飞船、空间站舱段、深空探测器及各类卫星的多样化发射需求。海上发射平台投入使用填补了中国海上发射火箭的空白。

② 航天测控。测控通信能力实现由地月空间向行星际空间跨越,天基测控能力持续增强,国家航天测控网布局进一步优化,圆满完成"神舟""天舟"系列飞船、"天和"核心舱、"嫦娥"系列月球探测器、"天问一号"火星探测器等为代表的航天测控任务。商业卫星测控站网加快发展。

(6) 新技术试验

我国成功发射多颗新技术试验卫星,开展新一代通信卫星公用平台、Ka 频段宽带通信、星地高速激光通信等技术试验验证。

(7) 空间环境治理

空间碎片监测网络初具规模,基础数据库不断完善,碰撞预警和空间事件感知应对能力逐步提升,有力保障在轨航天器运行安全。近地小天体搜索跟踪和数据分析研究取得积极进展。

白皮书还指出,和平探索、开发和利用外层空间是世界各国都享有的平等权利。中国倡导世界各国一起推动构建人类命运共同体,坚持在平等互利、和平利用、包容发展的基础上,深入开展航天国际交流合作。

2016 年以来,中国与 19 个国家和地区、4 个国际组织,签署了 46 项空间合作协定或谅解备忘录;积极推动外空全球治理;利用双边、多边合作机制,开展空间科学、空间技术、空间应用等领域国际合作,取得丰硕成果。

党的二十大报告指出,要加快建设航天强国,加快实现高水平科技自立自强。2023 年 5 月 30 日,神舟十六号载人飞船发射成功,中国在建设航天强国道路上又迈出了坚实的一步。未来,中国要加大科技创新力度,加快解决制约高质量发展的关键核心技术领域"卡脖子"问题。同时,航天科技工作者要坚持服务和融入国家重大战略,瞄准未来科技和产业发展制高点,发挥优势,加快科技成果转化,更好地支撑国家战略、服务国民经济,让航天技术更好地为全社会创造更加美好的生活。

案例二：爱国知识分子先进事迹：钱学森和郭永怀

钱学森与郭永怀，一位是中国航天事业的奠基人，一位是中国近代力学事业的奠基人，都为我国"两弹一星"事业做出了不可磨灭的卓越贡献，被授予"两弹一星"功勋奖章。

钱学森长期担任火箭、导弹和航天器研制的技术领导职务，对中国火箭、导弹和航天事业的发展做出了重大贡献，赢得了"中国航天之父"的美誉。他主持完成了"喷气和火箭技术的建立"规划，参与了近程导弹、中近程导弹和中国第一颗人造地球卫星的研制，直接领导了用中近程导弹运载原子弹的"两弹结合"试验，参与制订了中国第一个星际航空的发展规划，发展建立了工程控制论和系统学等。

干惊天动地事，做隐姓埋名人。作为"两弹一星"功勋奖章获得者的钱学森，数十年呕心沥血、攻坚克难，为了祖国的航天事业做出了彪炳史册的贡献。他的爱国奉献精神，激励了无数中国人。1960年11月5日上午9时许，"东风一号"导弹从我国酒泉发射场腾空而起，它的成功发射，对于新中国来说具有划时代的意义。与"东风一号"同时走进人们视野的是它的技术负责人——钱学森。

1935年，国立交通大学毕业后的钱学森考取公费留学，远渡重洋，进入美国麻省理工学院学习。35岁的钱学森已经是麻省理工学院最年轻的终身教授。1949年5月，钱学森收到了一封来自万里以外的信件，信件内容是邀请他回到中国，领导航空工业的建设。拳拳赤子心，殷殷报国情。1955年10月，他终于回到了自己的祖国。作为世界著名的火箭与导弹专家，钱学森带领他的团队肩负着为中国造出第一枚导弹的重任。而此时的新中国，百废待兴，要造导弹这种尖端武器，困难是显而易见的。发展新中国的国防工业，就得靠自力更生。此时，钱学森率领的团队，大多数是刚刚走出校园的大学生。他为此编撰了一部基础教材《导弹概论》，正是这部经典著作，启迪了第一代从事导弹和火箭研制的航天人。历经九年时间，由中国人自己制造的"东风一号"和"东风二号"导弹相继发射成功。

1970年4月，由钱学森担任技术负责人的"东方红一号"卫星发射成功。钱学森作为中华民族知识分子的典范，他的自立自强和爱国奉献精神，鼓舞了无数中国人，也凝聚成了中国航天事业发展的磅礴力量。

郭永怀，我国著名应用数学家、空气动力学家，中国科学院院士，中国近代力学事业的奠基人之一。在我国23位"两弹一星"元勋之中，郭永怀是唯一一位在我国核弹、导弹和人造地球卫星三个方面研制中均做出重要贡献且以烈士身份被追授"两弹一星"功勋奖章的科学家。郭永怀心有大我，以身许国，为我国的国防事业做出了杰出贡献。

1909年，郭永怀出生在山东荣成。1941年，他远渡重洋，到美国加利福尼亚州立理工学院留学，研究可压缩流体力学，四年后获得博士学位。学成归来，报效祖国，一直是埋藏于郭永怀心底的愿望。

1956年，郭永怀夫妇回到了阔别15年的祖国。回国后的郭永怀担任中国科学院力学研究所副所长。此时，尖端领域的科技人才寥寥无几，培养人才就成为郭永怀的头等大事。

1960年5月，郭永怀调到第二机械工业部核武器研究所任副所长，担负起了核武器的研制工作。当时的工作地点海拔3 800 m，生存环境极其恶劣。因为缺少设备，郭永怀就和同事们手工制作烈性炸药。这种具有高腐蚀性的炸药极不稳定，很容易爆炸。一次意外，郭永怀的五位同事在制作炸药的过程中不幸遇难。1964年至1967年，中国第一颗原子弹和第一颗氢弹相继爆炸成功。可以说,郭永怀和他的同事们用汗水甚至生命换来了我国国防事业的跨越式发展。此后,郭永怀和他的同事们,开始筹划我国第一颗导弹热核武器的试验工作。郭永怀常常往返奔波于北京和青海核武器研制基地。

1968 年 12 月 5 日凌晨,郭永怀从青海核武器研制基地赴北京汇报工作,因飞机失事不幸遇难,享年 59 岁。正是依据这份郭永怀用生命保护的重要资料,在他牺牲 22 天后,我国第一颗热核导弹试爆成功。

1970 年 4 月,由郭永怀参与设计的"东方红一号"人造卫星成功发射。他无私奉献、以身许国的精神激励着一代又一代的中国人。

本 章 小 结

本章主要分析了材料的热容、热膨胀、热传导的物理本质,重点介绍了摩尔热容、线膨胀系数、体膨胀系数、热导率和热扩散率的物理意义,它们的影响因素和变化规律,热分析、热膨胀、热导率测试方法及其应用,简单介绍了热电效应及其应用。

复 习 题

5-1　德拜热容理论取得了什么成功?

5-2　什么是德拜温度?有什么物理意义?

5-3　已知铝 30 K 时的摩尔热容为 0.8 J/(mol·K),铝的德拜特征温度为 375 K,试求铝在 50 K 和 425 K 时的比热容。

5-4　说明金属材料热容随温度变化的规律。

5-5　请用双原子模型说明固体热膨胀的物理本质。

5-6　举例说明热膨胀的反常行为的实际意义。

5-7　一铝铸件 660 ℃时凝固,在此温度下铸件长 25 cm,当逐渐冷却至室温时,其长度是多少?铝合金的线膨胀系数为 $25×10^{-6}$ ℃$^{-1}$。

5-8　一级相变、二级相变对材料的热容、热膨胀有什么影响?

5-9　2 m×2 m 的 1 cm 厚的窗玻璃[热导率为 5.476 J/(cm·s·K)]将 25 ℃和 40 ℃的户外环境隔开。计算每天通过窗户进入房间的热量。

5-10　试分析材料导热机理。金属、陶瓷和透明材料导热机制有什么区别?

5-11　在冬天,即使在相同的温度下,接触汽车金属门把手比接触塑料转向盘感觉冷得多,试解释其原因。

5-12　根据威德曼-弗朗兹定律计算镁 400 ℃时的导热系数 κ。已知镁在 0 ℃的电阻率 $\rho=4.4×10^{-6}$ Ω·cm,电阻温度系数 $\alpha=0.005$ ℃$^{-1}$。

5-13　什么是导热系数、导温系数?它们在工程中有何意义?

5-14　集成电路组成部分之一的通道是由铝制成的。其长度为 100 μm,截面积为 2 μm^2,有 10^{-4} A 的电流在其中流过 2 s。假设产生的所有热量都用来加热铝的条带。请计算所造成的温度升高值。

5-15　Al 与 Fe 中哪个合金系列能达到较高的淬火速度?已知:(1) Al:热导率为 247

J/(s • m • K),密度为 2.7×10^3 kg/m³,c_p 为 900 J/(kg • K);(2) Fe:热 导 率 为 132 J/(s • m • K),密度为 7.8×10^3 kg/m³,c_p 为 448 J/(kg • K)。

5-16 如何用热分析法测定并建立合金相图?

5-17 如何用热分析法研究碳钢的回火转变?

5-18 画出亚共析、共析、过共析碳钢由室温到奥氏体化温度缓慢加热和冷却过程的膨胀曲线示意图。分析曲线的形成原因,标出各特征温度点,并说明其发生的组织转变。

5-19 如何用膨胀法测定钢的过冷奥氏体等温转变曲线?

5-20 根据图 5-38 分析不同冷却速度时的相变开始温度和结束温度,并说明发生的组织转变类型。

第 6 章   材料的磁学性能

自然界中有一类物质,如铁、钴、镍等,在一定的情况下能相互吸引,这种性质称为磁性。磁性是物质的基本属性,就像物质具有质量和电性一样,一切物质都有产生某种磁性的能力。早在公元前 3 世纪,我国的《吕氏春秋·季秋纪》就记载了"慈石召铁"。我国公元前 2500 年就记载了磁性指南——司南。后来,出现了指南针。以磁科学进行研究的创始者当数吉尔伯特,后经安培、奥斯特、法拉第等人开创性的发现和发明,初步奠定了磁学科学的基础。从 1902 年 P. 塞曼和 H. A. 洛伦茨获得了诺贝尔奖,到 1998 年崔琦获得诺贝尔奖,至少有 24 位研究磁学的科学家获得了诺贝尔奖。在电力技术、电子技术、通信技术、计算机技术、生物技术、空间技术等方面,磁学和磁性材料都是不可缺少的重要部分。磁性与物质的微观结构是密切相关的,不仅取决于物质的原子结构,还取决于原子的键合情况、晶体结构。了解材料的磁性,不但对于应用和发展磁性材料是必需的,而且对于研究材料结构、相变也是重要的,因此磁性分析方法已成为研究材料的重要手段之一。

本章主要介绍材料的各种磁性(抗磁性、顺磁性、铁磁性、亚铁磁性、反铁磁性)的特点及微观机理、磁性能的影响因素、磁性能测量、磁性分析的应用、典型的磁性材料。

6.1   磁学基本量

对磁场特性的描述已在大学物理中进行了详尽的讨论,下面复述几个基本物理量。

(1) 磁场强度 H

磁场强度 H 是表征磁场大小和方向的物理量,是一个矢量,单位为 A/m。实际应用中,通常用电流产生磁场,并规定 H 的单位。在 SI 制中,用 1 A 的电流通过直导线,在距离导线 $r=(1/2\pi)$ m 处,磁场强度即 1 A/m。常见的几种电流产生磁场的形式如下。

① 无限长载流直导线周围 r 处的磁场强度为

$$H=\frac{I}{2\pi r} \tag{6-1}$$

式中,I 为导线通过的电流强度,磁场强度 H 方向是切于与导线垂直的且以导线为轴的圆周。

② 直流环形线圈圆心处的磁场强度为

$$H=\frac{I}{2r} \tag{6-2}$$

式中,r 为环形线圈半径;磁场强度 H 方向根据右手螺旋法则确定。

③ 无限长直流螺线管内部的磁场强度为

$$H=nI \tag{6-3}$$

式中,n 为单位长度的线圈匝数;磁场强度 H 方向沿螺线管的轴线方向。

磁场除了可由电流产生外,也可以由永磁体产生。

(2) 磁感应强度 B

磁感应强度 B 是表征磁场大小和方向的物理量,是矢量,单位为特斯拉(T),1 T = 1 N/(A·m)。磁感应强度有三种定义方法:① 由电流元在磁场中受力来定义;② 由运动电荷在磁场中所受到的力来定义;③ 由通电线圈在磁场中受到的力矩来定义。这三种定义是等效的,此处采用第一种方式来定义磁感应强度 B。若载流导线中的电流为 I,导线中的微元用线元 $\mathrm{d}l$ 表示,$I\mathrm{d}l$ 称为电流元。电流元是矢量,其大小为 $I\mathrm{d}l$,其方向沿该点电流的方向。磁场中某点的磁感应强度 B 的大小等于单位电流元所受到的最大磁场力,可表示为

$$B = \frac{\mathrm{d}F_{\max}}{I\mathrm{d}l} \tag{6-4}$$

磁感应强度 B 的方向为矢量积 $\mathrm{d}F_{\max} \times I\mathrm{d}l$ 的方向,与小磁针 N 极受力方向相同。

(3) 磁通量 φ

磁通量 φ 是表征磁介质(或真空)中磁场分布情况的物理量。在磁场中,垂直通过一给定曲面的磁力线的条数,称为通过该曲面的磁通量,用 φ 表示。通过有限曲面 S 的磁通量为

$$\varphi = \int_S B\mathrm{d}S \tag{6-5}$$

磁通量的单位为 $\mathrm{T}\cdot\mathrm{m}^2$,称为韦伯(Wb)。

(4) 磁导率

磁场强度 H 仅与导体中的电流或产生它的永磁体有关。与磁介质无关;磁感应强度 B 不仅与导体中的电流或产生它的永磁体有关,还与磁介质有关。在产生同样磁场的情况下,如果放入不同的磁介质就有不同的磁感应强度 B,但是磁场强度 H 无变化。

空间各点磁场的大小,除了与导体中的电流有关外,还与各处磁介质密切有关,因此引入磁导率来衡量物质的磁性。将物质中某点的磁感应强度与磁场强度的比值定义为物质的磁导率 μ,即

$$\mu = \frac{B}{H} \tag{6-6}$$

磁导率的单位为亨利/米,符号为 H/m。

可以推导出或测得真空磁导率 $\mu_0 = 4\pi \times 10^{-7}$ H/m。各种物质的磁导率与真空中磁导率的比值称为相对磁导率 μ_r,可表示为

$$\mu_r = \frac{\mu}{\mu_0} \quad \text{或} \quad \mu = \mu_0\mu_r \tag{6-7}$$

相对磁导率只是代表一种比例系数,是一个无单位的纯数。

(5) 磁矩

任何一个封闭的电流都具有磁矩 m,其方向与环形电流法线的方向一致,其大小为电流强度与封闭环形面积的乘积 IS。

$$m = IS \tag{6-8}$$

磁矩的单位为 A·m²,方向可用右手螺旋法则确定。

将磁矩 m 放入磁感应强度为 B 的磁场中,它将受到磁场力的作用而产生力矩,其所受

力矩 T 可以表示为

$$T = m \times B \tag{6-9}$$

此力矩力图使磁矩 m 处于位能最低的方向。磁矩与外加磁场的作用能称为静磁能。处于磁场中某方向的磁矩,所具有的静磁能 U 为

$$U = -m \cdot B \tag{6-10}$$

磁矩在磁场中所受到的力(一维情况)为

$$F_x = m \times \frac{\mathrm{d}B}{\mathrm{d}x} \tag{6-11}$$

所以磁矩是表征磁性物体磁性大小的物理量,磁矩越大,磁性越强,即物体在磁场中所受到的力越大。

(6) 磁化强度

材料在外磁场作用下内部状态发生变化的现象称为材料被磁化。一个物体在外磁场中被磁化的程度用单位体积内磁矩大小来表示。单位体积的总磁矩称为磁化强度,用 M 表示,单位为 A/m,可以表示为

$$M = \frac{\sum m}{V} \tag{6-12}$$

磁化强度 M 是反映物质磁化状态(强度和方向)的物理量。M 可为正可为负,由磁体内磁矩矢量和的方向决定。

(7) 磁化率

磁化率是表征磁介质磁化特性的物理量。在各向同性的磁介质中,任意一点的磁化强度 M 和磁场强度 H 的比值称为磁化率 χ,可以表示为

$$\chi = \frac{M}{H} \tag{6-13}$$

磁化率反映材料磁化的难易程度,无量纲,其值可为正可为负,是物质磁性分类的主要依据。

在磁场中存在磁介质时,磁感应强度为

$$B = \mu_0 (H + M) \tag{6-14}$$

可以推导得到相对磁导率和磁化率的关系式为

$$\mu_r = 1 + \chi \tag{6-15}$$

除了国际单位制(SI)以外,在工程及测量中,磁学的公式及单位常习惯使用高斯单位制(CGS)。当使用高斯单位制时,磁感应强度的表达式为

$$B = H + 4\pi M \tag{6-16}$$

国际单位和高斯单位换算关系见表 6-1。

表 6-1　国际单位、高斯单位换算关系式

	高斯单位	国际单位	换算关系式
磁场强度 H	奥斯特(Oe)	安/米(A/m)	$1\ \mathrm{A/m} = 4\pi \times 10^{-3}\,\mathrm{Oe}$
磁化强度 M	高斯(Gs)	安/米(A/m)	$1\ \mathrm{A/m} = 10^{-3}\,\mathrm{Gs}$

表 6-1(续)

	高斯单位	国际单位	换算关系式
磁感应强度 B	高斯(Gs)	特斯拉(T)	$1\ T = 10^4\ Gs$
磁化率 χ	量纲为 L	量纲为 L	$\chi_{高斯} = 4\pi\chi_{国际}$
磁导率 μ	量纲为 1	亨利/米(H/m)	$\mu_{国际} = (4\pi\times10^{-7}\ H/m)\mu_{高斯}$

6.2 物质的磁性分类

原先不存在宏观磁性的材料放在外磁场中,其磁化强度随外磁场强度的增大而增大。磁化强度(或磁感应强度)随外磁场的变化而变化的关系曲线称为磁化曲线。曲线上任何一点都对应着材料的某种磁化状态,其与坐标原点连线的斜率表示材料在该磁场下的磁化率。根据物质磁化率的大小和符号不同,物质的磁性大致分为抗磁性、顺磁性、铁磁性、亚铁磁性、反铁磁性五类。图 6-1 为五类磁体的磁化曲线示意图。

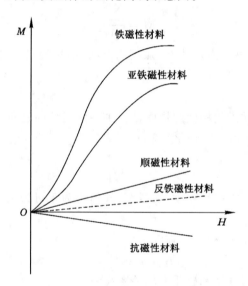

图 6-1　五类磁体的磁化曲线示意图

（1）抗磁体

抗磁体的磁化率 $\chi < 0$,大约在 -10^{-6} 数量级。其在磁场中受微弱斥力,使磁场减弱。金属中约有一半是抗磁体。根据磁化率与温度的关系,抗磁体又分为经典抗磁体和反常抗磁体。经典抗磁体的 χ 与温度 T 无关,如 Cu、Ag、Au、Hg、Zn 等。反常抗磁体的 χ 随着温度 T 变化,而且其大小是经典抗磁体的 $10\sim100$ 倍,如 Bi、Ga、Sb、Sn、In 等。

（2）顺磁体

顺磁体的磁化率 $\chi > 0$,为 $10^{-6}\sim10^{-3}$。其在磁场中受微弱吸力,使磁场略微增强。根据磁化率与温度的关系,顺磁体又分为正常顺磁体和 χ 与温度 T 无关的顺磁体。正常顺磁体的 $\chi \propto 1/T$,如 Pt、钯、奥氏体不锈钢、稀土金属等。χ 与温度无关的顺磁体,如 Li、Na、K、

Rb 等金属。

（3）铁磁体

铁磁体的磁化率 χ 是很大的正数，为 $10\sim10^6$，M 或 B 与 H 呈非线性关系。如 Fe、Co、Ni，稀土中的 Gd、Dy 等。铁磁体在居里温度 T_c 以上转变为顺磁体。

（4）亚铁磁体

亚铁磁体的磁化率是较大的正数，但是没有铁磁体大。亚铁磁体大部分是金属的氧化物，是非金属磁性材料，如磁铁矿（Fe_3O_4）、铁氧体等。铁氧体是指 Fe_2O_3 与二价金属氧化物所组成的复杂氧化物，其分子式为 $MeO\cdot Fe_2O_3$，其中 Me 为铁、镍、钴、镁等二价金属离子。

（5）反铁磁体

反铁磁体的磁化率 $\chi>0$，为 $10^{-5}\sim10^{-3}$。在某一温度以下，反铁磁体的磁化率同磁场的取向有关。高于这个温度，其行为像顺磁体。如 α-Mn、Cr、MnO、NiO 等属于反铁磁体。

6.3　抗磁性和顺磁性

6.3.1　原子本征磁矩

材料的磁性来源于原子磁矩。原子磁矩包括电子轨道磁矩、电子自旋磁矩和原子核磁矩。

6.3.1.1　电子轨道磁矩

电子绕原子核运动，犹如一环形电流，此环流在其运动中心处产生磁矩，称为电子轨道磁矩。设 r 为电子运动轨道的半径，L 为电子运动的轨道角动量，ω 为电子绕核运动的角速度，电子的电量为 e，质量为 m，则电子轨道磁矩 m_e 为

$$m_e = I\cdot S = -e\frac{\omega}{2\pi}\cdot\pi r^2 = -\frac{e}{2m}L \tag{6-17}$$

式中，负号来自电子带负电，电子轨道磁矩的方向垂直于电子运动轨迹平面，并符合右手螺旋法则。

在量子力学中，电子的椭圆轨道平面在空间中的取向不是任意的，只能取某些特定的方向，即角动量在外磁场方向上的分量 L_z 只能取某些特定值，这些特定值为

$$L_z = m_1\frac{h}{2\pi}\quad(m_1=0,\pm1,\pm2,\cdots,\pm l) \tag{6-18}$$

式中，m_1 为磁量子数；L_z 为角量子数；h 为普朗克常数。

因此，电子轨道磁矩在外磁场方向上的投影，即电子轨道磁矩在外磁场方向上的分量 m_{ez}，满足量子化条件

$$m_{ez} = -m_1\frac{he}{4\pi m} = -m_1\mu_B \tag{6-19}$$

式中，e 为电子的电量；m 为电子的质量；h 为普朗克常数；m_1 为磁量子数；μ_B 为玻尔磁子。$\mu_B = \frac{he}{4\pi m} = 9.27\times10^{-24}$ J/T，是电子磁矩的最小单位。

6.3.1.2　电子自旋磁矩

电子自旋运动是一种量子力学效应，在宏观物体中还找不到一种运动与之相对应。可

以把电子想象成一个球,电荷分布在整个球的表面。当球自旋时,这些电荷也必然随着球转动,因此形成许多小的电流回路,每个小回路将产生沿旋转轴方向的磁矩。

量子力学已证明电子自旋运动产生的磁矩为

$$m_s = 2\sqrt{s(s+1)}\,\mu_B \tag{6-20}$$

式中,s 为自旋量子数,只能取 $1/2$。

电子自旋磁矩在外磁场方向上的分量 m_{sz} 满足量子化条件

$$m_{sz} = \pm\mu_B \tag{6-21}$$

6.3.1.3 原子核磁矩

原子核也有磁矩,但是与电子运动产生的磁矩相比所占的比例太小($1/1\,834$),所以可以认为原子磁矩主要是通过原子核外电子运动而获得的。

6.3.1.4 原子固有磁矩(本征磁矩)

原子含有许多电子,每个电子都围绕着原子的轴和轨道旋转。每种运动产生的磁矩都是矢量。自旋磁矩方向平行于自旋的轴,轨道磁矩方向垂直于轨道平面,原子的电子轨道磁矩和电子的自旋磁矩构成了原子固有磁矩,也称为本征磁矩。

所有电子壳层填满的原子,其固有磁矩为 0,因为所有电子壳层填满原子,电子轨道运动和自旋运动占据了所有可能的方向,这些方向对称,电子的轨道磁矩和自旋磁矩必然互相抵消。故填满电子壳层的原子总磁矩为 0,如惰性元素,净磁矩为 0,称该元素原子不存在固有磁矩。

电子壳层未被填满的元素存在原子固有磁矩,因为未被填满的电子壳层的电子轨道磁矩和电子自旋磁矩不能互相抵消。如 Fe 原子核外电子排布为 $3d^6 4s^2$,除 3d 壳层外各层均被电子填满(其电子轨道磁矩和电子自旋磁矩相互抵消)。根据洪特规则,3d 壳层的电子应尽可能填充不同的轨道,其自旋应尽量在同一个平行方向上。因此,3d 壳层的 5 个轨道中除了 1 个轨道填有 2 个自旋相反的电子外,其余 4 个轨道均只有 1 个电子,且这 4 个电子的自旋方向互相平行,总的电子自旋磁矩为 $4\mu_B$。事实上,电子的轨道磁矩对原子固有磁矩的贡献很小,主要是电子自旋磁矩的贡献,因此铁的原子固有磁矩近似为 $4\mu_B$。

6.3.2 原子或离子实的抗磁性

原子或离子实的抗磁性来源于电子轨道运动,循轨运动的电子在外磁场作用下都会产生一个附加的抗磁磁矩,该抗磁磁矩方向总是与外加磁场的方向相反,因而产生了抗磁性。

下面以氦为例来说明产生抗磁性的原因。氦原子核外有 2 个电子,无外磁场时,氦原子中的电子壳层全部填满,则它的各个电子轨道磁矩和自旋磁矩恰好互相抵消,原子的固有磁矩为 0。图 6-2 为循轨运动电子产生抗磁磁矩的示意图。电子循轨电流为 I,轨道磁矩为 m,当受到外加磁场作用时,如果电子做逆时针方向运动,根据左手定则,电子受到洛伦茨力 ΔF 的作用。该力使电子运动减速,相应产生感应的附加电流 ΔI(感生电流),由此形成附加磁矩 Δm(感生磁矩),其方向与外磁场方向相反。如果电子做顺时针方向运动时,电子受到洛伦茨力 ΔF 的作用,使电子运动加速,相应产生感应的附加电流 ΔI(感生电流),由此形成附加磁矩 Δm,其方向也与外磁场方向相反。因此,不论电子循轨运动的方向如何,在外磁场作用下都会产生一个与外磁场方向相反的附加抗磁磁矩,即各原子的轨道电子产生的抗磁磁矩会逆外磁场方向而叠加,从而产生抗磁性。随着外磁场强度增大,附加的抗磁磁矩增大,因而抗磁磁化强度增大。

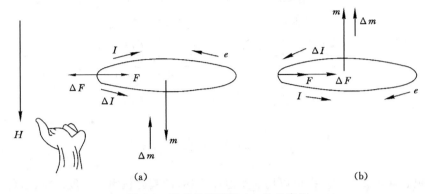

图 6-2　形成抗磁磁矩 Δm 的示意图

任何物质都具有循轨运动的电子,而循轨运动的电子在外磁场作用下都会产生一个附加的抗磁磁矩,故可以说任何物质在外磁场作用下均应有抗磁性效应。但只有原子的电子壳层完全填满了电子的物质,抗磁性才能表现出来。图 6-3 为抗磁物质磁化过程示意图。对于原子的电子壳层没有填满电子的物质,在外磁场中同时具有顺磁性或者铁磁性等,只有当物质的抗磁因素超过顺磁因素或者铁磁因素等时才能表现出抗磁性,否则抗磁性就被别的磁性掩盖了。

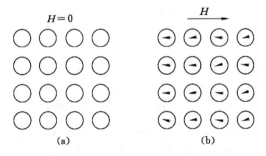

图 6-3　抗磁物质磁化过程示意图

6.3.3　原子或离子实的顺磁性

原子或离子实的顺磁性来源于原子的固有磁矩。顺磁性物质在原子结构上的特点是原子中具有未填满电子的电子层,包括具有奇数个电子的原子和内壳层未被填满的原子或离子,因而每个原子中的电子磁矩的矢量和不为 0,形成原子的固有磁矩。若不施加外磁场,由于原子的热振动使各原子磁矩倾向于混乱分布(无序排列),原子磁矩将互相抵消,在任何方向都没有净磁矩,物质对外不呈现磁性。但是在外磁场作用下,原子磁矩将随磁场强度的增大逐渐转向磁场方向,从而使物质产生顺磁效应。当这种顺磁因素超过抗磁因素时,物质就呈顺磁性。图 6-4 为顺磁物质磁化过程示意图。顺磁性物质十分难磁化,如顺磁性的硫酸亚铁当 $B_0 = 10^{-6}$ T 时,磁化强度为 0.001 A/m。

铂、钯等很多顺磁性物质随着温度升高磁化率减小,这是由于在同一磁场下,温度升高使原子磁矩杂乱分布的热振动作用增强,而沿磁场方向排列的磁矩减小,因而磁化率随之降低。

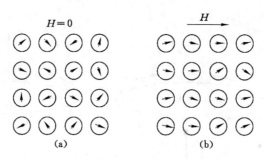

图 6-4　顺磁性物质磁化过程示意图

少数顺磁性物质的磁化率可以用居里定律描述,即其磁化率与温度成反比,可以表示为

$$\chi = \frac{C}{T} \tag{6-22}$$

式中,C 为居里常数;T 为绝对温度。

有些顺磁性物质特别是过渡族元素不符合居里定律,其磁化率与温度的关系由柯里-韦斯(Curie-Weiss)定律描述,可以表示为

$$\chi = \frac{C'}{T + \Delta} \tag{6-23}$$

式中,C' 是常数;Δ 对于一定的物质是常数,对不同的物质可以大于 0 或小于 0。

碱金属锂、钠等的磁化率与温度无关。

6.3.4　自由电子的抗磁性和顺磁性

金属中自由电子的抗磁性来源于自由电子受到外磁场洛伦茨力的作用,而在垂直于外磁场的平面内做定向的环形运动所产生的附加磁矩,该附加磁矩总是反平行于外磁场方向。

自由电子的顺磁性来源于自由电子的自旋磁矩,在外磁场作用下,自由电子的自旋磁矩转到外磁场方向,从而显示顺磁性。下面用能带理论解释这个问题。

某些金属(如 Cu)的 3d 电子层已填满,4s 电子成为自由电子,抗磁性的离子实浸在自由电子气中。设单位体积金属中有 N 个自由电子。温度为 0 K 时,按照费米统计,这些自由电子分布在 $N/2$ 个能级上。每个能级上有 2 个自旋方向相反的电子,电子的总自旋磁矩等于 0 或几乎等于 0,电子具有的最高能量为费米能级 $E_F(0)$,如图 6-5(a)所示。当施加外磁场 B_0 时,自旋磁矩 m_B 平行于外磁场的自由电子有附加势能 $-m_B B_0$,能量降低了;自旋磁矩同外磁场方向相反的自由电子有附加势能 $+m_B B_0$,能量升高了,如图 6-5(b)所示。因而在费米能级 $E_F(0)$ 附近,有一部分自旋磁矩方向本来与磁场方向反平行的电子,变到与磁场平行的方向,直到两种自旋磁矩取向的电子的最高能量相等,从而使自旋磁矩平行于磁场方向的电子数增加,显示顺磁性,如图 6-5(c)所示。

研究表明:自由电子的顺磁性大于自由电子的抗磁性,因此自由电子表现为顺磁性。

6.3.5　抗磁性物质和顺磁性物质

凡是电子壳层被填满了的物质都属于抗磁性物质,如惰性气体氦、氖、氩等。大多数的多原子或双原子气体(如氢气和氮气),其原子在结合成分子的过程中由于共价键的作用,使外层电子被填满,其分子就不具有固有磁矩,因而它们也是抗磁性物质。离子型固体如氯化

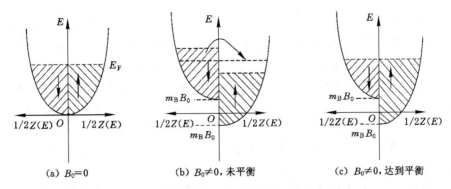

$$(a)\ B_0=0 \qquad (b)\ B_0\ne0,\ 未平衡 \qquad (c)\ B_0\ne0,\ 达到平衡$$

图 6-5　磁场中自由电子两种自旋取向示意图

钠,单一的钠离子和氯离子的电子壳层都是填满的,因此也是抗磁性物质。共价键晶体(碳、硅、锗、硫、磷等)也是由于共价键的作用,也是抗磁性物质,大部分有机物质也属于抗磁性物质。气体、离子晶体和共价键晶体也有例外,例如氧气和石墨是顺磁性物质。

大多数物质都属于顺磁性物质,如氧气、石墨、氧化氮、居里点以上的铁磁金属、过渡族金属的盐等。

金属是由点阵离子和自由电子构成的,因此金属的磁性要从四个方面考虑:正离子的抗磁性、正离子的顺磁性、自由电子的抗磁性、自由电子的顺磁性。正离子的抗磁性来源于其原子核外电子的轨道运动,正离子的顺磁性来源于原子的固有磁矩。自由电子的抗磁性来源于自由电子受到外磁场洛伦兹力的作用,做环形运动所产生的附加抗磁磁矩,自由电子的顺磁性来源于电子的自旋磁矩。因此金属内部既存在产生抗磁性的因素,又存在产生顺磁性的因素,属于哪种磁性,取决于哪种因素占主导地位。

金属的离子由于核外电子层结构不同,可以分为两种情况:一种是离子的电子壳层已全部被电子填满,即离子固有磁矩为 0。在施加外磁场的时候,原子核外电子的轨道运动产生抗磁性,如果离子部分总的抗磁矩大于自由电子的顺磁矩,则为抗磁性金属,如铜、金、银等。锑、铋、铅等金属也属于这种情况,但是其自由电子向共价键过渡,因而呈现异常大的抗磁性。还有些金属,其离子的电子壳层也是填满的,如碱金属和碱土金属,但是其自由电子所产生的顺磁性大于离子的抗磁性,因而属于顺磁性金属,如铝、镁、锂、钠、钾等。另外一种情况是离子有未被填满的电子层,即离子存在固有磁矩。施加外磁场时,这些离子固有磁矩的顺磁性远大于核外电子循轨运动所产生的抗磁性,具有这种离子的金属都属于强顺磁性金属。如 3d 金属中的钛、钒等,4d 金属中的铌、锆、钼等,5d 金属中的铪、钽、钨、铂等。

6.4　铁磁性和亚铁磁性材料磁化曲线和磁滞回线

铁、钴、镍及其合金,稀土族元素钆、镝等铁磁性材料以及铁氧化体等亚铁磁性材料铁氧体等都很容易磁化,在较弱的磁场作用下,就可以得到很大的磁化强度。例如,纯铁在外磁场 $B_0=10^{-6}$ T 时,其磁化强度 $M=10^4$ A/m,而顺磁性的硫酸亚铁在 $B_0=10^{-6}$ T 时,磁化强度仅为 0.001 A/m。并且铁磁性和亚铁磁性材料的磁学特性与顺磁性、抗磁性材料明显不同,主要特点表现在磁化曲线和磁滞回线上。

6.4.1　磁化曲线

铁磁性和亚铁磁性材料的磁化曲线 $M(B)\text{-}H$ 是非线性的。图 6-6 为铁磁体的磁化曲线。在外加磁场作用下,随着磁场强度 H 增大,磁化强度或磁感应强度开始时增大较缓慢,之后迅速增大,再转而缓慢增大,最后当磁场强度达到 H_s 时,磁化至饱和。M_s 称为饱和磁化强度,为磁化过程中技术上所能达到的最大磁化强度。B_s 称为饱和磁感应强度。磁化至饱和后,磁化强度不再随外磁场强度的增大而增大。由于 $B=\mu_0(H+M)$,因此当磁场强度超过 H_s 时,磁感应强度 B 受磁场强度 H 的影响仍将继续增大。从退磁状态直到饱和前的磁化过程称为技术磁化。

磁化曲线 $B\text{-}H$ 上各点的 B 和 H 的比值为各点的磁导率 μ,因此可作出 $\mu\text{-}H$ 关系曲线,如图 6-6 中虚线所示。磁化曲线起始部分的斜率称为起始磁导率,可表示为

$$\mu_a = \lim_{H \to 0} \mathrm{d}B/\mathrm{d}H \tag{6-24}$$

在工业应用中,为了简便易行,常规定在某一弱磁场下的磁导率为起始磁导率。例如规定磁场强度为 0.08 A/m 或 0.4 A/m 下的磁导率值为起始磁导率,可分别记作 $\mu_{0.08}$ 或 $\mu_{0.4}$。一条磁化曲线上,磁导率的最大值称为最大磁导率,以 μ_m 表示。它可以通过在磁化曲线的拐点处作磁化曲线的切线来确定,即磁化曲线拐点处的斜率。对工作在弱磁场下的软磁材料,如信号变压器的铁芯等,希望具有较大的起始磁导率,这样可以在较小的磁场强度下产生较大的磁感应强度。对在强磁场下工作的软磁材料,如电力变压器等,要求有较大的最大磁导率。

6.4.2　磁滞回线

将一个试样磁化至饱和,然后慢慢减小 H,则 M 也将减小,这个过程称为退磁。但是铁磁物质从饱和磁化状态 b 点降低磁场强度 H 时,磁感应强度 $B(M)$ 将不沿原磁化曲线下降而是沿 bc 缓慢下降,如图 6-7 所示。当将磁性材料磁化至饱和以后,再将磁场降为 0,此时磁体中保留的磁感应值称为剩余磁感应强度 B_r。要将 $B(M)$ 变为 0,必须加一个反向磁场 $-H_c$,该反向磁场强度值称为矫顽力 H_c。通常把曲线上的 cd 段称为退磁曲线。由图可以看出在退磁过程中 $M(B)$ 的变化落后于 H 的变化,这种现象称为磁滞现象。

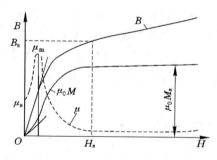

图 6-6　铁磁体的磁化曲线

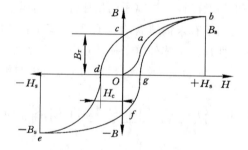

图 6-7　铁磁体的磁滞回线

当反向磁场 H 继续增大时,最后又达到反向饱和,若再减小反向磁场并沿着正方向增大 H,则得到另一半曲线。由图 6-7 可以看出:铁磁物质当 H 从 $+H_s$ 变到 $-H_s$ 再变到 $+H_s$,试样的磁化曲线形成一个封闭曲线,称为磁滞回线。

铁磁体反复磁化一周,由于磁滞现象所造成的损耗称为磁滞损耗,这种损耗通常以热的形式释放。磁滞回线所包围的面积表示磁化一周时所消耗的功,即等于磁滞损耗 Q 的大小,可以表示为

$$Q = \oint H \, dB \tag{6-25}$$

6.5　铁磁系统中的能量概念

铁磁体在施加磁场之后在磁化过程中存在能量变化,这些能量包括磁晶各向异性能、退磁能、磁弹性能等,理解这些能量概念有利于分析一些铁磁现象。

6.5.1　磁晶各向异性和各向异性能

在单晶体的不同晶向上,磁性能不同,表现为沿不同晶向磁化的磁化曲线不同,这种特性称为磁晶各向异性。为了使铁磁体磁化,要消耗一定的能量,该能量称为磁化功。沿某晶向磁化时消耗的磁化功在数值上等于沿该方向磁化的磁化曲线与纵坐标轴之间所夹的面积,如图 6-8 所示。磁化功可以表示为

$$W = \int_0^M H \, dM \tag{6-26}$$

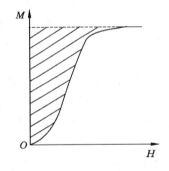

图 6-8　磁化功示意图

沿铁磁单晶体不同方向磁化时所需的磁化功差别比较大,需要磁化功小的方向称为易磁化方向或易磁化轴,需要磁化功大的方向称为难磁化方向或难磁化轴。图 6-9 为铁、钴、镍沿不同晶向的磁化曲线。由图 6-9 可以看出:不同晶体结构的铁磁单晶体的易磁化方向和难磁化方向是不同的。铁是体心立方结构,铁单晶体沿[100]方向磁化功最小,沿[111]方向磁化功最大,因此铁的[100]方向为易磁化方向,[111]方向为难磁化方向。镍是面心立方结构,易磁化方向为[111],难磁化方向为[100]。钴是六角晶体,易磁化方向为[0001],即与六边形柱体轴的方向重合,难磁化方向是[1010]。

沿不同方向的磁化功不同,反映了磁化强度矢量 M 在不同方向取向时的能量不同。磁化强度沿易磁化方向能量最低,沿难磁化方向能量最高。如果将磁化方向由易磁化方向移到难磁化方向则需供给能量。这部分与磁化方向有关的能量称为磁晶各向异性能。显然 M 沿易磁化轴时磁晶各向异性能最低(通常取此能量为基准),沿难磁化轴时磁晶各向异性能最高。磁晶各向异性能用 E_k 表示。

对于立方晶系,设 α, β, γ 分别为磁化强度 M 与 3 个晶轴方向夹角的余弦,即 $\alpha = \cos \alpha_1$, $\beta = \cos \alpha_2$, $\gamma = \cos \alpha_3$,根据晶体的对称性和三角函数的关系式可得

$$E_k = K_0 + K_1(\alpha^2\beta^2 + \beta^2\gamma^2 + \gamma^2\alpha^2) + K_2\alpha^2\beta^2\gamma^2 \tag{6-27}$$

式中,K_0 代表主晶轴方向磁化能量(沿易磁化方向磁化时所需能量),为与变化的磁化方向无关的常数;K_1, K_2 称为磁晶各向异性常数,与方向有关,由物质结构决定。一般情况下 K_2 较小,可以忽略,而把 K_1 视为磁晶各向异性常数。

铁在 20 ℃时的 K_1 值约为 4.2×10^4 J/m³,钴的 K_1 值为 4.1×10^5 J/m³,镍的 K_1 值为

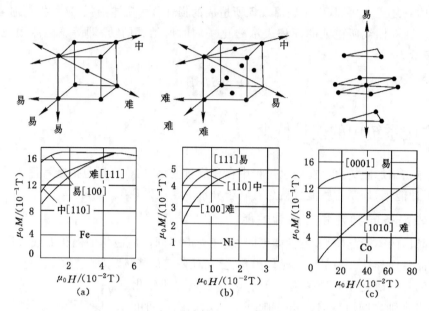

图 6-9　铁、钴、镍沿不同晶向的磁化曲线

-0.34×10^{4} J/m^3,负号表示镍的易磁化方向是<111>,而难磁化方向是<100>。通过比较可知:六方点阵对称性差,各向异性常数较大。磁晶各向异性常数的大小关系到磁化的难易程度,故高磁导率的软磁材料的一个重要条件就是 K_1 的绝对值要小,而作为大矫顽力的硬磁材料却要求较大的 K_1 值,研究磁晶各向异性将为寻求新型磁性材料提供线索。由于磁晶各向异性的存在,如果没有其他因素的影响,显然自发磁化在磁畴中的取向不是任意的,而是在磁晶各向异性能最小的各个易磁化方向上。

6.5.2　铁磁体的形状各向异性及退磁能

铁磁体的形状对磁性有着重要的影响。非取向的多晶铁磁体并不显示磁的各向异性,把它做成球形将是各向同性的。对一定形状的多晶铁磁材料,沿不同方向测得的磁化曲线不同或同种多晶铁磁体做成不同形状试样测得的磁化曲线不同,这种现象称为形状各向异性。图 6-10 为长片状铁磁体沿 x、y、z 轴方向测得的磁化曲线是不同的。图 6-11 为将同一种铁磁体分别做成环状、细长棒状和粗短棒状,并测量它们的磁化曲线(棒状试样在开路条件下测量),将得到 3 条不重合的磁化曲线。

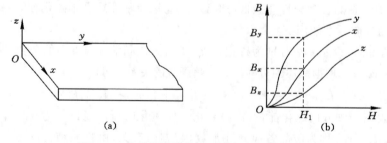

图 6-10　长片状铁磁体沿不同方向的磁化曲线

铁磁体的形状各向异性是由退磁场引起的。当有限尺寸的物体在具有较大磁化强度时会出现磁性的极化。当铁磁体在外磁场中磁化时,由于磁体和空气磁导率不同,必然在铁磁体的两个端面产生自由磁荷(集中磁极)。当铁磁体表面出现磁极后,除在铁磁体周围空间产生磁场外,在铁磁体的内部也产生磁场。这一磁场与铁磁体的磁化强度方向相反,起到退磁的作用,称为退磁场。图 6-12 为铁磁体的退磁场示意图。

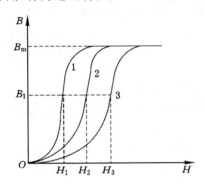

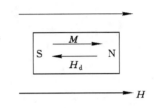

1—环状;2—细长棒状;3—粗短棒状。

图 6-11 不同几何形状试样的磁化曲线　　　　图 6-12 铁磁体的退磁场

封闭环状试样不会产生退磁场,开路磁体才有退磁场。若用 H_e 表示外磁场,H_d 表示表面磁荷产生的退磁场,则作用在试样内部的总磁场 H 为

$$H = H_e + H_d \tag{6-28}$$

退磁场 H_d 与磁化强度 M 关系的表达式为

$$H_d = -NM \ (\text{CGS}) \tag{6-29}$$

$$(B_0)_D = -DM \ (\text{SI}) \tag{6-30}$$

式中,N 和 D 称为退磁因子。

式(6-29)和式(6-30)说明退磁场与磁化强度成正比,负号表示退磁场的方向与磁化强度的方向相反。退磁因子的大小与铁磁体的形状有关,对于一定形状的铁磁体,不同方向的退磁因子不同。例如棒状铁磁体试样越短越粗,N 越大,退磁场越强,于是试样需在更强的外磁场作用下才能磁化至饱和。

铁磁体在自身退磁场中的能量称为退磁能。单位体积铁磁体的退磁能可表示为

$$E_d = -\int_0^M H_d \mathrm{d}M = \int_0^M NM \mathrm{d}M = \frac{1}{2}NM^2 (\text{CGS}) \tag{6-31}$$

$$E_d = \frac{1}{2}DM^2 (\text{SI}) \tag{6-32}$$

对于非球形的铁磁体,各个方向的退磁因子不一样,导致各个方向的退磁能不一样,沿不同方向磁化时的难易程度不同,因而形状各向不相同。

6.5.3 磁致伸缩与磁弹性能

铁磁体在磁场中被磁化时,其形状和尺寸都会变化,这种现象称为磁致伸缩。磁致伸缩的大小可用磁致伸缩系数表示。磁致伸缩系数包括线磁致伸缩系数和体积磁致伸缩系数。

线磁致伸缩系数 λ 定义式为

$$\lambda = \frac{l - l_0}{l_0} \tag{6-33}$$

式中，l_0 为铁磁体原来的长度；l 为磁化后铁磁体的长度。

$\lambda > 0$ 时，表示沿磁场方向伸长，称为正磁致伸缩；$\lambda < 0$ 时，表示沿磁场方向缩短，称为负磁致伸缩。所有铁磁体均有磁致伸缩的特性，但是不同铁磁体的磁致伸缩系数不相等，一般在 $10^{-6} \sim 10^{-3}$ 之间。铁、钴、镍等的磁致伸缩系数随磁场的变化曲线如图 6-13 所示。随着外磁场的增强，铁磁体的磁化强度增大，这时 $|\lambda|$ 也随之增大。当 $H = H_s$ 时，磁化强度达到饱和值 M_s，此时 $\lambda = \lambda_s$，称为饱和磁致伸缩系数。对于一定的铁磁材料，其 λ_s 是常数。

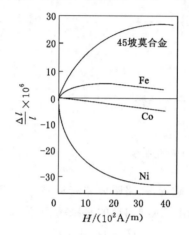

图 6-13　铁、钴、镍等的 λ-H 关系曲线

体积磁致伸缩系数 W 定义式为

$$W = \frac{V - V_0}{V_0} \tag{6-34}$$

式中，V_0 为铁磁体原来的体积；$V - V_0$ 为磁化后的体积变化量。

除因瓦合金具有较大的体积磁致伸缩系数外，其他铁磁体的体积磁致伸缩系数都十分小，其数量级为 $10^{-10} \sim 10^{-8}$。

磁致伸缩的原因可以用图 6-14 所示铁磁体的应变随磁场强度的变化示意图来解释。铁磁体内部存在磁畴，在外加磁场作用下，伴随着磁畴壁移动和磁畴转动，这两个效应都将引起材料尺寸变化。

单晶体的磁致伸缩也具有各向异性。图 6-15 为铁、镍单晶体沿不同晶向的磁致伸缩系数。由图 6-15 可以看出：铁在不同晶向上的磁致伸缩系数差别很大。

在多晶铁磁体中磁致伸缩各向同性，其磁致伸缩系数是不同取向晶粒的系数的平均值，用 $\bar{\lambda}_s$ 表示。对于立方晶系，$\bar{\lambda}_s$ 与单晶体的 λ_s 有如下关系式

$$\bar{\lambda}_s = \frac{2\lambda_{s<100>} + 3\lambda_{s<111>}}{5} \tag{6-35}$$

铁磁材料在磁化时会发生磁致伸缩，如果形变受到限制，不能伸长（或缩短），则在材料内部产生压应力（或拉应力），这样物体内部将产生弹性能，称为磁弹性能。物体内部的缺陷、杂质等都可能提高其磁弹性能。对于多晶铁磁体来说，磁化时由于应力的存在而在单位

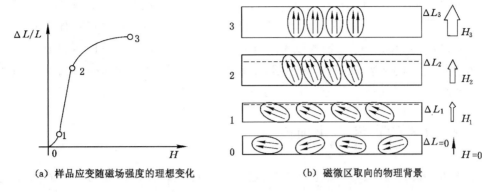

（a）样品应变随磁场强度的理想变化　　（b）磁微区取向的物理背景

图 6-14　应变随磁场强度的变化

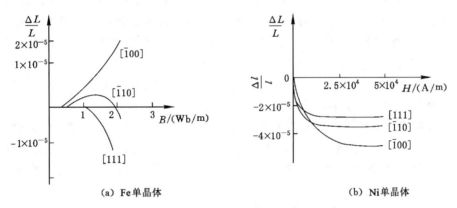

（a）Fe 单晶体　　（b）Ni 单晶体

图 6-15　铁、镍单晶体不同晶向的磁致伸缩系数

体积铁磁体中引起的磁弹性能可由式（6-36）计算。

$$E_\sigma = \frac{3}{2}\lambda_s\sigma\sin^2\theta \qquad (6\text{-}36)$$

式中，θ 为磁化方向和应力方向的夹角；σ 为材料所受到的应力；λ_s 为饱和磁致伸缩系数。

　　由式（6-36）可以看出：磁弹性能与 $\lambda_s\sigma$ 的乘积成正比，而且随着应力与磁化方向的夹角 θ 变化。$\theta = 0°$ 时，$E_\sigma = 0$；$\theta = 90°$ 时，$E_\sigma = \frac{3}{2}\lambda_s\sigma$。如果 λ_s 和 σ 均为正值（即对应于正磁致伸缩和拉应力），$\theta = 0°$ 时能量最小，$\theta = 90°$ 时能量最大。如果 λ_s 或 σ 中一个为正值，另一个为负值，$\theta = 0°$ 时能量最大，$\theta = 90°$ 时能量最小。由此可见：应力也会使材料各向异性，称为应力各向异性，像磁晶各向异性那样影响材料的磁化。

　　正磁致伸缩的材料（$\lambda_s > 0$），如果受到拉应力，$\theta = 0°$ 时能量最小，因此材料的磁化强度将转向应力 σ 方向，即加强拉应力方向的磁化。

　　负磁致伸缩的材料（$\lambda_s < 0$），如果受到拉应力，$\theta = 90°$ 时能量最小，因此材料的磁化强度将转向垂直于应力 σ 方向，即减弱拉应力方向的磁化。同理，也可以分析压应力对正（负）磁致伸缩材料磁化的影响。

　　与磁晶各向异性一样，应力各向异性对磁化也产生阻碍作用，因而与磁性材料的性能密切相关。要得到高磁导率的软磁材料，就必须使其具有低 K 值和 $\lambda\sigma$ 值，硬磁材料则相反。

铁磁体的磁致伸缩已在工业中得到应用,特别是近年来开发的稀土超磁致伸缩材料,如 Terfenol-D,即 $Tb_{0.27}Dy_{0.37}Fe_2$ 以及 $TbFe_2$ 等,比一般磁致伸缩合金的磁致伸缩系数高一个数量级以上。$Tb_{0.27}Dy_{0.37}Fe_2$ 的饱和磁致伸缩系数 λ_s 达 1.068×10^{-3},$TbFe_2$ 的达 1.753×10^{-3},在微型步进旋转马达、机器人、传感器、驱动器等领域具有广泛的应用前景,而已成熟的具有高磁致伸缩系数的材料早已被用来制作超声波换能器与存储器等。

6.6 磁性材料的自发磁化理论

铁磁性和亚铁磁性材料的磁化特性与抗磁性、顺磁性物质的磁化特性有很大不同,主要体现在:磁化率与磁化强度远高于抗磁性和顺磁性材料;存在磁饱和与磁滞现象;磁化曲线是非线性的;交变磁化时形成磁滞回线。法国科学家韦斯最早对铁磁性的物理本质进行了理论解释,于 1907 年提出了铁磁性假说,认为铁磁性物质内部存在很强的"分子场",在"分子场"的作用下,在一定尺寸区域内的原子固有磁矩趋于同向平行排列,即自发磁化至饱和,称为自发磁化;铁磁体自发磁化分成若干个小区域(这种自发磁化至饱和的小区域称为磁畴),各区域(磁畴)的磁化方向各不相同,其磁性彼此相互抵消,所以大块铁磁体对外不显示磁性。

实验证明了韦斯铁磁性假说的正确性,并在此假说的基础上发展了现代铁磁性理论。在分子场假说的基础上发展了自发磁化理论,解释了铁磁性的来源;在磁畴假说的基础上发展了技术磁化理论,解释了铁磁体磁化过程的磁化机理,即在外磁场作用下,磁畴是如何逐渐趋向外磁场方向的。

自发磁化理论认为铁磁性材料的磁性是自发产生的。磁化过程只是把物质本身的磁性显示出来,而不是由外界向物质提供磁性的过程。

6.6.1 铁磁性产生的原因

在纯金属中,只有铁、钴、镍和稀土元素钆是铁磁性的,这说明形成磁畴必须具备严格的条件。实验证明:铁磁质自发磁化的根源是原子(正离子)磁矩,而且在原子磁矩中起主要作用的是电子自旋磁矩。由于原子结合成晶体时原子外层电子轨道受到点阵周期场的作用,方向是变化的,不能产生联合磁矩,因此电子轨道磁矩对原子固有磁矩几乎没有贡献。与顺磁性一样,在原子的电子壳层中存在没有被电子填满的状态是产生铁磁性的必要条件。

如铁、钴、镍,理论上铁原子的电子自旋磁矩有 $4\mu_B$,钴有 $3\mu_B$,镍有 $2\mu_B$。锰理论上有 $5\mu_B$,但锰并不是铁磁性元素,这说明原子具有未填满的电子壳层(即原子有未抵消的自旋磁矩)是产生铁磁性的必要条件,但不是充分条件。材料要具有铁磁性,关键在于其原子自旋磁矩能自发地排列在同一个方向上,即能够自发磁化,这是产生铁磁性的充分条件。是什么作用使原子磁矩自发平行排列呢?海森伯格(Heisenberg)和弗兰克(Frank)按照量子理论证明,物质内部相邻原子的电子之间存在一种来源于静电的相互交换作用,由于这种交换作用对系统能量的影响,迫使各原子的磁矩平行或反平行排列。

在大量电子的集合体中,当相邻的原子相互靠近到一定距离时,它们的内 d 层电子之间能够产生一种静电的交互作用,即相互交换电子的位置。为什么能够相互交换电子?因为

3d 电子云重叠,其中一个原子的 3d 电子既可以绕其中的一个原子核旋转,也可以绕另一个原子核旋转,就好像迷路了一样,一会绕这个原子核旋转,一会又绕另一个原子核旋转,另外一个原子的 3d 电子也类似。这就相当于两个电子相互交换位置。从而引起系统能量的变化,这个变化的能量就是交换能 E_{ex},E_{ex} 可以表示为

$$E_{ex} = -2Am_1m_2\cos\varphi = -2Am^2\cos\varphi \tag{6-37}$$

式中,m_1,m_2 为相邻两个原子的电子自旋磁矩(原子磁矩);φ 为 m_1,m_2 之间的夹角;A 为交换积分,A 不仅与电子运动状态的波函数有关,还取决于原子核间距离 R_{ab} 和 d 电子层半径 r 的比值。图 6-16 表示了交换积分 A 与 R_{ab}/r 的关系。

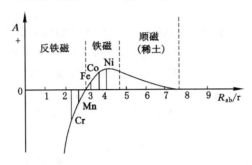

图 6-16　交换积分 A 与 R_{ab}/r 的关系曲线

由式(6-37)和图 6-16 可以看出:

(1) 当 $R_{ab}/r>3$,$A>0$,$\varphi=0$ 时,E_{ex} 为最低的负值,则相邻原子的自旋磁矩同向平行排列时能量最低,只有 Fe,Co,Ni 和 Gd 才能满足此条件,因而具有铁磁性。而 Gd 因 R_{ab}/r 过大,A 很小,居里点很低,以致在室温下可能不显示铁磁性。

(2) 当 $R_{ab}/r<3$,$A<0$,$\varphi=180°$时,E_{ex} 等于最低的负值,则相邻原子的自旋磁矩反向平行排列时能量最低。Cr,Mn 满足此条件,因而显示反铁磁性。

大多数的稀土元素 $R_{ab}/r>7$,电子的交互作用很弱,只能显示顺磁性。

综上所述,铁磁性产生的条件:(1) 原子内部有未填满的电子壳层;(2) 相邻原子核之间距离 R_{ab} 与未填满的内电子层的半径 r 之比 $R_{ab}/r>3$,使交换积分 A 为正。前者指的是原子固有磁矩不为 0,后者指的是材料要有一定的晶体结构。

铁磁体自发磁化的本质是临近原子的电子间静电交换作用,这种交换作用相当于一个强磁场作用于各个原子磁矩,使铁磁体内部自发形成磁化到饱和的小区域——磁畴。这种磁化并不依赖于外磁场的作用,因此称为自发磁化。

6.6.2　反铁磁性和亚铁磁性

根据前面的讨论可知:如果交换积分 $A<0$,则相邻原子磁矩反向平行排列时能量最低。如果相邻原子磁矩相等,由于原子磁矩反向平行排列,原子磁矩相互抵消,自发磁化强度等于 0,这种特性称为反铁磁性。α-Mn、铬、氧化镍、氧化锰等属于反铁磁性物质。

亚铁磁性物质由磁矩大小不等的两种离子(或原子)组成,相同磁性的离子磁矩同向平行排列,不同磁性的离子磁矩反向平行排列。由于两种离子的磁矩不相等,反向平行的离子磁矩不能恰好抵消,两者之差为宏观磁矩,这就是亚铁磁性。具有亚铁磁性的物质绝大部分是金属的氧化物,是非金属磁性材料,一般称为铁氧体。

图 6-17 为铁磁性、反铁磁性、亚铁磁性原子磁矩的有序排列方式。

（a）铁磁性　　　（b）反铁磁性　　　（c）亚铁磁性

图 6-17　三种磁化状态示意图

6.6.3　磁畴

6.6.3.1　磁畴的定义及观察

铁磁质在未被磁化时，其内部已存在许多自发磁化到饱和的小区域，即小区域中相邻原子磁矩自发同向平行排列，这些微小的自发磁化的区域称为磁畴，如图 6-18 所示。显示磁畴的方法有粉纹法、磁光效应法等。粉纹法是将试样表面适当处理后，敷上一层铁磁粉末的悬胶，然后在显微镜下观察，由于暴露在样品表面上的磁畴分界线上有磁极存在，因而铁磁粉末将聚集在磁畴的边界处，在显微镜下便可以观察到磁畴边界。图 6-19 为观察到的 3 种铁磁性物质的磁畴。

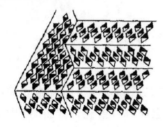

图 6-18　磁畴示意图

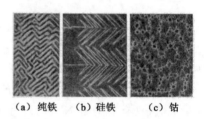

（a）纯铁　（b）硅铁　（c）钴

图 6-19　三种铁磁性物质的磁畴

根据观察，磁畴的线度可达到毫米量级，体积为 $10^{-8} \sim 10^{-10}$ m³，可含有 $10^{17} \sim 10^{21}$ 个原子。有的磁畴大而长，称为主畴，其自发磁化方向必定沿晶体的易磁化方向。小而短的磁畴称为副畴，自发磁化方向不一定是晶体的易磁化方向。

6.6.3.2　磁畴壁

相邻磁畴的边界称为磁畴壁。磁畴壁是原子磁矩由一个磁畴方向逐渐转向相邻磁畴方向的过渡区，是高能量区。磁畴壁厚度与物质的成分和晶体结构有关。根据磁畴壁两侧磁畴的磁矩方向之间的关系，磁畴壁可分为 180°畴壁和 90°畴壁。根据畴壁中磁矩的过渡方式，磁畴壁可分为布洛赫壁和奈尔壁。

图 6-20 为 180°畴壁和 90°畴壁示意图。铁磁体中一个易磁化轴上有两个相反的易磁化方向，两个相邻磁畴的磁化方向正好相反的情况很常见，这样两个磁畴间的畴壁即 180°壁。对于立方晶体，如果 $K_1 > 0$，易磁化轴互相垂直，则两个相邻磁畴的磁化方向可能互相垂直，形成 90°壁。如果 $K_1 < 0$，易磁化方向为 <111>，这两个方向相交夹角为 109°或 71°，两个相邻磁畴的磁化方向夹角可能为 109°或 71°，由于与 90°相差不大，此类畴壁有时也称为 90°壁。

图 6-21 为布洛赫壁示意图。大块晶体材料内的畴壁属于布洛赫壁。在布洛赫壁中，磁矩的过渡方式是始终平行于畴壁平面，180°畴壁即布洛赫壁。铁中这种壁厚大约为 300 个

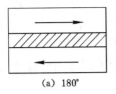 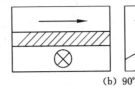 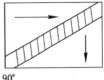

(a) 180°　　　　　　　　　　(b) 90°

图 6-20　180°畴壁和 90°畴壁示意图

点阵常数。极薄的磁性薄膜中存在奈尔壁。图 6-22 为奈尔壁示意图。在奈尔壁中,磁矩围绕薄膜平面的法线改变方向,并且是平行于薄膜表面逐渐过渡的。

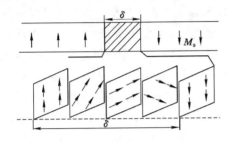

图 6-21　布洛赫壁示意图

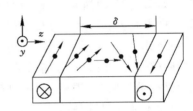

图 6-22　奈尔壁示意图

　　由于相邻两个磁畴内的自发磁化矢量在不同方向上,磁化矢量从一个畴的取向逐渐转变为另一个畴的取向,只能通过相邻两磁畴间每个原子的自旋磁矩方向逐渐改变方式来进行,从而在铁磁体内相邻磁畴间形成过渡层,这个过渡层实质上就是磁畴壁。平衡状态时的畴壁厚度是由总能量达到最小值的条件所决定的。

　　磁畴壁具有交换能、磁晶各向异性能、磁弹性能。磁畴壁是原子磁矩方向由一个磁畴的方向转到相邻磁畴方向的逐渐转向的一个过渡层,相邻磁矩不平行,导致交换能增强,又因为离开易磁化轴,导致磁晶各向异性能增强。畴壁中包括的原子层数越多,在畴壁中引起的交换能增强越少,如果只考虑降低交换能,则壁厚越大越好;畴壁中包括的原子层数越多,畴壁中的磁晶各向异性能就越大,如果只考虑降低磁晶各向异性能,壁厚越小越好。综合考虑这两个方面的因素,单位面积上的畴壁能 W 与壁厚 N 的关系曲线如图 6-23 所示。畴壁能最小值所对应的壁厚 N_0 即平衡状态时磁畴壁的厚度。由于原子磁矩逐渐转向,各个方向上的伸缩难易程度不同,从而产生磁弹性能。

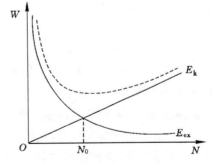

图 6-23　畴壁能与壁厚的关系曲线

　　综上所述,畴壁的能量总比畴内的能量高,畴壁厚度和面积的不同使它具有一定的能量。

6.6.3.3　磁畴的形成

　　在每个磁畴内,在没有外磁场的情况下,磁畴内所有原子的磁矩已沿着易磁化方向自发磁化至饱和程度。通常是沿着易磁化方向,所以每个磁畴可看作一个小磁铁。但是每个磁畴的磁化方向都可能不同(因为易磁化方向有多个),因此对于没有磁化的铁磁质,各个磁畴的联合磁矩互相抵消,对外不显示磁性。而只有在外磁场作用下,各个磁畴的磁化方向逐渐趋于与外磁场一致,才表现出很强的磁性。磁畴的形状、尺寸、畴壁的类型与厚度总称为磁畴结构。同一磁性材料,如果磁畴结构不同,其磁化行为也不同。因此磁畴结构类型不同是铁磁性物质磁性差别很大的原因之一。

1935年,朗道和栗弗希茨从磁场能量的观点说明了磁畴的成因。决定磁畴结构的能量因素有交换能、磁晶各向异性能、磁弹性能、退磁能、磁畴壁能。对于平衡状态时的畴结构,这些能量之和应具有最小值。

以铁磁单晶体为例来说明磁畴的形成原因。交换能力图使整个晶体自发磁化至饱和,磁化方向沿晶体易磁化方向,此时交换能最小,磁晶各向异性能也最小。但是必然在其端面出现磁极,如图6-24(a)所示,有磁极存在必然产生退磁场,从而退磁能增大。为降低退磁能,单晶体将形成多个磁畴。降低退磁能是分畴的基本动力。磁畴分得越多,退磁能就越小,如图6-24(b)和图6-24(c)所示。可以计算得出:当磁体被分为n个磁畴时,退磁能降到不分畴时的$1/n$。因为不分畴时端面磁极数量多,分畴后端面中间部分异性磁极相连,使得端面磁极数量减少,退磁场强度降低,退磁能减少。但是分畴的同时新增加了磁畴壁能量,因此不能无限制分畴。当畴壁能与退磁能之和最小时,分畴停止,形成一种处于平衡状态的磁畴结构。

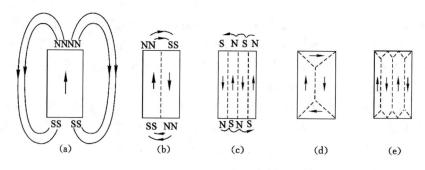

图6-24　单畴晶体中磁畴的起因

实验观察到三角形封闭畴,如图6-24(d)和图6-24(e)所示。三角形畴(副畴)使片状的主磁畴路闭合,使磁极首尾相连,表面不产生磁极,退磁能为0,但是又新增加了磁晶各向异性能、磁弹性能等(因为封闭型磁畴位于难磁化方向上),因此通常的三角形畴是细小的。当各种能量之和达到最小值时,就得到了平衡状态的磁畴结构。

一般情况下,铁磁单晶体中的主磁畴为细小扁平的薄层或细长的棱柱体形状,相邻主畴的磁化方向相反,并以畴壁分开,两端以小的三角形畴封闭。

在铁磁多晶体中,每一个晶粒都可能包括许多磁畴。在一个磁畴内磁化强度一般沿晶体的易磁化方向。对于非织构的多晶体,各晶粒的取向是不同的,因此在不同晶粒内部磁畴的取向是不同的,故磁畴壁一般不能穿过晶界。图6-25为多晶体中的磁畴示意图。

如果铁磁晶体内存在夹杂物、应力、空洞等,将使磁畴结构复杂化。由于夹杂物处磁通连续性遭到破坏,势必出现磁极和退磁能。为减小退磁能,往往要在夹杂物附近出现楔形畴或附加畴,如图6-26(c)和图6-27所示。平衡状态时,畴壁一般都跨越夹杂物或空洞。因为

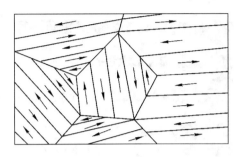

图 6-25　多晶体中的磁畴示意图

无外磁场时,畴壁如果位于杂质分布处,则畴壁被夹杂物占据,有效面积减小,使总畴壁能低而稳定。另外,夹杂物处的退磁能进一步降低,所以夹杂物有吸引畴壁的作用。

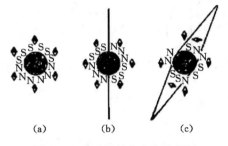

图 6-26　磁畴经过夹杂物的情况

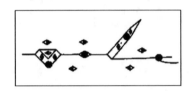

图 6-27　主磁畴壁经过一群夹杂物形成楔形磁畴

6.7　技术磁化理论

6.7.1　技术磁化的本质

6.7.1.1　技术磁化过程

技术磁化过程是指外加磁场对磁畴的作用过程,也就是外加磁场把各个磁畴的磁矩方向转到外磁场方向(或近似外磁场方向)的过程。技术磁化是通过两种方式进行的:磁畴壁的迁移机制和磁畴的旋转机制。磁化过程中有时只有其中一种方式起作用,有时是两种方式同时起作用。磁化曲线和磁滞回线是技术磁化的结果。

图 6-28 为技术磁化过程分区示意图。Ⅰ区称为磁畴壁可逆迁移区,Ⅱ区为不可逆迁移区,Ⅲ区为磁畴旋转区。在技术磁化过程中,磁化曲线的斜率由小变大,达到最大值,再变小,最后为一条近似水平的直线。

技术磁化过程中磁畴壁的迁移过程如图 6-29 所示。假设未加磁场时铁磁材料有两个磁畴,它们的磁化强度方向相反,均沿易磁化方向,磁畴壁通过夹杂相[图 6-29(a)]。当外磁场 H 逐渐增大时,左侧磁畴(M 与 H 相近)的壁将有所移动,壁移的过程就是壁内原子磁矩依次转向的过程,最后形成几段圆弧线[图 6-29(b)],但是磁畴壁暂时还离不开夹杂物。如果这时撤掉外磁场,畴壁自动迁回原位,因为原位状态能量最低,这就是磁畴壁的可逆迁移阶段。在这个阶段虽然左侧磁畴面积增大,右侧磁畴面积减小,但是铁磁材料的变化都不大,相当于虽然外磁场强度增大,但磁化强度增大不多,磁化曲线较为平坦,磁导率不高。

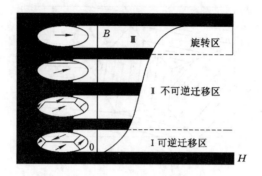

图 6-28　技术磁化过程分区示意图

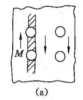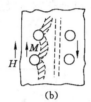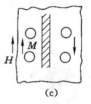

图 6-29　磁畴壁迁移过程示意图

　　当外磁场强度 H 继续增大,达到弧形磁畴壁的总长大于不通过夹杂物时的长度[图 6-29(b)中虚线]时,畴壁会脱离夹杂物迁移到点虚线位置,从而自动迁移到下一排夹杂物位置,处于另一稳态[图 6-29(c)、图 6-29(d)]。完成这个过程后材料的磁化强度 M 变化较大,对应于磁化曲线上的陡峭部分,磁导率较高。如果此时撤掉外磁场,畴壁不会由于磁场取消而自动迁回原始位置,故称为磁畴壁的不可逆迁移阶段,即巴克豪森跳跃,磁矩瞬时转向易磁化方向。不可逆迁移的结果是整个材料成为一个大磁畴,其磁化强度方向是晶体易磁化方向。

　　继续增大外磁场强度 H,整个磁畴的磁矩方向将转向外磁场方向,这个过程称为磁畴的旋转阶段,即曲线Ⅲ区。磁畴旋转的结果:使磁畴的磁化强度方向与外磁场方向平行,材料的宏观磁性达到最强,磁化饱和。之后再增大外磁场强度 H,因为磁畴的磁矩方向都转到外磁场方向,因此材料的磁化强度 M 不再增大。

　　由图 6-28 可以看出:磁场中静磁能最小的畴(与横坐标表示的磁场方向相近的畴)开始长大,"吃掉"能量上不利的畴,最后磁畴的磁矩方向与外磁场方向一致,材料磁化至饱和。

6.7.1.2　磁畴壁迁移的影响因素

　　理想的铁磁晶体应内部结构均匀、内应力极小、不存在夹杂物,当其受到外磁场作用时,只要内部的有效磁场不等于 0,磁畴壁就开始移动,直到磁畴结构改组到有效磁场等于 0 时才稳定下来。这种理想铁磁晶体的起始磁化率应为无穷大。但是在实际晶体中总是存在着晶体缺陷、夹杂物和内应力。这些结构的不均匀性产生了对磁畴壁迁移的阻力,从而使起始磁化率降为有限值。

　　磁畴壁迁移过程中,铁磁晶体的总自由能不断变化。铁磁晶体的能量主要包括静磁能、交换能、磁晶各向异性能、磁弹性能、退磁能。外磁场是磁畴壁迁移的动力,静磁能在技术磁化中起主导作用,其他几种能量都是磁畴壁迁移的阻力。实际上交换能和磁晶各向异性能都包含在"磁畴壁能"中。这里讨论的磁化过程是在缓慢变化的磁场或低频交变磁场中进行的,属于静态或准静态的技术磁化问题,因此,当前述 5 种能量之和为极小值时磁畴壁到达平衡位置。

归纳起来,磁畴壁迁移的影响因素主要包括:(1)铁磁材料中夹杂物、第二相、空隙的数量及其分布。数量越多,分布越弥散,对磁畴壁迁移的阻力越大。(2)内应力的大小和分布。内应力变化越大,分布越不均匀,对磁畴壁迁移的阻力越大。(3)磁晶各向异性能。因为磁畴壁迁移实质上是原子磁矩的转动,必然要通过难磁化方向。(4)磁致伸缩和磁弹性能。因为磁畴壁迁移会引起铁磁材料沿某一方向伸长或沿另一方向缩短。

因此,要提高铁磁材料磁导率,可以采取以下措施:(1)减少夹杂物数量,降低内应力;(2)降低磁晶各向异性能;(3)使材料具有较小的磁致伸缩和磁弹性能。

6.7.2　反磁化过程

反磁化过程是指铁磁材料从一个方向上技术饱和磁化状态变为相反方向的技术饱和磁化状态的过程,即由图 6-7 中 b 到 e 的过程,或等价地由 e 回到 b 的过程。

对于大块铁磁材料来说,同磁化过程类似,在反磁化过程中磁畴结构的变化也存在磁畴壁的迁移和磁畴的旋转两种机制,而且也包括可逆迁移和不可逆迁移两种类型。但是与由热退磁状态起始的磁化过程不同,在反磁化过程中磁畴结构的变化增加了,称为反磁化形核的机制。

古德纳夫(Goodenough)在研究饱和磁化的多晶样品内反磁化核的存在和长大的条件时指出:由于材料结构不均匀,内部存在局部应力、空隙和非磁性夹杂物等,在它们周围会出现磁极,形成退磁场,成为反磁化核,特别是晶粒和片状脱溶物的界面上最有可能成为该类反磁化核的起源。该结论已被多晶界面上发现小磁畴的实验所证实。在外部反向磁场的作用下,反磁化核将发展成为反向磁畴。

将铁磁材料磁化至饱和后,其饱和磁化强度 M_s 的方向一般都不是晶体的易磁化方向。如果这时把磁场降低到 0,将发生磁畴旋转,由于磁晶各向异性能的作用,各磁畴的磁矩方向将转向离外磁场方向最近的易磁化方向,而不是平均分布在各个易磁化方向上。因而在磁场方向仍存在磁化强度的分量,这就是存在剩余磁化强度 M_r 的原因。

如果此时施加反向磁场,在反向磁场的作用下,磁矩方向同反磁场方向的夹角大于 90°的磁畴(称为正向磁畴)缩小,磁矩方向同反磁场的夹角小于 90°的磁畴(称为反向磁畴)要扩大。

与正磁化过程一样,可以设想,反磁化过程初期也存在一个磁畴壁的可逆迁移阶段,然后才开始不可逆跳跃。随着反向磁场的继续增强,磁化强度可能发生多次跳跃式降低。当反向磁畴扩大到同正向磁畴相等时,其磁化对于外部的效果相抵消,有效磁化强度为 0,这时的反向磁场强度称为矫顽力。当磁畴壁迁移过程完成后,所有磁畴都成为反向磁畴,但是多数磁畴的磁矩方向同磁场不一致,要达到饱和还需要经过磁畴的转动。

为了提高铁磁材料的矫顽力,必须增大磁畴壁迁移的阻力,可以采取以下措施:提高磁致伸缩系数 λ_s,使材料产生内应力,增大杂质浓度和弥散度等。但是最有效的方法是不发生磁畴壁的迁移,要彻底做到这一点只能设法使磁畴壁不存在。当材料中的颗粒小到临界尺寸以下时可以得到不存在磁畴壁的单磁畴,这是非常重要的提高矫顽力的方法。

6.8 影响铁磁性和亚铁磁性的因素

在铁磁性和亚铁磁性材料中,凡是与自发磁化有关的参量都是组织不敏感性能参量,如 M_s,λ_s,K,T_c 等,这些参量取决于金属或合金的成分、原子结构、晶体结构、组成相的性质与相对量,与材料的显微组织无关或关系不大。凡是与技术磁化有关的参量都是组织敏感性能参量,如 μ,H_c,B_r,χ 等,这些参量除了与晶体结构和化学成分有关外,更重要的是取决于磁畴结构、显微组织、晶粒取向与晶体缺陷等。

6.8.1 温度

图 6-30 为几种铁磁性材料的饱和磁化强度随温度的变化曲线。由图 6-30 可以看出:随着温度升高,饱和磁化强度开始较缓慢下降,接近居里温度时急剧下降,并在到达居里温度 T_c 时下降为 0,材料由铁磁性转变为顺磁性,这是因为温度升高,原子热振动加剧,削弱原子的自旋磁矩同向排列直至丧失自旋有序。表 6-2 列出了几种材料的居里温度。

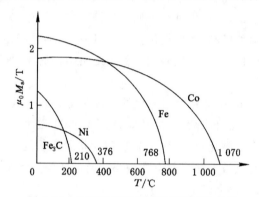

图 6-30 饱和磁化强度随温度的变化曲线

表 6-2 几种材料的居里温度

材料	Fe	Ni	Co	Fe$_3$C	Fe$_2$O$_3$	Gd	Dy
居里温度/℃	768	376	1 070	210	578	20	−188

亚铁磁性材料是由磁矩方向相反的磁结构构成的。每个磁结构与温度的关系也不相同。图 6-31 为亚铁磁性与温度的关系曲线。如图 6-31(a)所示,开始时处于 B 位置的磁结构的磁化强度 M_B 大于处于 A 位置的磁结构的 M_A,但是 M_B 随温度的升高降低得比 M_A 更迅速,因而在某一温度下,亚铁磁性材料的磁化强度 $M=0$,该温度被称为补偿温度 T_{comp} (也称为补偿点)。这种效应在磁光记录中得到了应用。对于图 6-31(b)、图 6-31(c)所示亚铁磁性材料,则不存在补偿温度。

在多相合金中,如果各相都是铁磁性相,则合金的总饱和磁化强度由各组成相的磁化强度之和决定(相加定律),即

$$M_s=M_{s_1}\frac{V_1}{V}+M_{s_2}\frac{V_2}{V}+\cdots+M_{sn}\frac{V_n}{V} \tag{6-38}$$

式中,$M_{s_1},M_{s_2},\cdots,M_{sn}$ 为各组成相的饱和磁化强度;$V_1,V_2,\cdots,V_n$ 为各组成相的体积,合

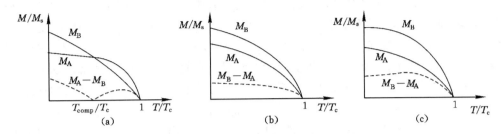

图 6-31　亚铁磁性与温度的关系曲线

金的体积 $V = V_1 + V_2 + \cdots + V_n$。利用此公式可对合金进行定量分析。

多相合金的居里温度与铁磁性相的成分、数目有关,合金中有几个铁磁相,就相应有几个居里温度。图 6-32 为由两种铁磁相组成的合金饱和磁化强度与温度的关系曲线,这种曲线称为热磁曲线。图中有 2 个转折点,分别对应于两种铁磁相的居里温度 T_{c_1}、T_{c_2}。图 6-32 中,$\Delta_1 / \Delta_2 = V_1 M_{s1} / V_2 M_{s2}$,根据该特性可以研究合金中各相的相对含量及析出过程。

在居里温度以下,各类铁磁性和亚铁磁性参量均随着温度升高而有所下降,直到居里温度附近急剧下降。图 6-33 为温度对铁的剩余磁感应强度 B_r、矫顽力 H_c 等磁性参数的影响。由图 6-33 可以看出:温度高于 20 ℃ 时,随着温度升高,B_r 降低;温度为 $-200 \sim 20$ ℃ 时,随着温度升高,B_r 增大。这是因为温度高于 20 ℃ 时,随着温度升高,原子振动加剧,相邻原子磁矩不容易同向平行排列,从而使 B_r 降低;温度为 $-200 \sim 20$ ℃ 时,原子振动较弱,随着温度升高,原子振动加剧,磁畴壁迁移困难,从而使 B_r 增大。随着温度升高,矫顽力 H_c 逐渐减小,这是因为温度升高,铁的饱和磁化强度 M_s(饱和磁感应强度 B_s)减小,降低了不可逆壁移的阻力,使 H_c 减小。另外,温度升高,原子自旋磁矩同向排列的削弱也使退磁更容易。

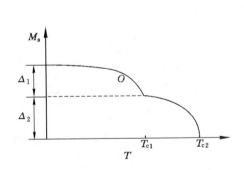

图 6-32　由两种铁磁相组成的合金饱和
磁化强度与温度的关系曲线

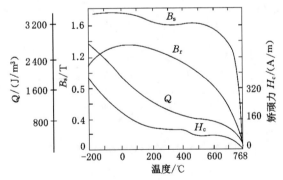

图 6-33　温度对铁的磁性参数的影响

6.8.2　加工硬化和晶粒细化

加工硬化使金属中点缺陷浓度和位错浓度增大,造成点阵畸变增大和内应力升高,所以会对组织敏感参量产生影响。图 6-34 为含 0.07% 碳的铁丝经不同压缩变形后铁磁性的变化。由图 6-34 可以看出:随着变形量增大,铁丝的最大磁导率 μ_m 降低,矫顽力 H_c 增大。

这是因为形变引起的点阵畸变和内应力的增大使壁移阻力增大,同时内应力也不利于磁矩的转动,因而造成技术磁化和退磁过程困难。当铁丝变形量小于(5%~8%)临界变形量时,随着变形量增大,剩余磁感应强度 B_r 降低;当铁丝变形量大于临界变形量时,随着变形量增大,剩余磁感应强度 B_r 增大。这可能是因为在临界变形量以下,只有少数晶体发生了塑性变形,整个晶体的应力状态比较简单,沿铁丝轴向应力状态有利于磁畴在去磁后的反向可逆转动而使 B_r 降低;在临界变形量以上,晶体中大部分晶粒参与形变,应力状态比较复杂,内应力增大幅度大,不利于磁畴在去磁后的反向可逆转动,因而使 B_r 随变形量增大而增大。

冷变形的金属经再结晶退火,形成了无畸变的新晶粒,点缺陷、位错密度及亚结构恢复到正常状态,内应力被消除,故有关的磁性参量都恢复到冷变形前的状态。

晶粒细化对磁性的影响和加工硬化的作用基本相同。晶粒越细小,矫顽力越大,磁导率越小。这是因为晶粒越细,晶界越多,晶界处存在晶格扭曲畸变,因此,对磁化的阻力越大。一般来说,材料的纯度高,呈等轴状,具有小的内应力,大的晶粒度,可以得到高磁导率。

6.8.3 合金元素量

合金元素(包括杂质)的含量对铁的磁性具有很大的影响。大多数合金元素会降低铁饱和磁化强度(Co 除外),如图 6-35 所示。这是因为合金元素的价电子有可能进入铁磁性金属的 3d 电子壳层,使铁的原子磁矩部分抵消,从而使饱和磁化强度 M_s 降低。马氏体的饱和磁化强度 M_s 与含碳量 w_C 关系可以用经验公式表示。

$$M_s = 1\ 720 - 74w_C \tag{6-39}$$

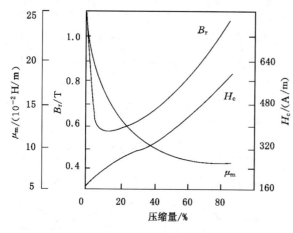

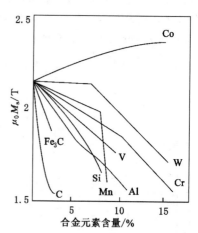

图 6-34　冷加工变形对铁丝磁性的影响　　　图 6-35　合金元素含量对铁的磁化强度的影响

固溶体型磁合金中,间隙式固溶体的磁性比置换式固溶体差,因为一般来说,间隙固溶体比置换固溶体的晶格畸变大,造成磁畴壁的迁移和磁畴的旋转困难。在间隙固溶体中,矫顽力随溶质的增加而增大,且在低浓度时特别显著。所以对高磁导率合金,往往采用各种方法减少其中的间隙杂质,首先是碳、氧、氮。为了获得高矫顽力,例如对于钢,必须淬火成马氏体,即获得以 α-Fe 为基的高度过饱和的间隙固溶体。

两种铁磁性金属组成固溶体时,磁性的变化比较复杂。图 6-36 为镍含量对 Fe-Ni 合金磁性的影响。由图 6-36 可知:在 Ni 含量 30% 附近,矫顽力 H_c、饱和磁化强度 M_s、饱和磁致伸缩系数 λ_s、磁晶各向异性常数 K 等许多磁学性能参数改变,这是因为在 Ni 含量 30%

附近的 Fe-Ni 合金发生由体心立方 α 相到面心立方 γ 相的相变,导致磁学性能改变。μ_m 和 μ_a 的最大值在 Ni 含量 78% 处,这是由于此成分时 λ_s、K 都趋于 0,磁弹性能最小,磁晶各向异性能也最小,因此磁畴壁的迁移和磁畴的旋转更容易。此成分正是著名的高导磁软磁材料坡莫合金的成分。

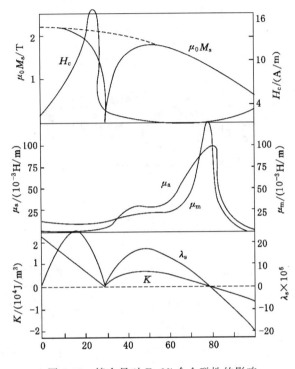

图 6-36　镍含量对 Fe-Ni 合金磁性的影响

6.8.4　热处理及组织

　　铁磁性合金如果经过热处理,由于其组织发生了变化,其磁性能也将发生改变。钢中不同相的磁性能是不一样的,例如,Fe_3C 为弱铁磁性相,奥氏体为顺磁性相,铁素体、贝氏体、马氏体都是强铁磁性相。图 6-37 为热处理对钢磁性的影响。由图 6-37 可以看出:对于同一含碳量的钢来说,淬火态的饱和磁感应强度 M_s 比退火态的低,这是因为淬火钢中含有顺磁性的残余奥氏体。淬火态的矫顽力 H_c 比退火态的高,而淬火态的最大磁导率 μ_m 比退火态的低,这都是淬火后马氏体内的高应力强烈阻碍磁畴壁的迁移和磁畴的转动引起的。

6.8.5　应力

　　应力对磁性材料的磁化具有重要的影响。图 6-38 为拉伸和压缩对镍磁化曲线的影响。由图 6-38 可以看出:拉伸应力阻碍磁化过程的进行,受力越大,磁化就越困难;压应力对镍的磁化有利,使磁化曲线明显变陡。这是因为由式(6-36)可以看出:当应力方向与金属的磁致伸缩同向时,则应力对磁化起促进作用,反之起阻碍作用。镍的磁致伸缩系数是负的,即沿磁场方向磁化时,镍在此方向上缩短而不是伸长。因此拉伸应力阻碍镍的磁化,而压应力促进镍的磁化。

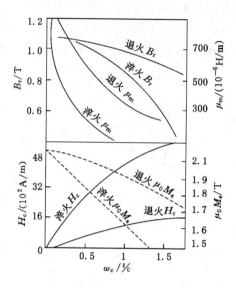

图 6-37 热处理对钢磁性的影响

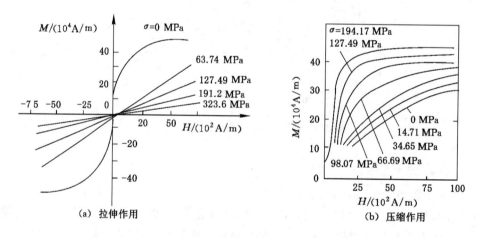

图 6-38 拉伸和压缩对镍磁化曲线的影响

6.9 磁性材料的动态特性

铁磁材料的磁性能在直流磁场下的表现称为静态(或准静态)特性。大多数铁磁(包括亚铁磁)材料都是在交变磁路中起传导磁通的作用,即作为通常所说的"铁芯"或"磁芯"来使用。例如,电力变压器使用的铁芯在工频下工作,是一个交流磁化过程。因此研究磁性材料,尤其是软磁材料,在交变磁场条件下的表现关系到许多领域技术的进步。磁性材料在交变磁场,甚至脉冲磁场作用下的性能统称为磁性材料的动态特性。由于大多数是在交流磁场下工作的,因此动态特性也称为交流磁性能。

6.9.1　交流磁化过程与交流回线

软磁材料的动态磁化过程与静态的或准静态的磁化过程不同,动态过程更关心从一个磁化状态到另一个磁化状态所需要的时间。

由于磁场强度是周期对称变化的,所以磁感应强度也将周期性对称变化,变化一周构成的闭合曲线称为交流磁滞回线,该曲线与静态过程中的磁滞回线类似,但是静态过程中每一个方向的充磁都是一个平衡状态,磁体有足够的时间达到平衡状态,在动态过程中,外加磁场是交变的,磁性材料在交变磁场中反复磁化,磁化处于非平衡过程。在交流磁化过程中,若交流幅值磁场强度 H_m 不同,则有不同的交流回线。各交流回线顶点的轨迹称为交流磁化曲线或简称 B_m-H_m 关系曲线。B_m 称为幅值磁感应强度。图 6-39 为 0.1 mm 厚的 6Al-Fe 软磁合金在外加交变磁场的变化频率为 4 kHz 下的交流回线和磁化曲线。交流幅值磁场强度增大到饱和磁场强度 H_s 时,B_m 不再随 H_m 明显变化,此时 B_m-H_m 关系曲线呈现为一条趋于平直的可逆曲线,交流回线面积不再增大,这时的回线称为极限交流回线。由极限交流回线可以确定材料的饱和磁感应强度 B_s、交流剩余磁感应强度 B_{ra}、交流饱和矫顽力 H_{cs}、最初幅值磁导率 μ_{ai}、最大幅值磁导率 $\mu_{a,m}$。图 6-40 为 79Ni4MoFe 材料的直流和不同频率下的交流回线比较。

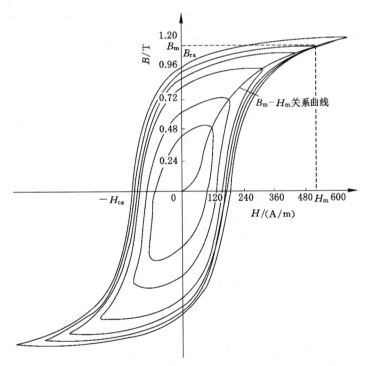

图 6-39　6Al-Fe 软磁合金的交流回线和磁化曲线(0.1 mm 厚,外加交变磁场的变化频率为 4 kHz)

研究表明动态磁滞回线具有以下特点:(1) 交流磁滞回线形状除与磁场强度有关外,还与磁场变化的频率 f 和波形有关。(2) 一定频率下,交流幅值磁场强度不断减小时,交流磁滞回线逐渐趋于椭圆形状。(3) 当频率增大时,呈现椭圆回线的磁场强度的范围会扩大,而且各磁场强度下回线的矩形比 B_{ra}/B_s 会升高。这些特点在图 6-39 和图 6-40 上有所体现。

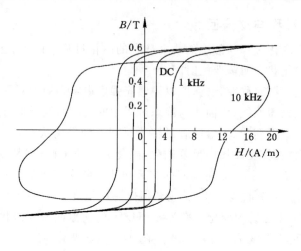

图 6-40   79Ni4MoFe 材料的直流和不同频率下的交流回线比较(0.06 mm 厚)

6.9.2 复数磁导率

铁磁材料在交变磁场作用下的磁性能与其在静磁场作用下的磁性能有很大不同。材料在静磁场中的磁导率是一实数,但是在交变磁场中存在磁滞效应、涡流效应、磁后效应和畴壁共振等,使材料在交变磁场中的磁感应强度落后于外加磁场一个相位角。因而交变(动态)磁化时的磁导率为一复数。

设振幅为 H_m、角频率为 ω 的交变磁场具有正弦波形,以复数形式表示为

$$H = H_m e^{i\omega t} \tag{6-40}$$

当该磁场加在各向同性的铁磁材料上时,由于存在阻碍磁矩运动的各种阻尼作用,磁感应强度 B 将落后于外加磁场 H 一个相位角 δ,称为损耗角,B 可以表示成

$$B = B_m e^{i(\omega t - \delta)} \tag{6-41}$$

则定义复数磁导率为

$$\mu = \frac{B}{H} = \frac{B_m}{H_m}\cos\delta - i\frac{B_m}{H_m}\sin\delta = \mu' - i\mu'' \tag{6-42}$$

式中,

$$\mu' = \frac{B_m}{H_m}\cos\delta \tag{6-43}$$

$$\mu'' = \frac{B_m}{H_m}\sin\delta \tag{6-44}$$

将式(6-42)、式(6-43)、式(6-44)和式(6-40)、式(6-41)比较,并且参见图 6-41,可以看出:μ' 是与外加磁场同位相的磁感应强度 B 分量的幅值与 H 幅值的比;μ'' 是比外加磁场落后 $90°$ 的磁感应强度 B 分量的幅值与 H 幅值的比。

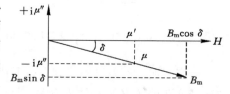

图 6-41   交变磁场下 B 与 H 的
关系及复数磁导率

复数磁导率的模 $|\mu| = \sqrt{(\mu')^2 + (\mu'')^2}$ 称为总磁导率或振幅磁导率。μ' 称为弹性磁导率,与磁性

材料中储存的能量有关；μ'' 称为损耗磁导率（或称为黏滞磁导率），与磁性材料磁化一周的损耗有关。

磁感应强度相对于磁场强度落后的相位角的正切称为损耗角正切，即

$$\tan \delta = \frac{\mu''}{\mu'} \tag{6-45}$$

$\tan \delta$ 的倒数称为磁性材料的品质因数。由于磁感应强度 B 落后于外加磁场强度 H，引起铁磁材料在动态磁化过程中不断消耗外加能量。处于均匀交变磁场中的单位体积铁磁体，单位时间内的平均能量损耗 $P_{耗}$ 为

$$P_{耗} = \frac{1}{T}\int_0^T H\,\mathrm{d}B = \frac{1}{2}\omega H_m B_m \sin \delta = \pi f \mu'' H_m^2 \tag{6-46}$$

式中，T 为周期；f 为外加交变磁场频率。

由式(6-46)可知：单位体积内磁损耗功率与复数磁导率的虚部 μ''、所加频率 f 成正比，与磁场峰值 H_m 的平方成正比。

同样可以得到一周内单位体积铁磁体单位时间储存的能量，即磁能密度 W。

$$W = \frac{1}{2}\mu' H_m^2 \tag{6-47}$$

由式(6-47)可以看出：磁能密度与复数磁导率的实部成正比，与外加交变磁场强度的峰值 H_m 的平方成正比。

6.9.3　交变磁场作用下的能量损耗

各种电机和变压器铁芯在使用时会发热，表明磁性材料在交变磁场中使用时发生能量损耗，该损耗称为铁芯损耗（简称铁损或磁损）。电机和变压器由于导线发热造成的能量损耗称为铜损。磁性材料的铁芯损耗包括磁滞损耗、涡流损耗、剩余损耗三个部分。总的磁损耗功率 P_m 为

$$P_m = P_h + P_e + P_c \tag{6-48}$$

式中，P_h 为磁滞损耗功率；P_e 为涡流损耗功率；P_c 为剩余损耗功率。

6.9.3.1　磁滞损耗

磁滞损耗是指单位体积铁磁体在磁化一周时，由于磁滞的原因（畴壁的不可逆位移，磁畴的不可逆转动）而损耗的能量，数值上等于静态磁滞回线的面积。

一般采用磁滞回线窄长的铁磁物质（如硅钢片）以减少磁滞损耗。在频率为 f 的交变磁场中，每秒的磁滞损耗为

$$P_h = fW_h = f\oint H\,\mathrm{d}B \tag{6-49}$$

一般情况下，B 和 H 是复杂的非线性关系。在弱磁场范围中，即磁感应强度 B 低于其饱和值 1/10 时，瑞利总结了磁感应强度 B 和磁场强度 H 的实际变化规律，得到了它们之间关系的解析表示式，故这一弱磁场范围被称为瑞利区。只有在弱磁场的瑞利区，在频率为 f 的交变磁场中，每秒的磁滞损耗 P_h 可以表示为

$$P_h = \frac{4}{3}f\eta H_m^3 \tag{6-50}$$

式中，η 为瑞利常数；H_m 为交流峰值磁场强度。

由式(6-50)可以看出：磁滞损耗功率与频率 f、瑞利常数 η 成正比，与交流峰值磁场强

度的 3 次方成正比。

6.9.3.2 涡流损耗

根据法拉第电磁感应定律,磁性材料交变磁化过程中会产生感应电动势,因而会产生涡旋状流动的电流,称为涡流。涡流引起的能量损耗称为涡流损耗。涡流损耗转变为热能。

除了宏观的涡电流以外,磁性材料的畴壁处还会出现很小范围内的涡电流流动。涡电流的流动在每个瞬间都会产生与外磁场产生的磁通方向相反的磁通,越到材料内部,这种反向作用就越强,致使磁感应强度和磁场强度沿样品截面严重不均匀。等效来看,好像材料内部的磁感应强度被排斥到材料表面,这种现象称为趋肤效应。涡流在磁性材料中产生焦耳热,形成功率损耗,即涡流损耗。

对于通常使用的薄板(厚度为 d),假定磁体的磁化各处均匀,且磁感应强度的变化按时间的正弦函数变化,则涡流损耗功率 P_e 可表示为

$$P_e = \frac{1}{6} \frac{\pi^2 f^2 B_m^2}{\rho} d^2 \tag{6-51}$$

式中, f 为外加交变磁场频率; B_m 为最大磁感应强度; ρ 为材料的电阻率。

由式(6-51)可以看出:涡流损耗正比于磁感应强度峰值、频率和厚度的平方,反比于电阻率。因而金属的涡流损耗比铁氧体严重得多,交变磁场频率越高,铁氧体优势越明显。金属软磁材料轧成薄带使用是为了减少涡流损耗。

6.9.3.3 剩余损耗

从总损耗中扣除磁滞损耗 P_h 与涡流损耗 P_e 之后所剩余的那部分损耗称为剩余损耗 P_c。软磁铁氧体一般在高频或超高频下使用,而金属磁性材料一般在较低频率下使用。在低频磁场中,剩余损耗主要是由磁后效引起的。磁后效是指处于外磁场为 H_{t_0} 的磁性材料,突然受到外磁场的阶跃变化到 H_{t_1},则磁性材料的磁感应强度并不是立即全部达到稳定值,而是一部分瞬间到达,另一部分缓慢趋近稳定值,如图 6-42 所示。

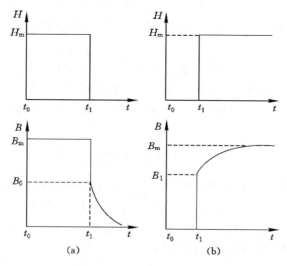

图 6-42 磁后效示意图

金属磁性材料中,引起磁后效的原因有两种——李希特后效和约旦后效。李希特后

效是由于离子(原子)或电子的扩散或迁移引起的可逆后效。李希特后效与温度有关,由这种后效引起的损耗是温度和频率的函数。约旦后效是由热起伏引起的不可逆后效,其特点是由这种后效所引起的损耗几乎与温度和磁化场的频率无关。

6.10　磁性材料

磁性材料按矫顽力的大小可分为软磁材料和硬磁材料;按材料特性可分为矩磁材料、磁致伸缩材料、磁阻材料等;按功能可分为热磁合金、磁存储材料等。本节主要介绍软磁材料、硬磁材料、信息存储磁性材料、纳米磁性材料。

6.10.1　软磁材料

软磁材料的特点是具有低矫顽力(一般 $H_c < 100$ A/m)、高的磁导率和低的铁芯损耗。其主要用作发电机、电动机、变压器、电磁铁、各类继电器与电感、电抗器的铁芯,磁头与磁记录介质,计算机磁芯等。主要的软磁材料有纯铁和低碳钢、铁硅合金、铁铝和铁铝硅合金、镍铁合金、铁钴合金、软磁铁氧体、非晶合金等。

(1) 工业纯铁

工业纯铁资源丰富、价格低廉,具有良好的可加工性。1890 年热轧纯铁就已用于制造电机和变压器的铁芯。工业纯铁是直流技术中非常重要的高磁饱和材料,主要用于制造电磁铁的铁芯、极头,电话机的振动膜,电工仪器仪表及磁屏蔽元件等。工业纯铁纯度要求高于 99.9%。最常见的是电磁纯铁,名称为电铁(代号 DT),为含碳量低于 0.04% 的 Fe-C 合金,B_s 达 2.15 T,其供应状态包括锻材、管材、圆棒、薄片或薄带等。纯铁的电阻率低,使用时会产生很大的涡流损耗,不适用于制作在交变场中工作的铁芯。

(2) 铁硅合金

铁硅合金通常又称为硅钢片、电工钢,在变压器、电动机、发电机等电力设备和通信设备中是最重要的铁芯材料,在国民经济中占有重要地位。硅的加入可以降低铁硅合金的磁晶各向异性常数,同时随着硅含量增大,饱和磁致伸缩系数可以逐渐趋于 0,这对于提高磁导率和降低矫顽力是有利的。添加硅可以提高合金的电阻率,这对于降低涡流损耗特别重要。铁硅合金的密度随含硅量增大而下降,制成铁芯后,对减轻变压器和电机的重量有利。电工硅钢片分成热轧硅钢片(DR)、冷轧无取向硅钢片(DW)、冷轧单取向硅钢片(DQ)、电讯用冷轧单取向硅钢片(DG)。其中热轧硅钢片我国 2002 年底已停止生产。与热轧硅钢相比,冷轧硅钢的 B_s 高,其厚度均匀、尺寸精度高、表面光滑平整,从而提高了材料的磁性能。冷轧带材的厚度可低至 0.02~0.05 mm。冷轧硅钢的含硅量不超过 3.5%,否则材料冷轧十分困难。近年来,用快速凝固技术可制备出含硅 6.5% 的硅钢薄带。

(3) Fe-Ni 合金(坡莫合金,Permalloy)

随着 Ni 含量的增加,Fe-Ni 合金的 μ_m 增大,B_s 减小。当 Ni 含量接近 80% 时,Fe-Ni 合金的 K_1 和 λ 同时变为 0,能获得高磁导率。w_{Ni} 为 35%~80% 的 Fe-Ni 合金称为坡莫合金。与电工钢相比较,Fe-Ni 合金有高的磁导率和低的饱和磁感应强度,损耗低,但其价格昂贵。根据 Ni 含量对合金磁性能的影响,Fe-Ni 合金分为高导磁、恒磁导率、中磁饱和中磁导率材料等。高导磁合金主要是高镍含量的铁镍合金,该类合金在弱磁场下具有很高的初始磁导率和最大磁导率,有较高的电阻率,因而适合在交流弱磁场中使用,如各种音频变压器、互感器、磁放大器、音频磁头、精密电表中的动片与静片等,主要用于制作收音机、电视机和通信器材等。恒导磁率合金是含 Ni 量为 55%～75% 的铁镍合金,主要用作恒电感器,也可用于单极脉冲变压器。中磁饱和中磁导率合金是低镍和中镍的铁镍合金,磁导率和矫顽力介于高磁饱和材料和高导磁材料之间,电阻率较高,适用于较高的频率以及中、弱磁场。

（4）铁钴合金

纯铁中加入钴后 B_s 明显提高,含钴 35% 的铁钴合金的 B_s 达 2.45 T,是迄今 B_s 最高的磁性材料。在合金中加入少量的 V 和 Cr 可显著提高其电阻率。铁钴合金具有高的磁导率和高的 B_s,适用于小型化、轻型化以及有较高要求的飞行器及仪器仪表元件的制备,制造电磁铁极头和高级耳膜振动片等。但是其电阻率偏低,不适合应用于高频场合,且价格昂贵。

（5）非晶态软磁合金

非晶态软磁合金主要有铁基、钴基、铁镍基合金。铁基非晶合金的种类主要有 Fe-B、Fe-B-C、Fe-B-Si、Fe-B-Si-C 和 Fe-Co-B-Si 5 个系列,以及添加 Mn、Mo、Cr、Al、Nb 元素合金化发展的新合金系列。对应于硅钢和中镍含量的铁镍合金,主要用于制作功率器件,如配电变压器、电力变压器、电动机等。铁基非晶合金的矫顽力低、磁导率高,电阻率是硅钢的 3 倍左右,铁损仅为取向硅钢的 $\frac{1}{4}$,为无取向硅钢的 $\frac{1}{10}$,激磁功率一般仅为取向硅钢的 $\frac{1}{10}$,对于节约能源具有相当重要的意义。不足之处是饱和磁感应强度低于硅钢,存在退火脆化问题和成本偏高等缺点。钴基非晶合金主要包括 Co-Fe、Co-Mn 和 Co-Fe-Ni。钴基非晶合金具有很高的磁导率、很低的矫顽力和损耗、良好的高频性能,适于制作电子变压器、磁记录头、磁放大器等电子元件,主要性能特点和应用范围同高镍坡莫合金相对应。

铁镍基非晶合金的性能介于铁基和钴基合金之间。该类材料的饱和磁感应强度、动态磁导率、矫顽力、损耗等性能高于铁基而低于钴基非晶态合金。在价格方面也介于铁基与钴基合金之间。该类合金的成分范围很宽,性能可以与坡莫合金相媲美。

6.10.2 硬磁材料

硬磁材料又称为永磁材料,是指材料被外磁场磁化后,去掉外磁场后仍然保持较强剩磁的磁性材料,主要用作提供永磁场。硬磁材料要具有高的矫顽力、高的剩余磁感应强度、高的最大磁能积 $(BH)_{max}$。主要的硬磁材料有铝镍钴系合金、硬磁铁氧体、稀土永磁材料、铁铬钴系合金等。

（1）硬磁材料的性能要求

如果是具有一定形状的开路磁体,那么外磁场撤去之后,由于存在退磁场作用,此时材料所具有的磁感应强度比 B_r 小,一般称为表观剩余磁感应强度 B_d。对于永磁材料来说,B_r 越大,可以提供的磁场也越大,因此希望材料的 B_r 尽可能大。矫顽力是表征材料对外磁场的抗干扰能力,希望其越大越好。

各种硬磁材料一般是提供磁场的一个器件,总是有一个用来使用磁场的缺口。所以硬磁材料是具有缺口的环或者是简单的条形或块状物体。如果在环上开一个空气隙,如图 6-43 所示,在磁铁上出现 N、S 磁极,并在此空气隙中建立了磁场。但有了磁极,便产生退磁场 H_d,降低了 B_r 的值。所以当外磁场除去后,磁化状态不是处于 $H=0$ 的 B_r 处,而

是在 H_d 和 B_d 处,即退磁曲线(磁滞回线在第二象限内的曲线)上的点,如图 6-44 所示。

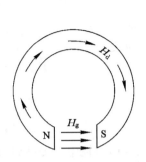

图 6-43　永久磁铁的空气隙

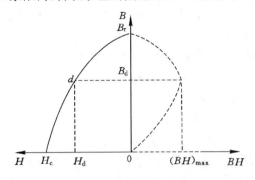

图 6-44　磁铁的最大磁能积

由电磁学可知空气隙的磁场强度为

$$H_g = \left(\frac{B_d H_d V_d}{\mu_0 V_g}\right)^{\frac{1}{2}} \tag{6-52}$$

式中,H_d 为铁磁体中退磁场强度;B_d 为铁磁体内磁感应强度;V_d 为铁磁体体积;V_g 为空气隙体积;μ_0 为真空磁导率。

由式(6-52)可以看出:要想提高空气隙的磁场强度 H_g,必须提高 B_d、H_d,其乘积 $B_d H_d$ 代表铁磁体的能量。开路(有缺口)永磁体的退磁曲线上各点随 B 的变化如图 6-44 所示。永磁材料的退磁曲线(磁滞回线上第二象限)上任一点都对应一个 B 和 H,二者的乘积就是磁能积。所有磁能积中的最大者称为最大磁能积$(BH)_{max}$,单位为 J/m^3。最大磁能积表征永磁体磁化后所能提供的最大磁场能量。产生相同的磁场,磁体最大磁能积越大,所需要的磁体的体积越小,因此对于永磁体来说,最大磁能积$(BH)_{max}$越大越好。

(2) 铝镍钴系合金

铝镍钴系合金是以 Fe、Ni、Al 等元素为主要成分,并加入 Cu、Co 和 Ti 等元素进一步提高合金性能。该系合金具有高剩磁,最大磁能积仅低于稀土永磁材料。居里温度为 757～907 ℃、$(BH)_{max}$ 为 40～70 kJ/m^3,B_r 为 0.7～1.35 T,H_c 为 40～160 kA/m。绝大部分铝镍钴系合金都采用铸造法生产。铝镍钴系合金被广泛应用于电机器件中,例如发电机、电动机等。

(3) 硬磁铁氧体

硬磁铁氧体主要有钡铁氧体$(BaO \cdot 6Fe_2O_3)$和锶铁氧体$(SrO \cdot 6Fe_2O_3)$。晶体结构均属六角晶系。其居里温度为 450～460 ℃,具有高矫顽力,但是剩磁和最大磁能积偏低,其剩磁温度系数是铝镍钴磁体的 10 倍,不适用于制作要求高稳定性的精密仪器;在产量极大的家用电器、音响设备、扬声器、电机、电话机和转动机械等方面得到普遍应用,是目前产量和产值最高的永磁材料。

(4) 稀土永磁材料

稀土永磁材料主要有钴基稀土永磁体和铁基稀土永磁体。钴基稀土永磁体如 $SmCo_5$ 化合物,理论磁能积为 244.9 kJ/m^3。采用强磁场取向等静压和低氧工艺,$SmCo_5$ 的 $(BH)_{max}$ 达 227.6 kJ/m^3,居里温度为 740 ℃,可在 $-50～150$ ℃ 温度范围内工作,是一种较为理想的永磁体,其缺点是含有较多的战略金属钴(Co 含量约为 66%)和蕴藏量稀少的稀土金属元素 Sm。其原材料昂贵,受到资源量与价格的限制。用 Pr、Ce 或混合稀土取代部分 Sm,可适当降低成本,$(SmPr)Co_5$ 磁体的磁能积最高可达 219.7 kJ/m^3。Nd-Fe-B 系合金是以 $Nd_2Fe_{14}B$ 化合物为基的一种不含 Co 的高性能永磁材料。自 1983 年问世以来发展极为迅速,该类材料最大磁能积可达 407.6 kJ/m^3,矫顽力可达 2 244.7 kA/m,是迄今为止磁性能最高的永磁材料,被誉为"磁王。"Nd-Fe-B 系合金的另外一个最大的优点是原材料丰富,价格便宜。

(5) 铁铬钴系合金

铁铬钴系合金是以铁、铬(23.5%~27.5%)、钴(11.5%~21.0%)为主,加入适量硅、钼、钛的合金。该类合金可以通过成分调节将其低的单轴各向异性常数提高到铝镍钴系合金的水平。该类合金的性能特点为:高剩磁 B_r 为 1.53 T,H_c 为 66.5 kA/m,$(BH)_{max}$ 为 76 kJ/m^3。

6.10.3　信息存储磁性材料

21 世纪是"信息世纪",大容量存储技术在信息处理、传递和保存中占据相当重要的地位。磁记录技术在信息存储领域占据独特的地位,其发展已经有 100 多年历史。磁记录材料价格低廉,性能优良,记录密度逐年提高,信息写入和输出速度快,容量大,可擦除重写。例如,磁带录音机、录像机、银行卡、图书卡、门卡、计算机等都利用了磁性存储材料。

6.10.3.1　磁感应(盘、带)记录系统

(1) 磁感应记录的原理

磁感应记录的原理是利用磁头气隙中随信息变化的磁场将磁记录介质磁化,即将随时间变化的信息磁场转变为磁记录介质按空间变化的磁化强度分布,经过相反的过程,可将记录的信息经磁头重放出来。图 6-45 为磁感应记录原理示意图。磁记录材料是作为硬磁材料来应用的,但是与传统硬磁材料不同,往往不是以块状使用。

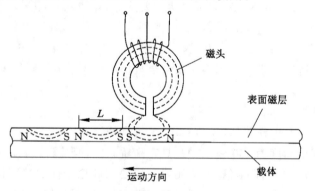

图 6-45　磁感应记录原理示意图

(2) 颗粒涂布磁记录介质

最常见的录音机、录像机磁带,计算机用软盘,各类磁卡,都是用颗粒涂布磁记录介质制作的。它是将磁粉与非磁性黏合剂等少量添加剂形成的磁浆涂布于涤纶基体上制成的。作为磁记录材料,要求的指标有记录密度、存储容量、数据传输速度、数据存取时

间和误码率。这些指标均靠控制磁粉的以下磁性能来实现：① 磁粉必须具有高的矫顽力。② 磁粉的剩磁要合适。因为剩磁大，读出信号大，但退磁场强度也高。剩磁的大小与磁粉本身的特性有关，还与磁粉在介质中所占比例有关。③ 磁粉的磁滞回线要有好的矩形性，这样信号不易失真。④ 磁粉层厚度要适当。因为厚度越大，越不容易均匀，易引起读出误差；厚度大退磁场严重，会导致记录密度降低；但若太薄，一方面制造困难，另一方面信号也偏弱。⑤ 磁粉层表面的光洁度要高，均匀性要好，这一点主要与制造工艺有关，影响读出的准确性。

颗粒涂布磁记录介质材料主要有：

① γ-Fe_2O_3 磁粉——该磁粉为德国于 1934 年发明。γ-Fe_2O_3 磁粉易于制造和分散，价格便宜，受温度、应力和时间的影响小，稳定性好，但是其矫顽力不高（$20\sim32$ kA/m）。γ-Fe_2O_3 表面包覆 Co 后，可使矫顽力提高到 $55\sim70$ kA/m。

② CrO_2 磁粉——该磁粉饱和磁化强度与 γ-Fe_2O_3 相当，但矫顽力明显高于后者，可达到 $35\sim50$ kA/m，但是价格昂贵。

③ 金属磁粉——该磁粉比氧化物具有更高的磁化强度和矫顽力，但是其化学性质活泼，易腐蚀，易与黏结剂发生反应。

④ Fe_4N 磁粉——该磁粉居里温度为 500 ℃，矫顽力为 51 kA/m。

⑤ 钡铁氧体磁粉——该磁粉具有很高的矫顽力，矫顽力为 $100\sim900$ kA/m，添加 Co 和 Ti 等可对其进行调节；饱和磁化强度与 γ-Fe_2O_3 相当；单轴磁晶各向异性非常强，特别适用于高密度的垂直磁记录。

（3）高记录密度连续膜介质

为了提高记录密度，要减薄磁层，但是还要获得足够高的输出电压，则必须使用连续膜介质。由于连续膜介质不用添加黏结剂等非磁性物质，所以磁性有很大改善。目前这种材料在稳定性方面还有些问题，但它仍是今后磁记录介质的一个重要发展方向。薄膜的本征磁性能，如饱和磁化强度是由成分、偏析、温度决定的，而非本征磁性能（如剩磁、磁滞回线的矩形度等），则与薄膜的厚度、密度、微观组织、缺陷杂质浓度及微观应力分布等因素有关。可见，制备工艺是很关键的。表 6-3 为连续性薄膜与涂布型介质性能比较。

表 6-3　连续性薄膜与涂布型介质性能比较

介质特性	介质类型	
	Co-γ-Fe_2O_3 磁粉涂布介质	连续膜介质
矫顽力/[$(10^3/4\pi)$A/m]	660	900
剩余磁感应强度/T	0.125	0.65
磁层厚度/μm	5.0	0.1
矩形比（B_r/B_s）	0.8	0.9
在 0.75 MHz 时的射频输出/dB	0	3
在 4.5 MHz 时的射频输出/dB	0	17

6.10.3.2　磁头及磁头材料

录音机、电子计算机等都要使用磁头。磁头的基本功能是与磁记录介质构成磁性回路，起到换能器作用。

（1）磁头的种类

磁头主要有体型磁头、薄膜磁头、磁电阻磁头。体型磁头的磁芯材料有 Fe-Ni 合金为基础的软磁合金、Mn-Zn 铁氧体、Ni-Zn 铁氧体、MIG(metal in gap)磁头等。薄膜磁头的工作缝隙小、磁场分布陡和磁迹宽度窄，故可以提高记录速度和读取分辨率。磁电阻磁头利用磁电阻效应，为读操作磁头。磁电阻效应（简称磁阻效应）是指磁性材料的电阻率随磁化状态而改变的现象。体型磁头和薄膜磁头都是利用电磁感应原理进行记录和再生的，都有如下要求：① 具有软磁特性，即当外磁化场撤销后，立即回到未磁化状态；② 具有高的饱和磁化强度 M_s，高的磁导率 μ；③ 低 H_c，以降低磁头的损失；④ 低剩余磁化强度 M_r，有利于抹除不需要的残余磁迹，并降低剩磁引起的噪声；⑤ 高电阻率，可以降低铁芯的涡流损耗；⑥ 高截止频率，以提高使用频率的上限；⑦ 具有较好的热稳定性。

（2）磁头材料

磁头材料主要有：

① 合金磁头材料——常用材料有含钼坡莫合金等。合金磁头材料具有高磁导率、高饱和磁化强度、矫顽力低等优点，但是其涡流损耗较大。

② 铁氧体磁头材料——常用材料有 Ni-Zn、Mn-Zn 等。其具有损耗低、材质硬、抗腐蚀性能比金属好等优点。但是其饱和磁化强度低，在提高记录密度上存在困难。

③ 非晶态磁头材料——常用材料有 Co-Fe-B 类金属非晶态薄膜等。其具有饱和磁化强度高、矫顽力低、高频特性较好、耐磨性和耐腐蚀性好等优点。

④ 微晶薄膜磁头材料——常用材料有 Fe-M(V,Nb,Ta,Hf 等)-X(N,C,B)等。其具有更大的饱和磁化强度和比非晶材料更适合高矫顽力磁性介质的高密度特性。

⑤ 多层膜磁头材料——与微晶薄膜相比，多层薄膜进一步抑制了晶粒的生长，实现了低磁致伸缩，B_s 高，H_c 低，但是耐热性差。典型的多层膜磁头材料有 Fe-C/Ni-Fe、Fe-Al-N/Si-N、Co-Nb-Zr/Co-Nb-Zr-N 等。

⑥ 磁电阻磁头材料——坡莫合金是沿用至今的磁阻磁头用磁性材料。

6.10.3.3 磁光记录材料

磁光记录是利用磁光效应记录的。磁光记录的特点是兼有光记录的大容量和磁记录的可重写性，主要应用于广播电视和计算机系统。1993 年日本推出了用于录音的袖珍唱机。

（1）磁光效应

材料在外加磁场作用下呈现光学各向异性，使通过材料的光波偏振态发生改变，称为磁光效应。磁光效应有法拉第效应、科顿-莫顿效应、克尔效应等。

当 $Y_3Fe_5O_{12}$ 等一些透明物质透过直线偏振光时，若同时施加与入射光平行的磁场，透射光将在其偏振面上旋转一定的角度射出，这种现象称为法拉第效应。法拉第效应是光和原子磁矩相互作用而产生的现象。图 6-46 为法拉第效应示意图。若施加与入射光垂直的磁场，入射光将分裂为沿原方向的正常光束和偏离原方向的异常光束，这种现象称为科顿-莫顿效应。图 6-47 为科顿-莫顿效应示意图。

当光入射到被磁化的物质或外磁场作用下的物质表面时，其反射光的偏振面将旋转，这种现象称为克尔效应。图 6-48 为克尔效应示意图。

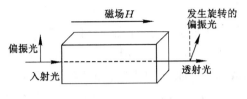

图 6-46　法拉第效应示意图

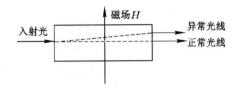

图 6-47　科顿-莫顿效应示意图

（2）磁光记录原理

磁光记录是指用一束强激光聚焦到磁光记录介质薄膜上,通过热磁写入和擦除信息,利用磁光克尔效应或法拉第效应读取信息。

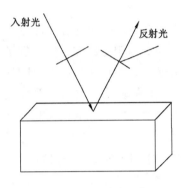

磁光薄膜的磁矩排列方向向上或向下。磁光薄膜处于一个偏置磁场之下,当 H 小于 H_c 时,磁矩排列方向不变。设薄膜磁矩方向与偏置磁场方向相反,取向下,记为"0"。当激光脉冲对磁光薄膜进行照射时,受辐照薄膜温度升高导致该区域 H_c 下降,当 $H_c < H$ 时,该区域磁矩就会和 H 排列方向相同。当磁矩翻转为向上排列时,则记为"1"。这样可以将光的强弱信号转变为不同方向排列的磁矩记录下来。

图 6-48　克尔效应示意图

利用磁光克尔效应读出信息的原理如下:一束线偏振激光照射到已记录信息的磁光介质上,反射光偏振面相对入射光偏振面旋转一定角度,这个转角称为磁光克尔转角 θ,与介质的磁化有关。对于一个已写入信息的磁光介质来说,磁畴局部磁矩取向不同,则反射光偏振面的偏振旋转方向不同。这样反射光再现了记录的信息"1"和"0",随着激光束的扫描,通过光电转换器,将反射光变成电信号,就完成了读取过程。

（3）磁光记录薄膜材料

最早的磁光薄膜是 MnBi 合金,其居里温度为 200 ℃,克尔效应的克尔角度为 0.7 ℃,属于多层膜,信噪比很低。后来又发展了稀土（R_e）和过渡族元素（T_m）构成的非晶态薄膜,如 $Tb_{20}Fe_{74}Co_6$,该薄膜由于不存在晶界,所以信噪比高,噪声低,属于亚铁磁性。新一代磁光薄膜有由 Nd、Pr、Ce 等稀土元素组成的 Re-Tm 非晶薄膜、Pt/Co 多晶人工超晶格和铁氧体磁性薄膜等,具有克尔角度大的特点。

6.10.4　纳米磁性材料

纳米磁性材料是 20 世纪 70 年代之后逐步发展起来的应用前景最宽广的新型磁性材料,可分为纳米磁性记录材料、纳米磁性液体、纳米巨磁电阻材料、纳米微晶软磁材料等。

（1）纳米磁性记录材料

纳米磁性微粒的尺寸小,具有单磁畴结构,其矫顽力很高,制成磁记录材料可以提高信噪比和改善图像质量。纳米磁性记录材料具有记录密度高、稳定可靠、信息写入后马上可读取等特点,是当今信息技术应用最广的磁性材料之一。如以 Fe 为主的合金磁粉,添加 Co、Ni 后,矫顽力 H_c 为 120～160 kA/m,剩余磁感应强度 B_r 为 0.23～0.30 T,经涂布制备的磁带可获得高密度输出。

（2）纳米磁性液体

纳米磁性液体是由强磁性微颗粒包覆一层长链有机分子的界面活性剂,弥散于基液中形成的一种稳定胶体,具有固体的强磁性和液体的流动性。通常用 γ-Fe_2O_3、M_2O_4（M = Fe、Co、Ni、Mn)和合金等磁性材料分散于水、润滑油等基液中制成磁性液体。由于每一个颗粒表面都形成一层很薄的弹性薄膜,因而在重力、强磁场、离心力等作用下,微粒都不会发生聚合、沉淀。磁性液体已开始用于旋转密封,如磁盘驱动器的防尘密封、扬声器、磁印刷等,还可以用于微型机械装置,在密封装置、气动执行装置控制系统等方面也有着广泛的应用。

（3）纳米巨磁电阻材料

巨磁电阻是指在一定的磁场作用下磁性材料的电阻急剧减小的现象。有人利用纳米材料制成了巨磁电阻传感器,具有巨大的磁电阻值和较高的磁场灵敏度,可广泛应用于数控机床、汽车测速、非接触开关等领域。例如,用铁基纳米晶巨磁电阻材料制成的磁敏开关具有灵敏度高、体积小、响应快等优点,可广泛应用于自动控制、防盗报警系统、汽车导航、点火装置等。

（4）纳米微晶软磁材料

著名的纳米微晶软磁材料 Fe73.5Cu1Nb3Si13.5B9 于 1988 年被研制出来,磁导率高达 10^5,饱和磁感应强度为 1.30 T,其性能优于铁氧体。作为工作频率为 30 kHz 的 2 kW 开关电源变压器,质量仅为 300 g,体积仅为铁氧体的 1/5。20 世纪 90 年代 Fe-M-C、Fe-M-N、Fe-M-O 等系列纳米微晶软磁材料相继被研制出来,其中 M 为 Zr、Nb、V 等元素。纳米微晶软磁材料具有高饱和磁感应强度、高磁导率、低高频损耗等特点,用其制作的器件质量小、体积小、性能高,可广泛应用于高频变压器、传感器、磁开关、磁头、高频开关电源等领域。

6.11 铁磁性的测量

磁性测量包括直流磁性测量和交流磁性测量。直流磁性测量是测量得到直流磁场下的磁化曲线、磁滞回线以及由这两种曲线定义的各种磁参数,例如组织结构不敏感量 M_s、K、λ_s 等和组织结构敏感量 H_c、B_r、μ_a、μ_m、χ 等。交流磁性测量主要是测量软磁材料在交变磁场中的性能,即在各工作磁通密度 B 下,从低频到高频的磁导率和损耗。

6.11.1 材料的直流磁性测量

6.11.1.1 磁特性的冲击法测量

冲击测磁法是通过被测试样在磁通量发生变化时所产生的感应电量的大小来测得磁感应强度,可以测量磁化曲线和磁滞回线,也可以单独测 B、H、M、B_r、H_c。冲击法是建立在电磁感应基础上的经典方法,具有足够高的准确度和良好的重复性。该方法中应用的冲击检流计 G 与一般检流计不同,不是用于测量流经检流计的电流,而是测量在一个电磁脉冲后流过的总电量。

（1）闭合磁路试样的冲击法测量

闭合磁路的试样通常被做成圆环形或方框形。当这种试样沿环的轴线磁化时磁路是闭合的,没有退磁场,漏磁通极小,因此测试精度较高。冲击法的原理如图 6-49 所示。图中 O

为试样,N 为磁化线圈,n 为测量线圈,G 为冲击检流计,A 为直流电流表,R_1、R_2 为可变电阻,R_3、R_4 为固定阻值电阻,K_1、K_2 为双向换向开关,K_3、K_4、K_5 为普通开关,M 为标准互感器。

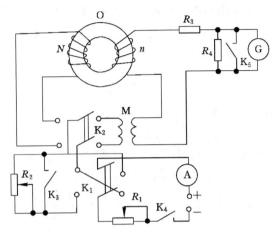

图 6-49　冲击法测磁原理图

当电源通过磁化线圈 N 施加一个脉冲电流 i 时,根据安培环路定律在螺线环中产生的磁场强度 H 为

$$H = \frac{Ni}{l} \tag{6-53}$$

式中,N 为磁化线圈的匝数;l 为环形试样的平均周长;i 为电流。

试样被磁化,设其磁感应强度为 B。如果利用换向开关 K_1 突然使之换向(此时 K_2 应闭合),则 N 中的磁场强度从 $-H$ 变为 $+H$,这个变化是在极短的时间内完成的。试样的磁感应强度也由 $-B$ 变为 $+B$。

给试样提供磁化场的是磁化线圈 N,测量线圈为 n,其产生的感应电流由冲击检流计 G 测量。

在测量线圈 n 中将突然产生一个磁通量 $\Phi = BS$,S 为试样的截面积。测量线圈 n 中产生的感应电动势为

$$\varepsilon = -n \frac{\mathrm{d}\Phi}{\mathrm{d}t} = -nS \frac{\mathrm{d}B}{\mathrm{d}t}$$

设由 n,M,G,R_3,R_4 所组成的测量回路中的总电阻为 r,则感应电动势 ε 在测量回路中引起的感应电流为

$$i_0 = \frac{\varepsilon}{r}$$

流经测量回路的总电量应为电流 i_0 对时间 t 的积分,即

$$Q = \int_0^t i_0 \mathrm{d}t = \int_0^t \frac{\varepsilon}{r} \mathrm{d}t = \frac{nS}{r} \int_{-B}^{+B} \mathrm{d}B = -\frac{2nSB}{r}$$

电量 Q 与冲击检流计光点最大偏移量 α 成正比,即 $Q = C\alpha$,C 为冲击检流计常数,则

$$\frac{2nSB}{r} = C\alpha$$

$$B = \frac{Cr\alpha}{2nS} \qquad (6\text{-}54)$$

只要测出 α，即可换算出 B。

式(6-54)中的 Cr 可以利用本线路中的标准互感器 M 用下面方法求得。

当电键 K_2 合上 M 的线路时，设在标准互感器 M 的主线圈上电流 i 由 0 变到 i'，则其副线圈两端产生的感应电动势为

$$\varepsilon' = -M\frac{di}{dt}$$

因此在测量回路中产生的感生电流为

$$i_0' = -\frac{\varepsilon'}{r}$$

设通过检流计的电量为 Q'，并引起偏转角 α_0，则

$$Q' = C\alpha_0 = \int_0^t i'_0 \, dt = \int_0^t \frac{\varepsilon'}{r} \, dt = -\int_0^{i'} \frac{M}{r}\frac{di}{dt} \, dt = -\frac{M}{r}i'$$

因此可得到

$$Cr = -Mi'/\alpha_0 \qquad (6\text{-}55)$$

式中，Cr 为测量回路的冲击常数；M 为互感器的互感系数。

在不同磁场强度 H 下测量出 B，就可以绘出磁化曲线，利用该方法也可以测量磁滞回线。测试时需要对每个测试点进行记录，作出 B_i-H_i 关系曲线。这种方法稳定可靠，仪器价格便宜，但是对测试人员要求很高，逐点测试工作繁重、效率低。

(2) 开路试样的冲击法测量

靠螺绕环不能产生强磁场，利用环形闭路试样测定磁化曲线和磁滞回线的方法只适合用于测定软磁材料。对于硬磁材料，需要在较强的外磁场条件下才能磁化饱和，试样一般制作成棒状（开路试样），将试样夹持在电磁铁的两极头之间。电磁铁的磁化线圈通以不同电流，在两极头间产生磁场，试样在强磁场中磁化。磁感应强度 B 由绕在试样上的探测线圈测量，试样的内部磁场强度 H 可采用放在试样表面的扁平线圈测量。开路试样的冲击法测量通常用于硬磁材料的退磁曲线的测量，由此可得到饱和磁化强度 M_s、剩余磁感应强度 B_r、矫顽力 H_c 等参数。

图 6-50 为开路试样的冲击法测量线路原理。图中开关 K_4 置于"校正"位置时，将互感 M 的次级线圈与检流计接通，开关 K_4 置于"测量"位置时，通过开关 K_5，将测量磁感应强度 B 的线圈或测量磁场强度 H 的线圈与检流计接通。

在硬磁材料的测试中往往使用"抛脱法"，而不是电流换向法，其原因是磁化装置本身的电感量大，电流变化的延续时间长。抛脱法可分为抛线圈和抛样品两种。如果把测 B 线圈抛到磁场为 0 处，就可以测量试样中的磁感应强度 B 值。如果把试样从测 B 线圈中抽走，就可以测量试样的磁化强度 $M = (B - B_0)/\mu_0$。将测 H 线圈抛到磁场为 0 处，就可以测量试样中的磁场强度。例如，冲击磁性仪测量法（也称为 Stablein 法）就是利用带有孔的电磁铁进行材料饱和磁化强度 M_s 的测量，如图 6-51 所示。测量时首先选定一个足够强的磁场，接着将试样 1 从磁极 2 的中心迅速送到磁极间隙处的测量线圈 3 中，或者将试样迅速从线圈中抽出，利用线圈中磁通量的变化测量材料的饱和磁化强度 M_s。

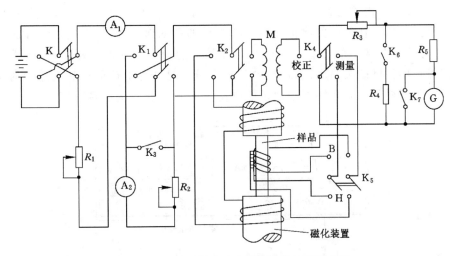

图 6-50　开路试样冲击法测量线路原理示意图

设试样送入前测量线圈中的磁通量 Φ_1,试样送入后的磁通量增大到 Φ_2,测量线圈的横截面面积为 S_1,试样的横截面面积为 S_2,则

$$\Phi_1 = \mu_0 H S_1$$

$$\Phi_2 = \mu_0 (H S_1 + M_s S_2)$$

试样送入前后磁通量的变化量为

$$\Delta \Phi = \Phi_2 - \Phi_1 = \mu_0 M_s S_2$$

因此

$$M_s = \frac{\Delta \Phi}{\mu_0 S_2} \tag{6-56}$$

式中,μ_0 为真空磁导率。

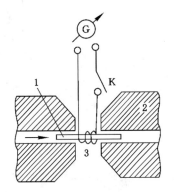

图 6-51　冲击磁性仪
测量原理示意图

磁通量变化感应出的电量 Q 为

$$Q = \int_0^{\Delta \Phi} \frac{W}{R} \frac{\mathrm{d}\Phi}{\mathrm{d}t} \mathrm{d}t = \frac{W \Delta \Phi}{R}$$

式中,W 为线圈匝数;R 为测量回路电阻。

因为冲击检流计 $Q = C\alpha$,因此得

$$\Delta \Phi = \frac{RC}{W} \alpha \tag{6-57}$$

将式(6-57)代入式(6-56)可得到

$$M_s = \frac{CR}{\mu_0 W S_2} \alpha \tag{6-58}$$

因为 C,R,μ_0,W,S_2 均为已知量,所以只要读取抛脱试样后检流计的偏移量即可求出材料的饱和磁化强度 M_s。

一般抛脱法比电流换向法所得到的结果更准确,但是要求抛脱的速度要快。

6.11.1.2　霍尔传感器测量

随着传感器技术和数字电路技术的发展,一种以霍尔元件为传感器的高精度数字式

磁感应强度测定仪(也称为数字式特斯拉计)大量生产,为磁性材料磁特性测量提供了准确度高、稳定可靠、操作简便的测量手段。其原理如图 6-52 所示。铁磁材料样品需制成环形,并开有长度非常小的气隙。利用绕在样品上的通电线圈产生磁场,磁场强度通过磁化电流与磁场强度的关系求出,样品内磁感应强度通过置于环形样品气隙内的霍尔探头测量。在环形样品的磁化线圈中通过的电流为 I,则磁化场的磁场强度 H 为

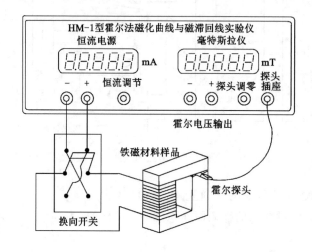

图 6-52   磁滞回线和磁化曲线测量原理示意图

$$H = \frac{N}{l}I \qquad (6\text{-}59)$$

式中,N 为磁化线圈的匝数;l 为样品平均磁路长度。

为了从气隙中间部位测得样品的磁感应强度值,一般来说,方形截面样品的长和宽应大于或等于气隙宽度的 8~10 倍,而且样品的平均磁路长度 l 远大于气隙宽度 l_g,目的是保证气隙中有一个较大区域的磁场是均匀的,霍尔探头测到的磁感应强度才能等于样品内部的磁感应强度。

逐渐改变磁化电流,样品的磁感应强度相应变化,从而可以测得样品的磁化曲线和磁滞回线。

6.11.1.3 振动样品磁强计测量法

振动样品磁强计(vibrating sample magnetometer,简称 VSM)测磁性能的原理为:使样品在均匀磁场中做小幅度等幅振动(微振动),振动方向一般垂直于磁场,感应信号一般不需要进行积分处理,直接与被测样品磁矩成正比,多用于一般电磁铁产生的磁场下进行物质磁测量。图 6-53 为振动样品磁强计结构示意图。设被测样品的体积很小,当被磁化后,在远处可将其视为磁偶极子,如将样品按一定方式振动,就等同于磁偶极场在振动。于是,放置在样品附近的检测线圈内就有磁通量的变化,产生感生电压。将此电压放大并记录,再通过电压、磁矩的已知关系,即可以求出被测样品的磁化强度 M。

当样品球沿检测线圈方向小幅振动时,则在线圈中感应的电动势正比于 x 轴方向的磁通量 Φ 变化。

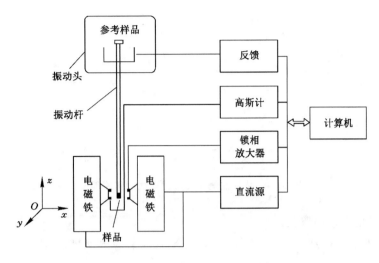

图 6-53 振动样品磁强计结构示意图

$$e_s = -N(\frac{\mathrm{d}\Phi}{\mathrm{d}x})_{x_0} \frac{\mathrm{d}x}{\mathrm{d}t}$$

式中,N 为检测线圈匝数。

样品在 x 轴方向以角频率 ω、振幅 δ 振动,其运动方程为

$$x = x_0 + \delta\sin(\omega t)$$

设样品球心的平衡位置为坐标原点,则线圈中的感生电动势为

$$E_s = G\omega\delta V_s M_s\cos(\omega t) \tag{6-60}$$

式中,V_s 为样品体积;M_s 为样品的饱和磁化强度;G 为常数,与线圈的匝数、位置、截面面积有关。

式(6-60)计算比较麻烦,故常用比较法测量已知饱和磁化强度的标准样品(如镍球等)。已知标准样品的饱和磁化强度为 M_c,体积为 V_c,设标准样品在检测线圈中的感应电压为 E_c,则可求出待测样品的饱和磁化强度 M_s 为

$$M_s = \frac{E_s}{E_c} \cdot \frac{V_c}{V_s} \cdot M_c \tag{6-61}$$

振动样品磁强计测量的优点是:① 灵敏度很高,约为自动记录式磁通计的 200 倍,可以测量微小试样;② 几乎没有漂移,能长时间进行测量;③ 可以进行高、低温和角度相关特性的测量,也可用于交变磁场测定材料的动态磁性能。其缺点是:测量时由于磁化装置的极头不能夹持试样,因此是开路测量,必须进行退磁修正。

6.11.2 材料的交流(动态)磁性测量

交变磁场下的磁性测量主要用于软磁材料。下面主要介绍伏安法和示波法。

6.11.2.1 伏安法

伏安法的线路原理如图 6-54 所示。使用的仪表包括安培计和伏特计。利用安培计测量电流从而测出磁场强度,利用伏特计测量平均电动势从而测出磁感应强度。E_A 为交流电源,N_1 为磁化线圈,N_2 为测量线圈。假设磁化线圈 N_1 中的电流有效值利用安培计测得为 I,如果电源为正弦波,则样品中的峰值磁场强度 H_m 为

$$H_m = \frac{N_1 I \sqrt{2}}{l_s} \qquad (6\text{-}62)$$

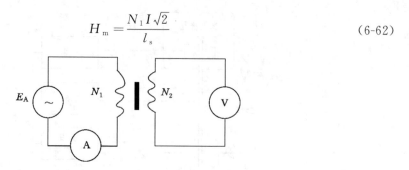

图 6-54　伏安法测交流磁化曲线线路原理图

式中，l_s 为样品的平均磁路长。

当样品中有交变磁通量时，测量线圈 N_2 中将产生感应电动势，利用并联整流式电压表测得平均电动势 $\overline{E}$，则磁感应强度的峰值为

$$B_m = \frac{\overline{E}}{4N_2 A_s f} \qquad (6\text{-}63)$$

式中，A_s 为样品的有效横截面面积；f 为磁化电流的频率。

通过变化磁化电流，测量相应的峰值磁感应强度和峰值磁场强度，从而绘出样品的交流磁化曲线。这种方法非常简单方便，但是误差较大，达 $10\% \sim 15\%$。

6.11.2.2　示波法

示波法主要用于测量 $10 \sim 1 \times 10^5$ kHz 样品的磁滞回线。样品既可以为环形，也可以为棒状等其他形状。图 6-55 为环形样品的测试线路原理图。把与流经绕组 W_1 的磁化电流瞬时值成正比的电压加到示波器的 x 轴，同时通过 RC 积分器，把与样品中的磁感应强度瞬时值成正比的电压加到示波器的 y 轴，在示波器显示屏上能显示出磁滞回线。

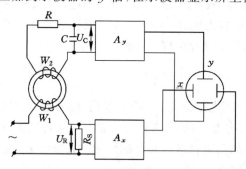

图 6-55　示波法测磁原理图

磁滞回线上任意点的磁场强度 H_m 为

$$H_m = \frac{N_1 \widetilde{U}_R}{R_s l_s} \qquad (6\text{-}64)$$

式中，N_1 为磁化线圈的匝数；$\widetilde{U}_R$ 为电阻 R_s 的峰值端电压；l_s 为样品的平均磁路长。

磁滞回线上任意点的磁感应强度为

$$B = \frac{RC}{N_2 A_s} \tilde{U}_C \qquad (6\text{-}65)$$

式中,R、C 分别为积分线路的电阻和电容;N_2 为测量线圈匝数;A_s 为样品的横截面面积;$\tilde{U}_C$ 为积分电容的峰值电压。

利用示波器可以迅速测出材料的磁滞回线及其参量,特别适用于批量样品检验。但是该方法的测试误差来源较多,如大屏幕示波器误差为 $5\%\sim7\%$。

6.12　磁性分析的应用

磁性分析在研究金属中的应用非常广泛,尤其是在研究钢铁的组织转变时。磁性分析在钢铁研究中的应用主要利用钢中不同的组成相具有不同的磁性。如马氏体、贝氏体、铁素体为强铁磁性相,渗碳体为弱铁磁性相,奥氏体及合金碳化物为顺磁性相。

6.12.1　钢中残余奥氏体含量测定

（1）碳钢和低合金钢

该类钢的淬火组织基本上由马氏体和残余奥氏体组成,故可以由直接测定强磁性的马氏体体积分数 φ_M 来推算奥氏体的体积分数 φ_A。φ_A 与 φ_M 的关系式为

$$\varphi_A = 1 - \varphi_M \qquad (6\text{-}66)$$

淬火态试样的饱和磁化强度 $(M_s)_s$ 与马氏体体积分数成正比,可表示为

$$(M_s)_s = \varphi_M (M_s)_M \qquad (6\text{-}67)$$

式中,$(M_s)_M$ 为纯马氏体的饱和磁化强度。

则由式(6-66)和式(6-67)可得奥氏体的体积分数

$$\varphi_A = 1 - \frac{(M_s)_s}{(M_s)_M} = \frac{(M_s)_M - (M_s)_s}{(M_s)_M} \times 100\% \qquad (6\text{-}68)$$

由式(6-68)可以看出:通过测出纯马氏体的饱和磁化强度和试样的饱和磁化强度,可以测得残余奥氏体的体积分数。

（2）高碳、高合金钢

该类钢的淬火组织基本上由马氏体、残余奥氏体和合金碳化物组成,所以有

$$\varphi_A = 1 - \varphi_M - \varphi_{cm} \qquad (6\text{-}69)$$

式中,φ_{cm} 为碳化物体积分数。

而 $(M_s)_s = \varphi_M (M_s)_M$ 仍然成立,则残余奥氏体的体积分数为

$$\varphi_A = \frac{(M_s)_M - (M_s)_s}{(M_s)_M} \times 100\% - \varphi_{cm} \qquad (6\text{-}70)$$

式中,φ_{cm} 可用电解萃取法或定量金相法确定。

6.12.2　研究淬火钢的回火转变

淬火钢在回火过程中,残余奥氏体分解产物都是铁磁相,会引起 M_s 升高;马氏体分解析出的碳化物是弱铁磁相,会引起 M_s 降低。回火析出的碳化物 θ 相(Fe_3C)、χ 相(Fe_3C_2) 和 ε 相$(Fe_{2.4}C)$ 的居里温度分别为 210 ℃、265 ℃、380 ℃。另外,温度的变化也会影响饱和磁化强度。

图 6-56 为测得的 T10 钢淬火试样回火时饱和磁化强度随温度变化的曲线。图中曲线 1 为加热时饱和磁化强度随温度的变化,曲线 2 和曲线 3 为冷却时饱和磁化强度的变化曲线,曲线 4 为工业纯铁的饱和磁化强度变化曲线,其加热和冷却曲线重合,因为工业纯铁在所测温度范围内没有组织转变。

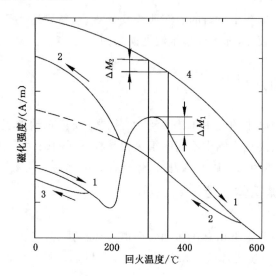

图 6-56　T10 钢淬火试样回火时饱和磁化强度变化曲线

从图 6-56 中曲线 1 可以看出:T10 钢淬火试样从室温加热至 200 ℃时,即回火转变的第一阶段,饱和磁化强度缓慢下降,但冷却曲线 3 与曲线 1 不重合,说明试样内部发生了组织转变,即马氏体中析出碳化物,由于碳化物是弱铁磁性相,其饱和磁化强度低于马氏体的饱和磁化强度,加上温度升高的影响,导致饱和磁化强度缓慢下降。

加热至 200～300 ℃时,即回火转变的第二阶段,T10 钢淬火试样的饱和磁化强度急剧升高。在此温度区间,残余奥氏体分解生成的回火马氏体是强铁磁性相,其饱和磁化强度远大于残余奥氏体的饱和磁化强度,虽然马氏体析出的碳化物 θ 相和 χ 相已接近或超过它们的居里温度,将使磁化强度降低,温度升高也会使饱和磁化强度降低,但是残余奥氏体的分解占主导地位,因而使饱和磁化强度急剧升高。

加热至 300～350 ℃时,即回火转变的第三阶段,T10 钢淬火试样的饱和磁化强度急剧降低。对比曲线 1 和曲线 4,淬火钢饱和磁化强度的降低值远大于工业纯铁的降低值,说明除了温度引起磁化强度的降低外,主要还是组织变化引起的磁化强度的降低,而且这一温度区间残余奥氏体的分解应该已经结束,因为残余奥氏体的分解产物是强铁磁性相,只能引起磁化强度的升高。这一温度区间 θ 相和 χ 相已转变成顺磁性相,ε 相向 θ 相和 χ 相的转变会引起磁化强度的降低,马氏体继续分解析出的是顺磁性碳化物,也会引起磁化强度的降低。

加热至 350～500 ℃时,即回火转变的第四阶段,T10 钢淬火试样的饱和磁化强度缓慢降低,冷却曲线 2 和曲线 1 不重合,说明除了温度引起磁化强度的降低外,还存在组织转变的影响。此温度区间内 χ 相和铁作用转变成渗碳体,使铁素体基体相对含量减少,导致饱和磁化强度降低。

加热至 500 ℃以上时,曲线下降和随后的冷却曲线重合,说明 T10 钢淬火试样已完成所有的组织转变,达到了平衡组织状态。虽然在这个温度范围内存在碳化物的聚集和球化,但是这种组织变化不会反映到非组织敏感的饱和磁化强度上。

6.12.3　确定合金的溶解度曲线

对于置换式固溶体,当成分超过饱和溶解度时矫顽力和成分的关系发生变化,因此可以用测量矫顽力来测定固溶体合金的饱和溶解度。图 6-57 为测量的退火态 Fe-Mo 合金的矫顽力和成分的关系曲线。可以看出:当钼含量小于 7.5％时矫顽力不变,说明在这个成分范围内钼在 α-Fe 中连续固溶,而钼含量高于 7.5％时,合金组织为 α 固溶体和 Fe_3Mo_2 的两相混合物。实验证明:合金钼含量越大,第二相数量越多,矫顽力也越大,曲线上出现的转折点对应的含钼量即该温度下的饱和溶解度。如果取一系列不同钼含量的合金,加热到不同温度下淬火,分别测定相应的矫顽力转折点,再将其转换为温度和成分的关系曲线,就可以确定合金的溶解度曲线。

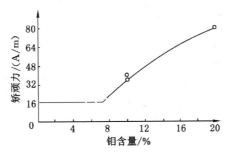

图 6-57　Fe-Mo 合金的矫顽力与钼含量的关系曲线

6.12.4　过冷奥氏体等温转变曲线测定

钢中奥氏体为顺磁性,在过冷奥氏体不同温度等温分解过程中,转变产物的组织珠光体、贝氏体、马氏体均为强铁磁性,钢的磁化强度都要增大,而且转变产物数量与钢的饱和磁化强度成正比,故采用磁性法可以测定过冷奥氏体等温转变曲线。测定得到的过冷奥氏体等温转变动力学曲线如图 6-58 所示。由图 6-58 可知:t_0 为过冷奥氏体开始转变时间,t_f 为过冷奥氏体转变结束时间。

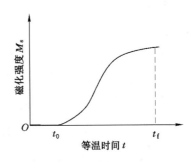

图 6-58　过冷奥氏体等温
转变动力学曲线

由测定的过冷奥氏体等温转变动力学曲线可以确定各个时间奥氏体转变的数量,得出过冷奥氏体等温转变量与转变时间的关系曲线。但是转变结束时奥氏体不一定已经全部转变,因此为了确定各个时间奥氏体转变数量,必须先确定转变终了的标准(100％奥氏体转变),即需要采用标准试样进行比较。饱和磁化强度与温度也有关系,所以还要考虑不同等温温度的影响。方便起见,通常利用试样本身原始状态在该等温温度时的饱和磁化强度作为转变终了的标准。一般采用高温回火或正火状态作为原始状态,碳钢也有用工业纯铁作为标准试样的。

首先利用磁性法测定不同等温温度下过冷奥氏体等温动力学曲线,绘制不同等温温度下过冷奥氏体等温转变量与转变时间的关系曲线。然后将不同温度下测得的转变开始时间和转变终了时间标到温度-时间坐标系中,并分别将开始点和终了点连接起来,便可以得到过冷奥氏体等温转变曲线(C曲线)。图6-59为磁性法测定共析碳钢的C曲线的示意图。

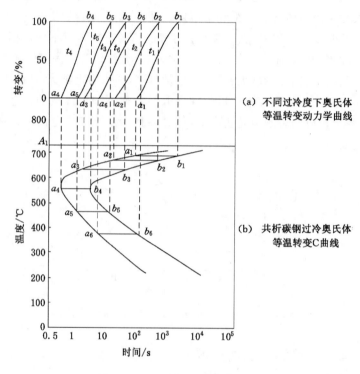

图 6-59 共析碳钢 C 曲线的建立

课程思政案例

中国稀土磁铁技术

中国是矿产资源大国,主要矿产资源的自然存储量都有较高的保障程度,而稀土是中国具有绝对优势的资源品种。在稀土储量上,中国占全球比重 36.7%,远超其他国家。在稀土产量上,中国占全球稀土总产量的 60.0%,位居全球第一。因此中国在国际稀土产业格局中具有重大的战略影响力。

中华人民共和国成立初期,直接领导、协调稀土研究和开发的主要机构是中国国防科工委,与发展"两弹一星"的机构一样。1992 年,邓小平在南方谈话中说道,中东有石油,中国有稀土。2018 年中美之间的双边贸易额在 3 500 亿~4 000 亿美元之间,其中,稀土贸易额虽然大约只有 1.5 亿美元,但是在中美贸易甚至在中美关系中举足轻重。据美国地质调查局 2020 年 2 月公布的数据,2019 年全球稀土产量 21 万 t,其中,中国稀土产量 13.2 万 t,是全球最大的稀土生产国。

在稀土领域真正具有长远和战略影响力的是稀土在信息技术产业和军工领域的高端应用。因为稀土可以大幅度提高用于制造坦克、飞机、导弹核心部位的钢材、铝合金、镁合金、钛合金的战术性能。中国在稀土开采和加工方面拥有完整的产业链，冶炼分离工艺全球领先，冶炼分离产量占全球比例约 90%，在稀土应用方面具备与美国相比的竞争能力。2008 年，徐光宪院士获得"国家最高科学技术奖"。1975 年，他经过刻苦攻关，提出了串级萃取理论，实现了稀土分离技术的重大突破。从 20 世纪 90 年代初起，中国单一高纯稀土大量出口，使国际市场的稀土价格大幅度下降，绝大多数国外生产商不得不减产、转产甚至停产。全球的稀土矿原材料大部分都要运到中国来提炼分离。中国以外的每 5 万 t 稀土矿中，与中国毫无关联的只有大约 8 600 t，对于某些特定稀土元素而言，这一比例更小。例如用于生产磁铁的重稀土元素镝，目前中国以外根本没有相当规模的分离产能。

稀土永磁材料已成为中国稀土应用领域中发展最快和最大的产业，2014 年中国烧结钕铁硼磁体的产量达到了 13.5 万 t，约占全球总产量的 4/5，中国已经成为全球最大的稀土永磁生产基地，同时是重要的稀土永磁应用市场。稀土永磁材料在应用基础研究方面完成了多项国家级项目，在高性能烧结永磁材料的产业化关键技术突破方面取得了多项核心自主知识产权，稀土永磁材料的综合性能得到了大幅度提升，具备了生产高牌号烧结钕铁硼磁体的能力，产品的部分性能达到了世界先进水平。近年来，稀土永磁在块体材料、纳米颗粒、磁性薄膜和稀土磁体回收技术方面都取得了非常大的进步。

钕铁硼磁铁也称为钕磁铁。它是现今磁性最强的永久磁铁，被誉为"磁王"，也是最常应用的稀土磁铁。它被广泛地应用于电脑硬盘、手机、耳机、智能家电、汽车等领域。新能源车的电气化程度更高，对钕磁的需求量是传统燃油车的十倍以上。2022 年 9 月，比亚迪的单月产量直奔 20 万辆，而比亚迪所需钕磁主要由我国的英洛华公司供应。英洛华主要客户遍布北美、欧洲、东南亚等地区的 40 多个国家，公司客户中有全球行业龙头十多家。

美国没有一家大型企业有制造钕铁硼业务，钕磁体严重依赖进口。美国的钕磁体进口总量中大约 75% 来自中国，9% 来自日本，5% 来自菲律宾，4% 来自德国。全球磁铁生产基地大多数位于中国，日本和德国居次，但这两个国家仍需从中国进口稀土原料。

稀土永磁材料在航空航天、卫星、计算机、通信系统、雷达系统、激光、航空电子设备、夜视设备、石油开采、电动汽车等高科技领域广泛应用，具有不可替代性，有关专家预测，在未来的 15～20 年内难以出现一种实用的非稀土永磁材料能替代目前的稀土永磁材料。在稀土永磁产业技术的发展方面，我国将紧密围绕低碳经济产业需求及"稀土永磁材料及应用器件"整个产业链均衡发展，以稀土资源的高效平衡利用和引领中国稀土永磁产业关键技术升级为核心，通过产业规划及政策引导，进一步完善技术开发和风险投资机制，加快新型稀土永磁材料产业的培育及发展，促进产学研用一条龙的产业发展模式。结合"中国制造 2025""一带一路"和"互联网＋"等国家战略，将中国稀土永磁材料科技的发展推上一个新的高度，使我国从稀土永磁材料生产大国向具有国际影响力的稀土永磁材料科技强国迈进。

本章小结

本章主要介绍了物质的磁性分类,抗磁性、顺磁性、铁磁性、反铁磁性、亚铁磁性产生的条件,磁化曲线、磁滞回线的特点,磁晶各向异性,形状各向异性,磁致伸缩,各向异性能,退磁能,磁弹性能,复数磁导率的概念,影响铁磁性和亚铁磁性的因素,磁性材料的自发磁化和技术磁化理论,磁性材料的动态特性,典型的磁性材料,磁性测量方法及磁性分析的应用。

复 习 题

6-1 铁棒中一个铁原子的磁矩是 $1.8×10^{-23}$ A·m²,铁的密度是 $7.8×10^{-3}$ kg/cm³,相对原子质量为 55.85,阿伏伽德罗常数为 $6.023×10^{23}$。

(1) 一个达到磁饱和的铁棒(10 cm×1 cm×1 cm),平行于长轴方向磁化,其磁矩为多少?

(2) 假设(1)中棒中的磁矩方向平行于长轴永久固定,为了保持铁棒垂直于 50 000 Gs 作用下的磁场,所需要的力矩是多少?

6-2 绘出五类磁体的磁化曲线。

6-3 顺磁性材料是否具有抗磁性? 为什么?

6-4 绘出铁磁性材料、亚铁磁性材料、反铁磁性材料原子磁矩的排列方式。

6-5 用能量的观点说明磁畴壁的形成过程。

6-6 用能量的观点说明磁畴的形成原因。

6-7 简述铁磁性物质技术磁化过程。

6-8 某合金由两相组成,两个相的体积分数相同,两个相都是铁磁性相,其中一个相的饱和磁化强度 $M_s=1.4$ A/m,另一个相的饱和磁化强度 $M_s=0.4$ A/m,则合金的饱和磁化强度 M_s 是多少?

6-9 某铁磁体具有剩磁 $B_r=1.27$ T,矫顽力 $H_c=50\ 000$ A/m,当磁场强度 H 为 $100\ 000$ A/m 时达到饱和,饱和磁感应强度 $B_s=1.50$ T。根据上述数据,请绘出磁场强度在 $-100\ 000\sim100\ 000$ A/m 范围内的完整磁滞回线,并在轴上的相应位置标注符号。

6-10 工厂中发生"混料"现象。假如某钢的淬火试样,经不同温度回火后混在一起了,可用什么方法将不同温度回火试样、淬火试样区分开来(不能损伤试样)?

6-11 测量钢中残余奥氏体含量有哪些方法? 磁性法测定钢中残余奥氏体含量有何优点? 其依据是什么?

6-12 软磁材料有哪些磁特性? 常用的软磁材料有哪些?

6-13 硬磁材料有哪些磁特性? 常用的硬磁材料有哪些?

6-14 哪些磁性能参数是组织敏感的? 哪些是不敏感的? 举例说明温度、加工硬化、合金元素、热处理、应力等因素对磁性的影响。

6-15 说明如何用磁性法测定过冷奥氏体等温转变曲线。

6-16 说明如何用磁性法测定合金的溶解度曲线。

6-17 根据图 6-56,分析 T10 钢淬火试样在不同温度加热时饱和磁化强度的变化与发生的组织转变的关系。

第 7 章　材料的弹性与内耗性能

弹性是指材料具有恢复形变前的形状和尺寸的能力。固体材料在受外力作用时,首先产生弹性变形,外力去除后,变形消失而恢复原状。弹性是一种重要的物理性能,弹性理论在机械设计和计算中占据重要地位。弹性材料的应用十分广泛,例如汽车、火车的弹簧,仪器、仪表的游丝、张丝,都应用了弹性材料。

实际上,绝大多数固体材料很难表现出理想的弹性行为,或是材料在交变应力作用下,在弹性范围内还存在非弹性行为,并因此产生内耗。有些零件要求材料要有高的内耗以消除振动,如机床床身、飞机、轮船等,而有些零件则要求材料有低的内耗,以降低阻尼,如弹簧、琴弦等。另外,内耗对于材料的结构很敏感,故可用于研究材料的溶质原子浓度和位错与溶质原子的交互作用等微观结构问题,是一种很有效的物理性能分析方法。

本章主要介绍弹性模量的微观本质、影响因素,内耗的产生机制、测量方法,内耗分析的应用,简单介绍常用的弹性合金和减振合金。

7.1　弹性的表征

在弹性范围内,材料受到力的作用会产生应变,其应力和应变之间的关系符合胡克定律。根据胡克定律可以得到几个弹性表征参量的物理意义。

(1) 弹性模量 E:单向受力状态下正应力与正应变之比,$E = \dfrac{\sigma_x}{\varepsilon_x}$,弹性模量 E 反映材料抵抗正应变的能力。金属材料的弹性模量 E 一般为 $0.1 \sim 100\,\mathrm{GPa}$,无机材料的弹性模量 E 一般为 $1 \sim 100\,\mathrm{GPa}$。

(2) 切变模量 G:在纯剪受力状态下切应力与切应变之比,$G = \dfrac{\tau_{xy}}{\gamma_{xy}}$,切变模量 G 反映材料抵抗切应变的能力。

(3) 泊松比 μ:在单向受力状态下材料横向应变与受力方向应变的比值,$\mu = -\dfrac{\varepsilon_y}{\varepsilon_x}$。一般金属材料的泊松比 μ 为 $0.29 \sim 0.33$,大多数无机材料的泊松比 μ 为 $0.2 \sim 0.25$。

(4) 体积模量 K:表示材料在三向压缩下,压强 P 与体积变化率 $\Delta V / V$ 之间的线性比例关系,是体应力与体应变的比值,可表示为

$$K = -\frac{P}{\dfrac{\Delta V}{V}} = \frac{E}{3(1 - 2\mu)} \tag{7-1}$$

由于各向同性材料的弹性常量只有 2 个是独立的,因此上述 4 个常量必然存在一定的关系,即

$$E = 3K(1 - 2\mu) \tag{7-2}$$

$$G = \frac{E}{2(\mu + 1)} \tag{7-3}$$

（5）刚度：引起单位应变的负荷。

$$\frac{F}{\varepsilon} = \frac{\sigma S}{\varepsilon} = E_s \tag{7-4}$$

式中，S 为零件的承载面积；F 为零件应变 ε 所承受的荷载；E_s 为零件的刚度。

由式（7-4）可以看出：刚度越大，材料越不容易变形。刚度是重要的零件设计指标，对于细长杆来说件尤其重要。

（6）比弹性模量：弹性模量 E 与密度 ρ 之比。在航空航天领域使用的材料不但要求材料弹性好，而且要轻，因此选材时要求比弹性模量要高。

7.2 弹性模量的微观本质

胡克定律表明：对于足够小的弹性形变，应力与应变呈线性关系，比例系数为弹性模量 E。下面从微观来讨论原子间相互作用力和弹性模量之间的关系。

方便起见，仅讨论双原子间的相互作用力和相互作用势能，如图 7-1 所示。

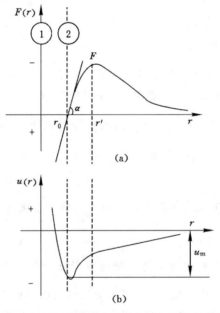

图 7-1 双原子间的作用力及其势能与距离的关系曲线

假设原子 1 固定不动，原子间距离为 r，当 $r = r_0$ 时，原子 1 和原子 2 处于平衡状态，其合力 $F = 0$。从双原子间的势能曲线可知势能大小是原子间距离 r 的函数 $[U(r)]$。当材料受到力的作用后，原子离开平衡位置产生一个很小的位移，将 $U(r)$ 对平衡位置 r_0 做泰勒级数展开

$$U(r) = U(r_0) + \frac{1}{1!}\left(\frac{\partial U}{\partial r}\right)_{r_0}(r - r_0) + \frac{1}{2!}\left(\frac{\partial^2 U}{\partial r^2}\right)_{r_0}(r - r_0)^2 + \cdots$$
$$+ \frac{1}{n!}\left(\frac{\partial^n U}{\partial r^n}\right)_{r_0}(r - r_0)^n \tag{7-5}$$

式中，$U(r_0)$ 为 $r = r_0$ 时的势能。

由于 $r = r_0$ 时势能曲线有一极小值，因此有 $\left(\dfrac{\partial U}{\partial r}\right)_{r_0} = 0$。另外，$r - r_0$ 远小于 r_0，因此高次项可以忽略，则有

$$U(r) = U(r_0) + \frac{1}{2!}\left(\frac{\partial^2 U}{\partial r^2}\right)_{r_0}(r - r_0)^2 \tag{7-6}$$

由于原子间作用力 $F(r)$ 应为势能对原子间距的一次微分，则由式(7-6)可得

$$F(r) = -\frac{\mathrm{d}U(r)}{\mathrm{d}r} = -\left(\frac{\partial^2 U}{\partial r^2}\right)_{r_0}(r - r_0) \tag{7-7}$$

改写成

$$-\left(\frac{\partial^2 U}{\partial r^2}\right)_{r_0} = \frac{F(r)}{r - r_0} \tag{7-8}$$

式中的 $-\left(\dfrac{\partial^2 U}{\partial r^2}\right)_{r_0} = \left(\dfrac{\partial F}{\partial r}\right)_{r_0}$，为原子间作用力曲线在 r_0 处的斜率，对于一定的材料是个常数。它代表了对原子间弹性位移的抗力，即原子间结合力。由图 7-2 可以看出：原子间作用力曲线在 r_0 处的斜率越大，将原子从其平衡位置移开所需的力越大，即原子间结合力越大。

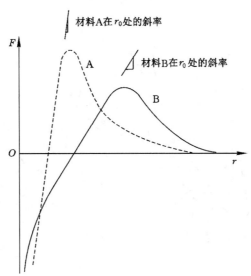

图 7-2 两种材料的原子间作用力曲线

由弹性模量的定义式 $E = \dfrac{\sigma_x}{\varepsilon_x}$ 可以看出在双原子模型中 E 相当于 $\dfrac{F(r)}{r - r_0}$，所以有

$$E = \left| \left(\frac{\partial^2 U}{\partial r^2} \right)_{r_0} \right| \tag{7-9}$$

因此弹性模量 E 是反映原子间结合力大小的物理量。弹性模量 E 越大,材料的原子间结合力越大。

7.3 弹性模量与其他物理量的关系

7.3.1 弹性模量与元素周期表的关系

常温下弹性模量是元素序数的周期函数:主族元素随原子半径增大,弹性模量减小;过渡族元素随原子半径增大,弹性模量增大。图 7-3 为弹性模量的周期性变化。由图 7-3 可以看出:对于第三周期 Na,Mg,Al,Si 元素,随着原子序数增大,弹性模量 E 增大,这是因为随着价电子数目增多,原子半径减小,原子间结合力增大。同一族(如 Be,Mg,Ca,Sr,Ba 元素),随着原子序数增大,弹性模量 E 减小,这是因为随着原子序数增大,原子半径增大,原子间结合力降低。一般情况下,弹性模量 E 与原子间距 a 有如下关系式:

$$E = \frac{K}{a^m} \tag{7-10}$$

式中,K,m 为与原子结构有关的常数。

式(7-10)对于过渡族金属不适用,过渡族元素随原子半径增大,弹性模量增大,原因是 d 层电子引起的原子间结合力较大。

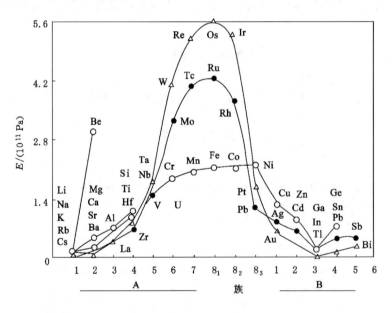

图 7-3 弹性模量的周期性变化

7.3.2 弹性模量与德拜温度关系

一般来说,材料的弹性模量大,其德拜温度高。因为德拜温度是反映原子间结合力大小的物理量,一般材料的德拜温度越高,其原子间结合力越大。弹性模量也是反映原子间结合

力大小的物理量,因此二者有如下关系式:

$$\Theta_{D} = \frac{h}{k}\left(\frac{3N_0}{4\pi A}\right)^{\frac{1}{3}}\rho^{\frac{1}{3}}c \tag{7-11}$$

式中,h 为普朗克常数;k 为玻尔兹曼常数;N_0 为阿伏伽德罗常数;A 为相对原子质量;ρ 为密度;c 为弹性波的速度。

又有

$$\begin{cases} \dfrac{3}{c^3} = \dfrac{1}{c_l^{\,3}} + \dfrac{2}{c_\tau^{\,3}} \\[2mm] c_l = \sqrt{\dfrac{E}{\rho}} \\[2mm] c_\tau = \sqrt{\dfrac{G}{\rho}} \end{cases} \tag{7-12}$$

式中,c_l 为弹性波纵向传播速度;c_τ 为弹性波横向传播速度。

由式(7-11)可计算德拜温度。由式(7-11)可得出:德拜温度与弹性波波速成正比,而弹性波波速与弹性模量成正比,因此,一般来说,德拜温度与弹性模量成正比。

7.3.3　弹性模量与熔点的关系

材料的熔点是反映原子间结合力大小的物理量,熔点越高,原子间结合力越大。弹性模量也是反映原子间结合力大小的物理量。因此,弹性模量与熔点成正比。温度为 300 K 时,弹性模量 E 与熔点 T_m 之间有如下关系式:

$$E = \frac{100kT_m}{V_a} \tag{7-13}$$

式中,V_a 为原子体积或分子体积;k 为玻尔兹曼常数。

图 7-4 为实验测得的 E 与 kT_m/V_a 之间的关系图。由图 7-4 可以看出:二者之间符合线性关系。

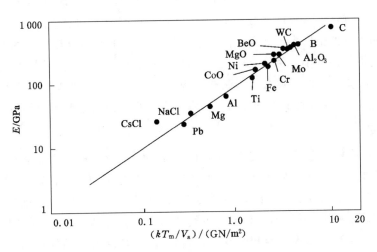

图 7-4　弹性模量与熔点之间的关系图

7.4 弹性模量的影响因素

7.4.1 温度

一般来说,温度升高,材料的弹性模量降低。因为温度升高,原子间距会增大,原子间结合力减小,因此弹性模量降低。图 7-5 为某些金属 E/E_0 与 T/T_M 的关系图。

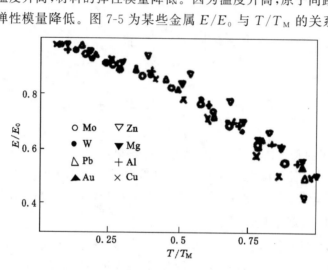

E_0—0 K 时的弹性模量;T_M—熔点温度。

图 7-5　金属 E/E_0 与 T/T_M 的关系图

弹性模量随着温度的变化可以用弹性模量温度系数 β 来表征。

$$\beta = \frac{1}{E}\frac{\mathrm{d}E}{\mathrm{d}T} \tag{7-14}$$

当 $\Theta_D < T < 0.5 T_m$ 时,$E = E_0[1 + \beta(T - T_0)]$;当 $\Theta_D/T \gg 1$ 时,$E \propto T^4$。

不同材料的弹性模量温度系数是不同的,低熔点的轻金属和合金的 β 较大,即弹性模量随温度升高而下降的幅度大。高熔点的耐热金属及其碳化物和耐热合金的 β 较低,弹性模量随温度升高下降幅度小。例如,镁合金 MB3 由室温到 300 ℃弹性模量下降 17%,铝合金 LY12 在这个温度范围内下降 11%,耐热镍基合金 B-1900 和钴基合金 X-40 分别仅下降 3.6% 和 8.3%,难熔碳化物仅下降 2%。通常金属的弹性模量温度系数约为 -10^{-4} ℃$^{-1}$。

7.4.2 相变

相变(如多晶型转变、有序化转变、铁磁性转变、超导转变等)会对材料的弹性模量产生比较显著的影响。这是因为发生相变时,原子间距发生变化,原子间结合力变化,从而使弹性模量变化。图 7-6 为铁、钴、镍的多晶型转变和铁磁性转变对弹性模量的影响。由图 7-6 可以看出:纯铁加热到 910 ℃时由体心立方转变为面心立方结构,原子堆积密度增大,原子间结合力增大,导致 E 增大。冷却时发生逆转变,E 反常降低。钴加热到 480 ℃时由六方结构转变为立方结构,原子堆积密度增大,导致 E 反常升高。冷却时在 400 ℃逆转变,使 E 反常降低。退火态 Ni 的反常比较明显,先陡降,到 180～360 ℃(居里点)时,E 升高,此后又降低,这是由于磁性转变的影响。而磁化到饱和状态的 Ni,E 随着温度升高正常下降,符合一般金属的变化规律。

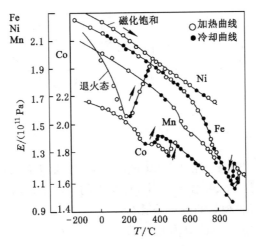

图 7-6　几种金属弹性模量随温度变化曲线

7.4.3　合金元素

当两种普通金属形成连续固溶体时,弹性模量 E 与溶质原子浓度近似呈线性变化,如 Cu-Ni、Cu-Au、Ag-Cu 等,如图 7-7 所示。固溶体中有过渡族元素时,其弹性模量与溶质原子浓度关系曲线呈凸形变化,如图 7-8 所示。这与过渡族元素未填满的内电子层影响原子间结合力有关系。

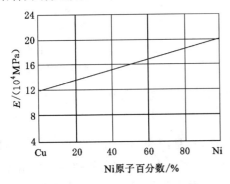

图 7-7　Cu-Ni 合金的弹性模量

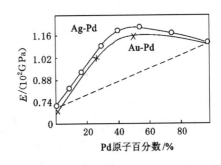

图 7-8　Ag-Pd 及 Au-Pd 合金成分对 E 的影响

当两种金属元素形成有限固溶体时,溶质对合金弹性模量的影响主要包括三个方面:

(1) 由于溶质原子的融入引起固溶体的点阵畸变,使合金弹性模量降低。

(2) 溶质原子可能阻碍位错线的弯曲和运动,削弱点阵畸变对弹性模量的影响。

(3) 当溶质和溶剂原子间结合力大于溶剂原子间结合力时,会引起合金弹性模量增大,反之会引起合金弹性模量减小。

图 7-9 为铜、银有限固溶体中溶质含量对弹性模量 E 的影响。由图 7-9 可以看出:在铜基和银基中加入元素周期表中与其相邻的元素(铜基中加入锌、镓、硅、砷,在银基中加入镉、铟、锡),弹性模量 E 随着溶质元素含量增加而线性减小,而且溶质的价数越高,弹性模量减小量越大。

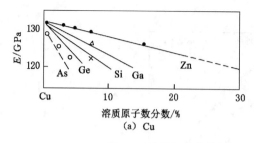 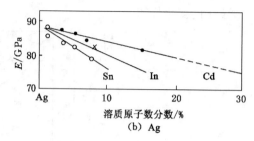

图 7-9　溶质组元含量对 Cu 以及 Ag 基固溶体弹性模量的影响

实际上,固溶体的弹性模量与溶质含量的关系并不总是符合线性变化规律,有时会呈现很复杂的曲线。图 7-10 为 Fe-Ni 合金在不同磁场下的弹性模量随 Ni 含量的变化曲线。

化合物和中间相的弹性模量研究得还比较少,例如,在 Cu-Al 合金中 $CuAl_2$ 具有比较高的弹性模量(但是比铜的小),而 γ 相的弹性模量比铜的弹性模量高 1.5 倍左右。一般中间相的熔点越高,其弹性模量越高。

综上所述,在基体组元确定后,很难通过形成固溶体的方法进一步大幅度提高弹性模量。但是,如果在合金中形成高熔点、高弹性模量的第二相,则可能会较大幅度提高合金的弹性模量。常用的高弹性和恒弹性合金往往通过合金化和热处理来形成 Ni_3Mo,Ni_3Nb,Ni_3(Al,Ti),Fe_2Mo 等中间相,既能够起弥散强化的作用,又能提高材料的弹性模量。例如,Fe-42Ni-

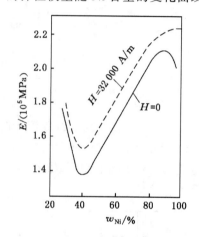

图 7-10　不同磁场下 Fe-Ni 合金的弹性模量随 Ni 含量的变化规律

5.2Cr-2.5Ti 恒弹性合金就是通过 Ni_3(Al,Ti)相的析出来提高弹性模量的。

7.4.4　晶体结构

单晶体不同方向的弹性模量不同,具有各向异性,这是因为不同方向的原子密度不同,原子间结合力不同,因此不同方向的弹性模量不同。而多晶体不同方向的弹性模量相等,具有各向同性,这是因为多晶体内各晶粒位向不同,有强弱互补作用,所以不同方向的弹性模量是相同的,其值可采用单晶体的弹性模量取平均值的方法计算。

多数立方晶系的金属单晶体,其弹性模量值最大的晶向为 [111]晶向,弹性模量值最小的晶向为 [100]晶向。切变模量值最大的晶向为 [100]晶向,切变模量值最小的晶向为[111]晶向。

如果多晶体材料经冷变形或再结晶退火后形成织构,将导致弹性模量各向异性。图 7-11 为铜板材冷轧织构和再结晶退火织构的弹性各向异性。曲线 1 为冷轧后铜板各方向的弹性模量,曲线 2 为再结晶退火后的铜板弹性模量与铜轧制方位的关系。可以看出冷轧的铜板沿轧向和横向弹性模量值最高,这是因为铜的冷轧织构为(110)[112]或(112)[111],因为[112]方向与[111]之间夹角很小,所以冷轧的铜板沿轧向和横向的弹性模量值最高;与轧向成45°角方向的弹性模量值最低,这与[110]晶向的 E 值有关([110]晶向的 E

值介于[111]晶向和[100]晶向 E 值之间)。再结晶退火的铜板沿轧向和横向的弹性模量值最低,而与轧向成 45° 角方向的弹性模量值最高,这是因为铜的再结晶退火织构是(100)[001]。

定向凝固的金属与合金的弹性模量表现出各向异性。图 7-12 为 K3 镍基铸造高温合金和定向凝固的合金的高温弹性模量 E、G 值。一般情况下,K3 镍基铸造高温合金在常温下的弹性模量 E 为 194.73 GPa,沿[100]方向定向凝固 K3 合金的弹性模量 E 为 126.40 GPa。可以看出:定向凝固方向合金的弹性模量 E 比铸态合金 E 值低 1/3 左右,垂直于[100]方向定向凝固 K3 合金的切变模量 G 也比铸态 K3 合金低。

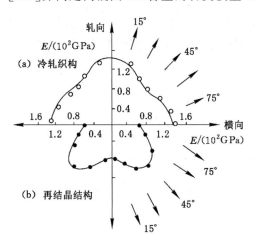

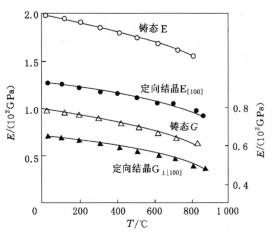

○—铸态 K3 合金 E;△—铸态 K3 合金 G;

▲—定向凝固 K3 合金 $E_{[100]}$;

●—定向凝固 K3 合金 $G_{\perp[100]}$。

图 7-11　织构对弹性模量的影响

图 7-12　定向凝固对 K3 镍基合金高温弹性模量的影响

7.4.5　弹性的铁磁性反常现象

未磁化的铁磁材料,在居里温度以下的弹性模量比磁化饱和状态的弹性模量低,这一现象称为弹性的铁磁性反常,又称为 ΔE 效应。图 7-13 为铁磁材料的应力-应变关系曲线,OA 直线表示已磁化饱和的铁磁材料的应力-应变关系曲线(一般"正常"材料的应力-应变关系曲线),OBC 曲线表示未磁化或未磁化饱和的铁磁材料的应力-应变关系曲线。

对于未被磁化饱和的铁磁材料,所有磁畴并没有沿着同一个方向排列,在应力作用下发生弹性变形时,将同时引起磁畴的磁矩转动,产生相应的磁致伸缩(力致伸缩);拉伸时,具有正磁致伸缩的材料,其磁畴矢量趋向于转向平行于拉伸方向;拉伸时,具有负磁致伸缩的材料,其磁畴矢量趋向于转向垂直于拉伸方向。这样对于一个未被磁化饱和的铁磁材料,无论其磁致伸缩是正值还是负值,其在拉伸时变形量都由两个部分构成:(1)拉应力产生的伸长 $(\Delta L/L)_0$;(2)磁致伸缩效应产生的伸长 $(\Delta L/L)_m$。这样,未被磁化饱和的铁磁材料的弹性模量 E_f 为

$$E_{\text{f}} = \frac{\sigma}{(\frac{\Delta L}{L})_0 + (\frac{\Delta L}{L})_{\text{m}}} \tag{7-15}$$

而磁化饱和后的铁磁材料,受拉伸时磁矩不发生转动,无附加伸长,其弹性模量 E_0 为

$$E_0 = \frac{\sigma}{(\frac{\Delta L}{L})_0} \tag{7-16}$$

由式(7-15)和式(7-16)可以看出:$E_{\text{f(铁磁材料)}} < E_{0(\text{"正常"材料})}$,二者之差 $\Delta E = E_0 - E_{\text{f}}$,$\Delta E$ 即由磁致伸缩引起的弹性模量的降低值。

图 7-14 为镍的弹性模量同温度、磁场的关系。磁场强度为 46 kA/m 时镍已经磁化饱和,因此随温度升高弹性模量按正常规律降低,而未磁化和未磁化饱和的镍在低于居里温度时都具有比较低的弹性模量。

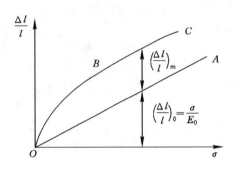

1—46 kA/m;2—8.48 kA/m;3—3.28 kA/m;
4—0.8 kA/m;5—0.48 kA/m;6—$H=0$。

图 7-13　铁磁材料的应力-应变关系曲线　　图 7-14　在磁场作用下镍的高温弹性模量

当温度升高时,一方面 E_0 下降,另一方面由于自发磁化也降低,磁致伸缩将减小,因此 ΔE 值也将减小。如果温度升高时 E_0 和 ΔE 的降低值在数值上大体相等,则 E_{f} 将接近一个常数,与温度无关。利用这一原理可制成弹性温度系数很小或接近 0 的恒弹性合金,如艾林瓦合金(Fe-Ni-Cr 合金)。

7.5　内耗概述

一个在弹性范围内做自由振动的固体,即使与外界完全隔离(如处于真空环境),振幅也会逐渐衰减,使振动趋于停止,这就是说,振动的能量逐渐被消耗掉了。这种由于固体内部原因而使机械能消耗的现象称为内耗或阻尼。内耗的研究主要有两个方面:一是利用内耗值评价材料的阻尼本领,以满足工程结构的要求,如对于大型船舶、桥梁、高塔等,需要较大的内耗,否则振动很难停止下来;而钟表振子、琴弦等,需要极低的内耗。二是研究内耗与材料内部结构、原子运动的关系,以研究材料的微观结构问题。

7.5.1　内耗与非弹性形变关系

理想弹性体的应变总是瞬时达到平衡值,其每一瞬间的应力对应于单一的确定的应变,即应力和应变之间存在单值函数关系,如图 7-15(a)所示,这样的固体在加载和卸载时,应力和应变始终保持同位相,而且呈线性关系,因此不会产生内耗。

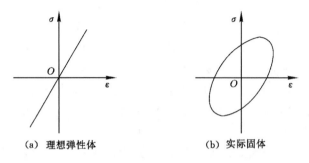

（a）理想弹性体　　　　　　　　　（b）实际固体

图 7-15　交变荷载作用下的应力-应变关系曲线

实际的固体当加载和卸载时其应变不是瞬时达到平衡值,在交变荷载作用下,应变的位相总是落后于应力,使得应力和应变之间不是单值函数关系(非弹性行为),如图 7-15(b)所示。非弹性行为在应力-应变关系曲线上出现滞后曲线时要产生内耗,其内耗大小取决于回线包围的面积。

设对物体施加一个较小力,使之振动,应力与时间的变化关系为

$$\sigma = \sigma_0 \sin(\omega t) \tag{7-17}$$

式中,ω 为循环加载力的角频率。

实际固体的应变落后于应力 φ 相位角,即

$$\varepsilon = \varepsilon_0 \sin(\omega t - \varphi) \tag{7-18}$$

固体振动一周的能量损耗 ΔW 即滞后回线的面积

$$\Delta W = \oint \sigma \, d\varepsilon = \int_0^{2\pi} \sigma_0 \varepsilon_0 \sin(\omega t) \, d\sin(\omega t - \varphi) = \pi \sigma_0 \varepsilon_0 \sin \varphi \tag{7-19}$$

振动一周的振动能量 W 为

$$W = \frac{1}{2} \sigma_0 \varepsilon_0 \tag{7-20}$$

内耗一般用 Q^{-1} 表示,Q 是振动系统的品质因数,Q^{-1} 可表示为

$$Q^{-1} = \frac{\Delta W}{2\pi W} = \sin \varphi \approx \tan \varphi \approx \varphi \quad (\varphi \text{ 很小时}) \tag{7-21}$$

7.5.2　内耗的分类

由于产生内耗的机制不同,内耗的表现形式有很大差异,按葛庭燧的分类法内耗可以分为:

(1)线性滞弹性内耗,只与加载频率有关;

(2)非线性滞弹性内耗,既与频率有关,又与振幅有关,来源于固体内部的缺陷及其相互作用;

(3)静滞后型内耗,与频率无关,只与振幅有关;

（4）阻尼共振型内耗，与频率有关，但内耗峰对温度变化不敏感，该类内耗常与位错的行为有关。

7.5.2.1　弛豫型（滞弹性）内耗

滞弹性的特征是材料在加载或卸载时应变不是瞬时达到其平衡值，而是通过弛豫过程达到平衡值。如图 7-16(a)所示，给材料突然施加恒应力 σ_0 时，材料弹性应变立即达到 ε_0，然后随时间增加应变缓慢增加，最后趋于平衡值 $\varepsilon(\infty)$，这种现象称为应变弛豫。当突然撤去应力，有一部分应变（ε_0）立即回复，剩下的缓慢回复到 0，这种现象称为弹性后效。如图 7-16(b)所示，要保持应变（ε_0）不变，应力就要逐渐松弛达到平衡值 $\sigma(\infty)$，这种现象称为应力弛豫现象。由于应变落后于应力，在适当频率的振动应力作用下就会产生内耗。具有上述滞弹性行为的固体可以用一种称为标准线性固体的应力-应变方程来描述。

$$\sigma + \dot{\sigma}\tau_\varepsilon = M_R(\varepsilon + \dot{\varepsilon}\tau_\sigma) \tag{7-22}$$

式中，τ_ε 为在恒应变下应力弛豫到接近平衡值的时间，称为应力弛豫时间；τ_σ 为在恒应力下应变弛豫到接近平衡值时的时间，称为应变弛豫时间；M_R 为弛豫弹性模量；$\dot{\sigma}$ 为应力对时间的变化率；$\dot{\varepsilon}$ 为应变对时间的变化率。

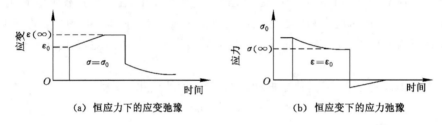

（a）恒应力下的应变弛豫　　　　　　（b）恒应变下的应力弛豫

图 7-16　弛豫现象

下面以图 7-17 所示恒应力下的应力-应变关系曲线为例，讨论未弛豫弹性模量和弛豫弹性模量的定义。在 σ_0 恒应力作用下，OM_u 直线与 ε 轴夹角的正切给出了还未来得及充分变形的试样弹性模量。由于加载速度快，应变的弛豫过程来不及进行，故该模量称为未弛豫弹性模量 M_u。

$$M_u = \frac{\sigma_0}{\varepsilon_0} \tag{7-23}$$

OM_R 直线与 ε 轴夹角的正切表示试样弛豫过程充分进行的模量，故称为弛豫弹性模量，用 M_R 表示。

$$M_R = \frac{\sigma_0}{\varepsilon(\infty)} \tag{7-24}$$

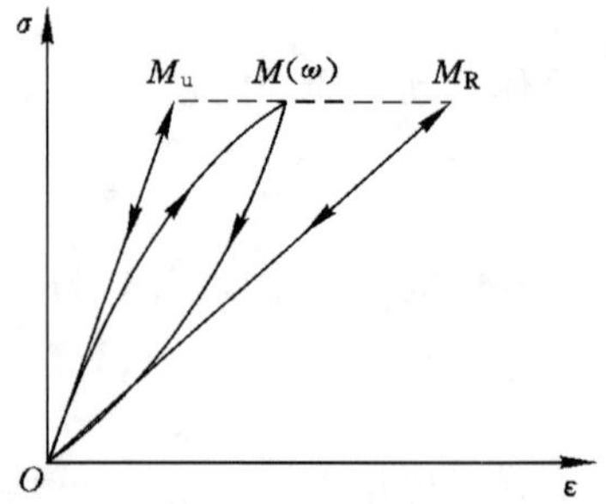

图 7-17　恒应力下的应力-应变关系曲线

显然，$M_u > M_R$，令 $\Delta M = M_u - M_R$，称 ΔM 为模量亏损。

当材料承受周期变化的应力作用时，由于应变落后于应力，因而要产生内耗。设其应力 $\sigma = \sigma_0 e^{i\omega t}$，应变落后于应力 φ 相位角（图 7-18），应变 $\varepsilon = \varepsilon_0 e^{i(\omega t - \varphi)}$，将其代入式(7-22)中得

$$(1 + i\omega\tau_\varepsilon)\sigma = M_R(1 + i\omega\tau_\sigma)\varepsilon \tag{7-25}$$

由式(7-25)可得到复弹性模量为

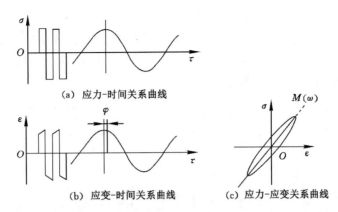

(a) 应力-时间关系曲线

(b) 应变-时间关系曲线　　　(c) 应力-应变关系曲线

图 7-18　滞弹性体

$$\widetilde{M} = \frac{\sigma}{\varepsilon} = M_{R} \frac{1 + i\omega\tau_{\sigma}}{1 + i\omega\tau_{\varepsilon}} = \frac{M_{R}}{1 + \omega^2 \tau_{\varepsilon}^2} (1 + \omega^2 \tau_{\varepsilon}\tau_{\sigma})(1 + i \frac{\omega\tau_{\sigma} - \omega\tau_{\varepsilon}}{1 + \omega^2 \tau_{\varepsilon}\tau_{\sigma}}) \tag{7-26}$$

由式(7-26)实数部分得到

$$M(\omega) = \frac{M_{R}}{1 + \omega^2 \tau_{\varepsilon}^2} (1 + \omega^2 \tau_{\varepsilon}\tau_{\sigma}) \tag{7-27}$$

$M(\omega)$ 称为动力模量(动态模量),也就是仪器实际测得的模量。

由式(7-26)虚数部分得到

$$M' = \frac{M_{R}}{1 + \omega^2 \tau_{\varepsilon}^2} (1 + \omega^2 \tau_{\varepsilon}\tau_{\sigma}) \frac{\omega\tau_{\sigma} - \omega\tau_{\varepsilon}}{1 + \omega^2 \tau_{\varepsilon}\tau_{\sigma}} \tag{7-28}$$

可以证明,弛豫型内耗 Q^{-1} 等于 $\tan\varphi$,也等于复弹性模量的虚部与实部之比。

因为金属 $\tau_{\varepsilon} \approx \tau_{\sigma}$,所以 $\tau = \sqrt{\tau_{\varepsilon}\tau_{\sigma}}$,则

$$Q^{-1} = \tan\varphi = \frac{\omega(\tau_{\sigma} - \tau_{\varepsilon})}{1 + \omega^2 \tau^2} \tag{7-29}$$

由式(7-29)可以看出弛豫型内耗与应变振幅无关,这是式(7-22)线性的原因。将内耗、动力模量对 $\omega\tau$ 作图,结果示于图 7-19。由图 7-19 可以看出 $\omega\tau = 1$ 时内耗有极大值。讨论以下几种情况。

(1) 当 $\omega \to \infty (\omega\tau \gg 1, \frac{1}{\omega} \ll \tau)$ 时,振动周期远小于弛豫时间,因而在振动一周内不发生弛豫,材料行为接近理想弹性体,则 $Q^{-1} \to 0, M(\omega) \to M_{u}$。

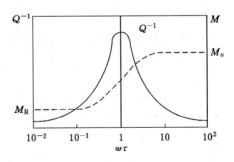

图 7-19　内耗、动力模量与 $\omega\tau$ 的关系曲线

(2) 当 $\omega \to 0 (\omega\tau \ll 1, \frac{1}{\omega} \gg \tau)$ 时,振动周期远大于弛豫时间,因而在每一瞬时应变都接近平衡值,应变是应力的单值函数,则 $Q^{-1} \to 0, M(\omega) \to M_{R}$。

(3) 当 $\omega\tau$ 为中间值时,应变弛豫跟不上应力的变化,此时应力-应变关系曲线为一椭圆,椭圆的面积正比于内耗。当 $\omega\tau = 1$ 时,内耗达到极大值,称为内耗峰。

在交变应力作用下,材料中的弛豫过程是由很多原因引起的。这些过程的弛豫时间是材料的常数,并且决定了弛豫过程的特点。每一种弛豫过程有其特有的弛豫时间,因此改变加载的频率 ω,则将在 Q^{-1}-ω 关系曲线上得到一系列内耗峰,这些内耗峰的总体称为弛豫谱。图 7-20 为典型固体材料的弛豫谱。

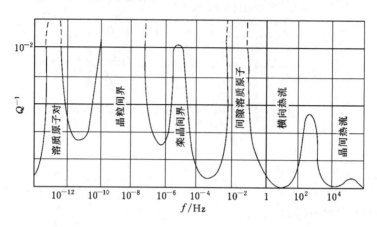

图 7-20 典型固体材料室温下内耗谱示意图

7.5.2.2 静态滞后型内耗

对于滞弹性材料,如果实验时应力的加载和卸载都非常缓慢,不会产生内耗,因此称这种滞后为动态滞后。静态滞后的产生是由于应力和应变之间存在多值函数关系,即在加载时,同一应力具有不同的应变值,完全去掉应力后有永久形变产生,只有施加反向应力时才能恢复到零应变,如图 7-21 所示。应力变化时,应变总是瞬时调整到相应的值,这种滞后回线的面积是恒定值,与振动频率无关,故称为静态滞后。

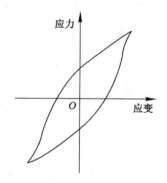

图 7-21 静态滞后回线示意图

由于引起静态滞后的各种机制没有相似的应力-应变方程,必须针对具体机制进行计算,求出滞后回线面积 ΔW,再利用公式 $Q^{-1} = \dfrac{\Delta W}{2\pi W}$ 计算内耗值。一般来说,静态滞后回线的面积与振幅不呈线性关系,因此静态滞后型内耗一般具有与振幅有关而与频率无关的特征。

7.5.2.3 阻尼共振型内耗

阻尼共振型内耗具有与弛豫型内耗相似的特征,即内耗与频率的关系密切,而与振幅无关。但是,与阻尼共振型内耗的内耗峰所对应的频率一般对温度不敏感,而弛豫过程的弛豫时间对温度却很敏感。研究表明:这种内耗很可能是振动固体中存在的阻尼共振现象引起的能量损耗。例如,晶体中两端被钉扎的自由位错线段在振动应力作用下可以做强迫振动,位错线的运动可引起非弹性应变,因而产生阻尼。当外加应力频率与位错线的共振频率接近时将产生共振现象,此时阻尼对振子所做的功(即内耗)达到最大值。

7.6　内耗产生的机制

7.6.1　点阵中原子有序排列引起的内耗

溶解在固溶体中的间隙原子、替代原子在固溶体中的无规律分布称为无序状态。在受外力作用时,间隙原子倾向于沿应力方向分布的现象称为应力感生有序。如图 7-22 所示,体心立方 α-Fe 晶格中,可以容纳间隙原子的位置在晶胞的面心及棱边中点,即 $(1/2,0,0)$、$(0,1/2,0)$、$(0,0,1/2)$ 或 $(1/2,1/2,0)$。无应力作用时,这些间隙位置等效,间隙原子将以无规律分布方式占据这些间隙位置。如果沿 z 轴方向施加拉伸应力,则沿 z 轴方向原子间距增大,沿 x 轴和 y 轴方向原子间距减小,间隙原子将由 $(1/2,0,0)$ 或 $(0,1/2,0)$ 跳到 $(0,0,1/2)$,即间隙原子倾向于沿受拉伸应力方向分布。当晶体在某方向上受交变应力作用时,间隙原子就在不同方向间隙位置上来回跳动,而且应变落后于应力,导致能量损耗,即产生内耗。当交变应力频率很高时,间隙原子来不及跳跃,不能引起内耗。当交变应力频率很低时,接近静态完全弛豫过程,也不会产生内耗。

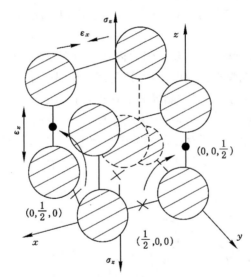

⊘—铁原子;×—施加拉应力前的碳原子位置;●—施加拉应力后碳原子位置。

图 7-22　体心立方间隙原子位置

含有少量碳或氮的 α-Fe 固溶体,用 1 Hz 的频率测量其内耗,在 20～40 ℃ 附近得到的弛豫型内耗峰就是与碳、氮间隙原子有关,此峰称为斯诺克峰。

7.6.2　与位错有关的内耗

晶体中位错可以被一些不可动的点缺陷(位错网节点或沉淀粒子)钉扎,称为强钉。位错还可以被一些可以脱开的点缺陷(杂质原子、空位)等钉扎,称为弱钉。当施加的交变应力不太大时,位错段 L_c 像弦一样做"弓出"往复运动,如图 7-23(a)、图 7-23(b)、图 7-23(c)所示。当外加应力增大到脱钉应力时弱钉扎被抛脱,如图 7-23(d)所示。应力继续增大,长的位错弦 L_N 弓出,去除应力时 L_N 收缩,在这个过程中消耗能量,如图 7-23(e)、图 7-23(f)、

图 7-23(g)所示。

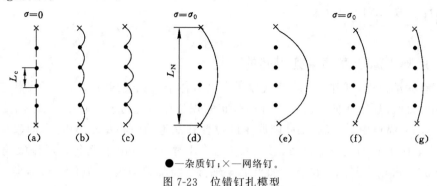

●—杂质钉；×—网络钉。

图 7-23　位错钉扎模型

由于位错在脱钉、回缩及重新被钉扎过程中的运动状况不同,故其应力-应变关系曲线形成一个滞后回线,因而产生内耗,如图 7-24 所示。

7.6.3　与晶界有关的内耗

晶界处的大部分原子排列是不规则的,可以认为晶界呈非晶态结构的特点,具有黏滞性。黏滞性是流体的特性,表现为不能承受切应力的作用。晶界在切应力的作用下将会发生相对滑动。

图 7-25 所示为测量的单晶铝和多晶铝的内耗。由图 7-25 可以看出:多晶铝在某温度下出现了内耗峰,而单晶铝没有出现内耗峰,这是因为低温时晶界黏滞性大,滑动阻力也大,弛豫应变来不及进行,内耗小;高温时晶界黏滞性小,滑动阻力也小,弛豫应变能充分进行,而使应变几乎不落后于应力,内耗小;在一定的温度下,弛豫应变与应力的位相差达到最大值,便出现了内耗峰。而单晶铝不存在晶界的弛豫应变,所以没有出现内耗峰。

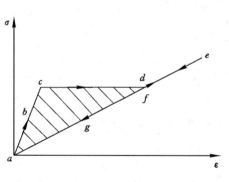

图 7-24　位错脱钉与再钉扎过程的
应力-应变关系曲线

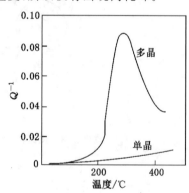

图 7-25　铝的晶界内耗($f=0.8$ Hz)

7.7　内耗的测量方法

测量内耗的方法主要有扭摆法、共振棒法、超声波法,下面介绍扭摆法和共振棒法。

7.7.1　扭摆法

扭摆法是由我国物理学家葛庭燧建立的,通常将该方法称为葛氏扭摆法。图 7-26 为该方法的装置原理。实验试样为丝状或片状,扭摆频率为 $0.5 \sim 15$ Hz,试样扭转变形振幅为 $10^{-7} \sim 10^{-4}$。上夹头夹紧试样上端,与转动惯性元件为一体的下夹头固定住试样下端,可以采用电磁激发方法使试样连同转动惯性系统形成扭转力矩,从而使试样摆动。当试样自由摆动时,其振幅衰减过程可借助于反射镜的反射光点记录下来。只要记录振幅由 A 衰减到 A_n 时试样摆动的次数 n,便可以求出 Q^{-1} 为

$$Q^{-1} = \frac{\ln(A/A_n)}{\pi n} \tag{7-30}$$

为了减小轴向拉力的影响,后来设计了一种倒置扭摆仪,如图 7-27 所示,平衡砝码的作用是减小轴向拉力,使之更好地摆动。

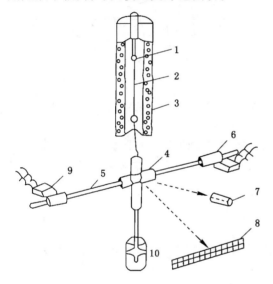 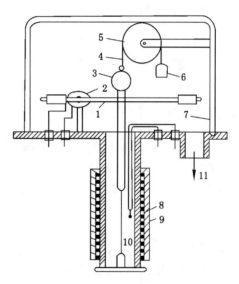

1—夹头;2—丝状试样;3—加热炉;4—反射镜;
5—转动惯性系统;6—砝码;7—光源;
8—标尺;9—电磁激发;10—阻尼油。

图 7-26　扭摆法测内耗装置示意图

1—转动惯性系统;2—电磁激发;3—反向镜;
4—滑轮丝;5—滑轮;6—平衡砝码;7—真空罩;
8—热电偶;9—加热炉;10—试样;11—抽真空。

图 7-27　倒置扭摆仪示意图

7.7.2　共振棒法

共振棒法试样为圆棒状,不附加惯性系统,而是在其振动节点位置用刀口或细丝夹持着,使其激发至共振状态。共振频率取决于试样材料和尺寸,一般频率范围为 $10^2 \sim 10^5$ Hz。测量用的设备主要有两个部分:激励系统和接收系统。激励系统把电振动转变为机械振动,接收系统则把机械振动转变为电振动。实验测量可采用自由衰减法或强迫共振法。根据换能器的性质,又可以分为静电法、涡流法、电磁法和压电法。采用共振棒法测内耗可用建立共振峰曲线来计算内耗 Q^{-1}。

$$Q^{-1} = \frac{\Delta f_{0.5}}{\sqrt{3} f_0} = \frac{\Delta f_{0.7}}{f_0} \tag{7-31}$$

式中，f_0 为共振频率；$\Delta f_{0.5}$ 和 $\Delta f_{0.7}$ 分别为振幅下降至最大值 $1/2$ 倍和 $1/\sqrt{2}$ 倍所对应共振峰宽，如图 7-28 所示，图中 $\Delta f_{0.5} = f_2 - f_1$。

共振棒法测内耗也可以用记录振幅衰减曲线来计算内耗，如图 7-29 所示。δ 表示相继两次振动振幅比的自然对数，即

$$\delta = \ln \frac{A_n}{A_{n+1}} \tag{7-32}$$

式中，A_n 表示第 n 次振动振幅；A_{n+1} 表示第 $n+1$ 次振动振幅。

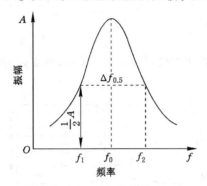

图 7-28　共振峰曲线示意图

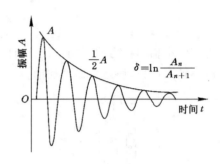

图 7-29　振幅衰减曲线示意图

如果内耗与振幅无关，则振幅的对数与振动次数的关系曲线为一条直线，直线的斜率即 δ 值；如果内耗与振幅有关，则得到一条曲线，曲线上各点的斜率即该振幅下的 δ 值。当 δ 值很小时，推导可得内耗与 δ 的关系式为

$$Q^{-1} = \frac{\delta}{\pi} = \frac{1}{\pi} \ln \frac{A_n}{A_{n+1}} \tag{7-33}$$

对于内耗值小的试样，采用共振曲线法由于峰宽窄而不容易测准。采用记录振幅衰减曲线计算内耗，既准确，速度又快。

7.8　内耗分析的应用

内耗对材料的组织结构非常敏感，利用内耗分析，可以测定固溶体的溶解度，测定低温扩散系数和低温扩散激活能，研究钢的回火脆性等。

7.8.1　测定固溶体的溶解度

间隙固溶体的斯诺克峰高与溶质原子的浓度呈线性关系。例如，碳、氮原子溶解在 α-Fe 中形成固溶体时，用 1 Hz 频率测得其内耗峰分别出现在 40 ℃ 和 24 ℃，这时碳、氮原子在 α-Fe 固溶体中的浓度同内耗峰高度的关系式为

$$\omega_{\text{C}} = K_{\text{C}} Q^{-1}_{40\,℃} \tag{7-34}$$

式中，K_{C} 为常数，其值为 1.33。

$$\omega_{\text{N}} = K_{\text{N}} Q^{-1}_{24\,℃} \tag{7-35}$$

式中，K_{N} 为常数，其值为 1.28。

利用式(7-34)、式(7-35)可以测定固溶体的溶解度。测量时，可采用渗碳、渗氮的方法使纯

铁丝中渗入碳原子、氮原子,然后分别加热至欲测溶解度的不同温度下保温,使碳、氮原子均匀分布并处于此温度下的平衡状态,然后在水中快冷,再用相同频率测量碳、氮内耗峰的高度,根据内耗峰高度计算各相应温度下的碳、氮的溶解度。图 7-30 表示采用几种不同物理方法确定碳、氮在 α-Fe 固溶体中的浓度实例。由图 7-30 可以看出:内耗法测定固溶体的溶解度的精确度比较高。如碳在 α-Fe 固溶体中的溶解度,可以测得质量分数为 0.000 1。

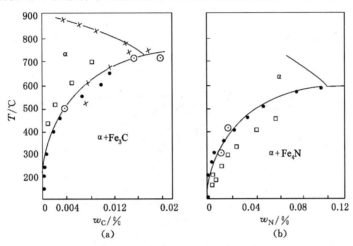

□—微量热计法;●—内耗法;⊙—电阻法;×—扩散法。

图 7-30 几种物理方法测量 C、N 在 α-Fe 中固溶极限

7.8.2 测定低温扩散系数和低温扩散激活能

内耗法能有效研究低温范围内的扩散,与其他方法配合使用可以在较宽的温度范围内准确测定扩散系数、扩散激活能,研究与扩散有关的问题。

(1) 测定碳在 α-Fe 中的扩散系数

内耗峰温度下碳在 α-Fe 中的扩散系数 D 与点阵常数 a 和弛豫时间 t 的关系式为

$$D = \frac{a^2}{36t} \tag{7-36}$$

由于 $\omega t = 1$ 时出现内耗峰,因此式(7-36)可以写为

$$D = \frac{\omega a^2}{36} \tag{7-37}$$

根据式(7-37),只要测量出 Q^{-1}-T 关系曲线,即可以测出斯诺克峰对应的频率,从而计算出该峰温下的扩散系数。

(2) 测定碳在 α-Fe 中的扩散激活能

如果弛豫过程是通过原子扩散进行的,则弛豫时间 t 应该与温度 T 有下面的关系式。

$$t = t_0 \mathrm{e}^{H/RT} \tag{7-38}$$

式中,t_0 为与物质相关的常数;H 为扩散激活能。

在内耗-温度关系曲线上满足条件 $\omega t = 1$ 时出现内耗峰,即

$$\omega t_0 \mathrm{e}^{H/RT} = 1 \tag{7-39}$$

如果选择 2 个频率测量 Q^{-1}-T 关系曲线,则出现内耗峰的时候有 $\omega_1 t_1 = \omega_2 t_2 = 1$。

则有

$$\omega_1 e^{H/RT_1} = \omega_2 e^{H/RT_2} \tag{7-40}$$

则可解得

$$H = \frac{RT_1 T_2}{T_2 - T_1} \ln \frac{\omega_2}{\omega_1} \tag{7-41}$$

式中,R 为气体常数;T_1,T_2 为斯诺克峰对应的温度,频率越高,峰出现的温度越高;ω_1,ω_2 为内耗峰对应的频率。

图 7-31 给出了不同频率测得的内耗-温度关系曲线,从曲线上可以确定 T_1 和 T_2,因此可以计算得到扩散激活能。

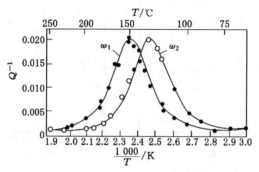

图 7-31　不同频率测得的内耗-温度关系曲线

7.8.3　研究钢的回火脆性

某些钢对高温回火脆性十分敏感,如 0.3CCrMnSiNi 钢在淬火后的回火过程中,如果在 500 ℃缓慢冷却极易出现冲击值下降的现象。

图 7-32 为该钢经不同热处理后进行的内耗温度谱测试结果。1、3、5 号钢试样都具有较高的冲击韧性,而 2、4 号钢试样的冲击韧性很低,出现回火脆性。由图 7-32 可以看出:冲击韧性较高的试样出现了内耗峰,该内耗属于 Koster 峰,是由于钢中的碳、氮原子与位错交互作用形成了气团而产生的滞弹性内耗。冲击韧性很低的试样没有内耗峰出现。电镜观察结果显示:此时的气团已发展成为弥散析出物,对位错产生了牢固的钉扎作用,位错不容易

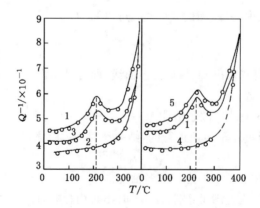

1—650 ℃回火 2 h,水冷(工艺一);2—(工艺一)+500 ℃回火 5 h,炉冷(工艺二);3—(工艺二)+650 ℃回火 2 h,水冷(工艺三);
4—(工艺一)+500 ℃回火 50 h,炉冷(工艺四);5—(工艺四)+650 ℃回火 2 h,水冷(工艺五)。

图 7-32　可逆回火脆性的内耗测量

迁移,从而使钢的冲击韧性下降。因此适度的气团能提高材料的冲击韧性,但是形成弥散析出物后的牢固的钉扎作用却降低了钢的冲击韧性。在淬火后的高温回火过程中,冷却速度的不同能有效控制钉扎作用的力度。

7.9　弹性合金和减振合金

7.9.1　高弹性合金

高弹性合金广泛应用于航空、无线电、机械制造,尤其是仪表制造工业中,如钟表和仪表中的发条、螺旋弹簧等。高弹性合金要求具有高的弹性极限 σ_e,使 σ_e/E 的比值高、疲劳强度高、工艺性好等。高弹性合金主要有钢、铜合金,镍基和钴基合金等。

7.9.2　恒弹性合金

恒弹性合金要求在一定温度范围内弹性模量恒定或变化很小,即弹性温度系数很小,并希望有小的内耗值。如果因为温度的升高,弹性模量降低的数量与因磁致伸缩引起弹性模量的改变相配合,就可以得到恒弹性材料。该类合金主要是 Fe-Ni 和 Fe-Ni-Cr 合金(艾林瓦合金)。

表征弹性随温度变化的物理量有弹性模量温度系数、切变模量温度系数等。通常金属的弹性模量温度系数约为 -10^{-4}℃$^{-1}$,而恒弹性合金的弹性模量温度系数为($\pm10^{-5}$ ～ $\pm10^{-7}$)℃$^{-1}$。

法国纪尧姆(C. E. Guillaume)系统地研究了 Fe-Ni 合金的热弹性,于 1919 年获得了成分为 36Ni-12Cr-Fe 的恒弹性合金,命名为 Elinvar。后来人们为了改善这种合金的力学性能,添加了不同的元素,制成了各种牌号的铁镍基铁磁恒弹性合金。1940 年日本进一步制成 Co-Cr-Fe 系铁磁性恒弹性合金,如 60Co-10Cr-Fe 和 28Co-10Cr-23Ni-Fe。为了适应在磁场下工作的要求,60 年代后出现了许多无磁性恒弹性合金,一种是逆铁磁性恒弹性合金 Fe-Mn、Mn-Ni、Mn-Cu 系等,另一种是顺磁性恒弹性合金(Nb-Zr、Nb-Ti 系等)。70 年代以后,随着非晶态金属材料的发展,出现了一些非晶态恒弹性合金,如 Fe-B、Fe-Si-B、Fe-Zr、Ni-Si-B 系等。这些合金除了具有恒弹性以外,还具有热膨胀系数小、声衰小、强度高、硬度高、机电耦合系数大等优点。中国于 20 世纪 50 年代开始研究恒弹性合金,主要生产铁镍基铁磁性恒弹性合金。恒弹性合金主要用作弹性敏感元件(如压力传感器膜片、精密弹簧等)和频率元件(如机械滤波器振子、钟表游丝等)。目前大量使用的恒弹性合金,属于沉淀强化的 Fe-Ni 系铁磁性恒弹性合金。该类合金的综合性能良好,恒弹性和力学性能很容易通过以下方法予以调整:

(1) 添加合金元素

在合金中加入非铁磁性元素,降低合金的磁性,减小合金的 ΔE 效应及改变 ΔE 效应与温度的关系,从而改变合金的弹性模量温度系数;或者在合金中加入强化元素促进相变析出过程,提高力学性能。

(2) 热处理

通过高温固溶和中温回火,控制合金中析出相的数量和分布,改变合金基体中的镍铁浓度比,从而调整恒弹性和力学性能。

（3）冷变形

使合金产生一定的结构和内应力，并促进相变析出过程，从而改变合金的恒弹性和力学性能。

7.9.3　减振合金

随着近代工业的迅速发展，振动与噪声污染问题越来越突出。噪声不仅降低了人们的工作效率，有害身心健康，还影响各类仪器仪表及机械设备的质量、精度和使用寿命。国际上已把振动与噪声列为产品质量的重要指标之一。因此，研制出低振动、低噪声的产品，从劳动保护、环境保护、提高产品竞争力的角度来说，都具有非常重要的意义。

减振合金又称为阻尼合金，是一种阻尼（内耗）大，能使振动迅速衰减的特种金属材料。它既具有作为结构材料的力学性能，又具有高的振动衰减能力。

减振合金按振动衰减机理可以分为复相型、铁磁性型、位错型、孪晶型。

（1）复相型减振合金

复相型减振合金由两相或两相以上的复相组织构成，一般是在强度高的基体中分布比较软的第二相，其减振机理是在受振时由第二相与基体界面发生塑性流动或第二相反复变形而吸收振动能，并将振动能转变成热能而耗散。该类合金最大的特点是可以在高温下使用。片状石墨铸铁是比较常用的一种典型的复相型减振合金，研究表明：该类合金的阻尼性能取决于第二相石墨的形态、数量及分布，其中形态影响最重要，片状石墨越发达，减振系数越大。Al-Zn 系合金也是典型的复相型合金，该类合金的比重小，强度高，在微小的振动中能保持高的减振能力。该种合金的阻尼性能与组织有很大的关系，当出现细小的等轴晶时，具有较好的阻尼性能，而且随着频率的增大，阻尼性能降低。

（2）铁磁性型减振合金

铁磁性型减振合金是以磁弹性内耗为基础设计的。磁弹性内耗是铁磁材料中磁性与力学性质间的耦合所引起的。铁磁材料存在磁致伸缩现象，在应力作用下，会产生磁畴的转动和磁畴壁的迁移现象，具有正或负磁致伸缩的材料磁畴的转动方向不同。如果铁磁材料受到交变应力作用，交变应力引起磁畴的运动是一个不可逆过程，在能量上将引起从机械能到热能的转换。铁磁性型减振合金主要有 Fe-Cr 基、Fe-Al 基、Co-Ni 基等合金。它们的强度较高，成本较低，在较高温度和低应变振幅下阻尼性能优异，但是其经变形后或在磁场环境中阻尼性能会迅速下降甚至消失。

（3）位错型减振合金

位错型减振合金中位错运动引起的能量损耗是减震的主要原因。合金的高阻尼是由于在外力作用下，位错的不可逆移动，以及在滑移时位错相互作用引起的。位错型减振合金主要有纯镁、Mg-Zr 及 Mg-Mg$_2$Ni 等合金，该类合金使用温度常在 150 ℃以下。

（4）孪晶型减振合金

孪晶是晶体中的面缺陷，以孪晶面为对称面，孪晶面两边的晶体结构呈镜面对称。孪晶面在外应力下的易动性和弛豫过程，造成了对振动能量的吸收，因而可以减振。

孪晶型减振合金主要有 Mn-Cu、Ni-Ti 合金等。Mn-Cu 合金阻尼性能和力学性能较好，Mn 含量越高（＞50％）、应变量越大、高温热处理时间越长，阻尼性能越高。但是其受温度影响较大，只适合在较低温度下使用，并且成本较高。Ni-Ti 基合金是一类性能优异的形状记忆合金，主要特点是阻尼性能、形状记忆性能和力学性能优异，但是其加工性能差，成本较高。

减振合金的应用是非常广泛的,如 Mn-Cu 合金目前广泛用作潜艇螺旋桨的材料。在宇宙航天方面,减振合金用作卫星、导弹、火箭、喷气式飞机的控制盘和陀螺仪等精密仪器的防振台架;在汽车方面,减振合金用于车体、制动器、发动机转动部分、变速器等;在土木建筑方面,减振合金用于桥梁、凿岩机等,如 Ni-Ti 基合金已被用在大型建筑物的减震装置上。在机械方面,减振合金用作大型鼓风机框架及叶片、圆盘锯、各种齿轮、机床床身、底座等;在铁路方面,减振合金用于火车车轮等。

课程思政案例

葛庭燧:"引导"钱学森归国的金属物理学家

葛庭燧是我国著名的物理学家,是国际上公认的滞弹性内耗领域理论创始人之一。他首次发明了金属内耗测量装置,被世界科学界命名为"葛氏摆",并利用该装置发现了晶界内耗峰——"葛氏峰",奠定了滞弹性相关理论的实验基础,在国际学术界产生了重大影响。他从 1949 年回国后,为发展、繁荣祖国的科学事业坚持不懈地勤奋耕耘在科研第一线,为中国科学发展跻身世界前沿耗尽了心血。他长年在内耗、晶体缺陷和金属力学领域不断开拓创新,为培养年轻一代中国材料科学人才做出了奠基性、开创性贡献。

他是一名学者,也是一名战士;他经历了特殊年代的凄风苦雨,一生的个人理想就是报效国家;他恪守"科学没有国界,但科学家有祖国"的格言;他是一个天才的、正直的、矢志不渝的科学家。

1944 年,葛庭燧在美国加州大学伯克利分校物理系研究院获得博士学位后,应麻省理工学院理学院院长乔治·R·哈里森(George R. Harrison)教授的邀请,在该校的光谱实验室进行美国国防委员会绝密项目"铀及其化合物的光谱化学分析"研究,这项研究是"曼哈顿计划"科研项目的一部分。当初被邀请至此,葛庭燧被告知是从事微波方面的研究,而更加让他始料未及的是,所谓的微波研究就是研制各种用途和型号的军事雷达。令人遗憾的是,美国人似乎已经忘却了这个曾经为他们国家的使命而付出心血和巨大贡献的中国人。

在美国的 8 年时间里,葛庭燧并非两耳不闻窗外事的"书呆子",而是经常与美国的同学和同事谈论中国大西北解放区的情况。他与一大批追求进步的中国留学生成立了"留美中国科学工作者协会",简称"美中科协",葛庭燧任理事会主席。正是通过这个协会,葛庭燧协助中国共产党促成了当时还在麻省理工学院任教的钱学森回国。在连襟钱三强的帮助下,葛庭燧也回到祖国怀抱。

刚刚踏上祖国土地之后的葛庭燧豪情万丈,他担任了中国科学技术协会总会宣传处副处长,并兼美中科协与中国科协总会的联络人,致力于发动留美学子回国工作。他响应政府号召,用一半时间重新恢复金属内耗研究,在清华大学建立了金属物理研究室和国内第一个金属内耗实验室。

1980 年 9 月,中国科学院领导决定调葛庭燧去预定的全国第二个科研基地——合肥董铺岛,担任中国科学院合肥分院副院长。其时,67 岁的葛庭燧早已过了退休的年龄,他在这个荒凉的岛上提出了一个颇具年代风格的口号——"摸爬滚打、勤俭建所"。然而这个口号的含义确实是非常形象和具体的,他的工作甚至包括亲自动手粉刷实验室、砌实验台和研制仪器设备。他的身上积聚着一股巨大的热力,这种燃烧一般的热情甚至不亚于当年把芝加哥那个体育馆的地下室改成实验室的日子,他经常工作到深夜还不知疲倦。

固体物理研究所的金属内耗实验室很快跻身国际先进水平。1985 年 8 月,中国科学院批准在这个实验室的基础上,建立由葛庭燧任主任的"内耗与固体缺陷开放研究实验室",成为中国内耗研究中心,仅 1 年之后,这个研究集体的"晶粒间界内耗研究的新进展"系列论文 13 篇,获得中国科学院科技进步奖一等奖。

葛庭燧一生发表了 240 多篇论文;他发明的"葛氏摆",已经在国际上广泛应用了近一个世纪;他所创建的内耗研究室始终是国际上少数几个知名的研究中心之一,并成为"世界内耗事业的摇篮"。

葛庭燧说自己的人生感悟是"八十之后而知不足"。83 岁高龄的他仍奋斗在科研第一线,为此,他曾风趣地让人们把他的年龄倒过来,说自己才 38 岁。他说:"我没有办离休,我一直要干到见马克思。"

1999 年 2 月 28 日至 3 月 4 日,在加利福尼亚和圣地亚哥举行的美国矿物、金属与材料学会年会和展览会上,葛庭燧院士走上了一生学术成就的荣誉之巅——荣获梅尔金属讲座演讲人资格和梅尔奖,这是国际材料科学和应用领域至高无上的荣誉,是一项终身成就奖,它意味着葛庭燧成为举世公认的杰出科学权威。他也是 1921 年设立该奖以来首次获此殊荣的亚洲人。

本 章 小 结

本章主要介绍了:弹性、内耗的概念;弹性模量的微观本质;弹性模量与其他物理量之间的关系;弹性模量的影响因素;内耗的产生机制;内耗的测量方法;内耗分析的应用;简单介绍了常用的弹性合金和减振合金。

复 习 题

6-1 用双原子模型解释材料弹性模量的微观本质。

6-2 表征材料原子间结合力强弱的常用物理参数有哪些? 说明这些参数之间的关系。

6-3 简述材料弹性模量的影响因素。

6-4 说明产生弹性的铁磁性反常现象(ΔE 效应)的物理本质及其应用。

6-5 说明体心立方晶体中间隙原子引起的内耗产生的机制。

6-6 说明位错钉扎内耗产生的机制。

6-7 说明晶界内耗产生的机制。

6-8 说明内耗法测定 α-Fe 中碳的扩散(迁移)激活能的方法和原理。

6-9 说明滞弹性内耗的特征以及与静滞后内耗和阻尼共振型内耗的区别。

参 考 文 献

[1] 陈登明.材料物理性能及其表征[M].北京:化学工业出版社,2013.

[2] 陈骓騄.材料物理性能[M].北京:机械工业出版社,2006.

[3] 陈鸿宾,高道德.金属物理性能及试验[M].台北:全华科技图书股份有限公司,1975.

[4] 陈树川,陈凌冰.材料物理性能[M].上海:上海交通大学出版社,1999.

[5] 陈文,吴建青,许启明.材料物理性能[M].武汉:武汉理工大学出版社,2010.

[6] 陈玉清,陈云霞.材料结构与性能[M].北京:化学工业出版社,2014.

[7] 德.大国重器:图说当代中国重大科技成果[M].南京:江苏美术出版社,2019.

[8] 邓玉良.点石成金的传奇:稀土元素的应用[M].石家庄:河北科学技术出版社,2015.

[9] 丁一鸣.中国量子计算二十年[EB/OL].(2023-10-7)[2023-08-10].https://www.cas.cn/cm/202308/t20230810_4960488.shtml.

[10] 付华,张光磊.材料性能学[M].2版.北京:北京大学出版社,2017.

[11] 高智勇,隋解和,孟祥龙.材料物理性能及其分析测试方法[M].哈尔滨:哈尔滨工业大学出版社,2015.

[12] 耿桂宏.材料物理与性能学[M].北京:北京大学出版社,2010.

[13] 溝口中正.物性物理学[M].东京:裳华房株式会社,1990.

[14] 谷业凯.华为:基本实现芯片14纳米以上EDA工具国产化.(2023-03-24)[2023-06-28].https://wap.peopleapp.com/article/7041173/6895768.

[15] 关振铎,张中太,焦金生.无机材料物理性能[M].北京:清华大学出版社,1992.

[16] 郭敦仁.量子力学初步[M].北京:人民教育出版社,1979.

[17] 国家质量监督检验疫总局计量司组.量以载道 量值定义世界、精准改变未来[M].北京:中国质检出版社,2017.

[18] 国务院新闻办公室.《2021中国的航天》白皮书(全文)[EB/OL].(2022-01-28)[2023-06-28].http://www.scio.gov.cn/zfbps/32832/Document/1719689/1719689.html.

[19] 郝瑾.海外子公司角色与管控方式匹配及其效应研究[M].南京:东南大学出版社,2019.

[20] 何宇亮,陈光华,张仿清.非晶态半导体物理学[M].北京:高等教育出版社,1989.

[21] 何志毅等.中国产业结构[M].北京:机械工业出版社,2021.

[22] 胡伯平,饶晓雷,王亦忠.稀土永磁材料-下册[M].北京:冶金工业出版社,2017.

[23] 基泰尔 C.固体物理导论[M].杨顺华,译.北京:科学出版社,1979.

[24] 苟清泉.固体物理学简明教程[M].北京:人民教育出版社,1979.

[25] 焦宝祥.功能与信息材料[M].上海:华东理工大学出版社,2011.

[26] 科垂耳 A H.理论金属学概论[M].肖纪美,吴兵,陈梦谪,等,译.北京:中国工业出版

社,1961.

[27] 李长青,张宇民,张云龙,等.功能材料[M].哈尔滨:哈尔滨工业大学出版社,2014.

[28] 连法增.材料物理性能[M].沈阳:东北大学出版社,2005.

[29] 梁铨廷.物理光学[M].2版.北京:机械工业出版社,1987.

[30] 刘强,黄新友.材料物理性能[M].北京:化学工业出版社,2009.

[31] 刘勇,陈国钦.材料物理性能[M].北京:北京航空航天大学出版社,2015.

[32] 龙毅.材料物理性能[M].长沙:中南大学出版社,2009.

[33] 陆慧.光学[M].上海:华东理工大学出版社,2014.

[34] 吕家鸿.科学技术概论[M].南昌:江西高校出版社,2000.

[35] 马春生,刘式墉.光波导模式理论[M].长春:吉林大学出版社,2006.

[36] 马向东,王振廷.材料物理性能[M].徐州:中国矿业大学出版社,2002.

[37] 孟晖,杨澜涛.姚熹:向世界铁电陶瓷领域传递中国声音[EB/OL].(2023-08-04)[2023-10-7].https://news.sciencenet.cn/htmlnews/2023/8/506004.shtm.

[38] 明梅骅,彭学英.中国量子计算20年—写在第二届量子计算峰会召开之际[EB/OL].(2023-08-09)[2023-10-7].https://weibo.com/7455849595/NdPwwAgGH.

[39] 倪尔瑚.材料科学中的介电谱技术[M].北京:科学出版社,1999.

[40] 宁青菊,谈国强,史永胜.无机材料物理性能[M].北京:化学工业出版社,2006.

[41] 彭科峰,张行勇.无限风光在险峰[EB/OL].(2016-03-28)[2023-10-7].https://news.sciencenet.cn/sbhtmlnews/2016/3/310624.shtm.

[42] 邱成军.材料物理性能[M].哈尔滨:哈尔滨工业大学出版社,2003.

[43] 任凤章.材料物理基础[M].2版.北京:机械工业出版社,2012.

[44] 沈柯.激光原理教程[M].北京:北京工业学院出版社,1986.

[45] 沈颖.科学实验之道[M].杭州:浙江教育出版社,2019.

[46] 宋学孟.金属物理性能分析[M].2版.北京:机械工业出版社,1990.

[47] 孙宝元,张贻恭.压电石英力传感器及动态切削测力仪[M].北京:计量出版社,1985.

[48] 孙兰.功能材料及应用[M].成都:四川大学出版社,2015.

[49] 他带领中国电子陶瓷走向世界[EB/OL].(2022-11-14)[2023-10-7].https://www.sohu.com/a/605649480_120141187.

[50] 谭家隆.材料物理性能[M].大连:大连理工大学出版社,2013.

[51] 唐继红.无损检测实验[M].北京:机械工业出版社,2011.

[52] 田克.载人航天精神融入高校思政课教学的三重思考[J].宿州教育学院学报,2023,26(1):38-42.

[53] 田莳.材料物理性能[M].北京:北京航空航天大学出版社,2004.

[54] 宛德福.磁性理论及其应用[M].武汉:华中理工大学出版社,1996.

[55] 王从曾.材料性能学[M].北京:北京工业大学出版社,2001.

[56] 王国梅,万发荣.材料物理[M].2版.武汉:武汉理工大学出版社,2015.

[57] 王润.金属材料物理性能[M].北京:冶金工业出版社,1993.

[58] 王振廷,李长青.材料物理性能[M].哈尔滨:哈尔滨工业大学出版社,2011.

[59] 吴其胜,蔡安兰,杨亚群.材料物理性能[M].上海:华东理工大学出版社,2006.

[60] 谢希德,陆栋.固体能带理论[M].上海:复旦大学出版社,1998.

[61] 熊钰庆.激光理论基础[M].广州:广东科技出版社,1986.

[62] 徐京娟,邓志煜,张同俊.金属物理性能分析[M].上海:上海科学技术出版社,1988.

[63] 徐靖.量子算力跃升 实现巨大跨越(科技自立自强)[EB/OL].(2023-09-01)[2023-10-7]. https://www.cas.cn/cm/202309/t20230901_4967398.shtml.

[64] 徐卫军,董琪,莫幻.日新月异的特种钢[M].兰州:甘肃科学技术出版社,2012.

[65] 严密,彭晓领.磁学基础与磁性材料[M].杭州:浙江大学出版社,2006.

[66] 严兆海.总裁商业思维[M].北京:企业管理出版社,2019.

[67] 叶星辰.史诗级震撼!美国制裁三年华为完成 13000 颗器件的替代开发[EB/OL]. (2023-03-17)[2023-06-28].https://tianmunews.com/news.html? id＝2422885& source＝1.

[68] 于永昌,郑亚君.量子思维与学习的变革[M].沈阳:辽宁人民出版社,2021.

[69] 袁晓宇,李波涛,王党丽.新材料技术的应用[M].呼和浩特:远方出版社,2005.

[70] 詹姆斯·谢弗,等.工程材料科学与设计[M].余永宁,等,译.北京:机械工业出版社,2003.

[71] 张代东.机械工程材料应用基础[M].北京:机械工业出版社,2004.

[72] 张帆,郭益平,周伟敏.材料性能学[M].2 版.上海:上海交通大学出版社,2014.

[73] 张涛.产业改变世界[M].北京:中国金融出版社,2019.

[74] 张皖菊,李殿凯.金属材料学实验[M].合肥:合肥工业大学出版社,2013.

[75] 张子瑞,苏南,韩逸飞.特高压:走向世界的能源"金名片"[EB/OL].(2021-06-07) [2023-06-28].http://paper.people.com.cn/zgnyb/html/2021-06/07/content_3052634.htm.

[76] 郑冀,梁辉,马卫兵,等.材料物理性能[M].天津:天津大学出版社,2008.

[77] 郑子樵.新材料概论[M].2 版.长沙:中南大学出版社,2013.

[78] 中国机械工程学会热处理专业学会《热处理手册》编委会.热处理手册第 4 卷热处理质量控制与检验方法[M].4 版.北京:机械工业出版社,2008.

[79] 中国科学技术协会,中国稀土学会.稀土科学技术学科发展报告 2014—2015 版[M]. 北京:中国科学技术出版社,2016.

[80] 中国科学院国家天文台.中国天眼 FAST 正式对全球开放[EB/OL].(2021-03-31) [2023-06-28].http://www.bao.ac.cn/xwzx/gdtpxw/202103/t20210331_5987227. html.

[81] 钟维烈.铁电体物理学[M].北京:科学出版社,1996.

[82] 周炳琨,高以智,陈倜嵘,等.激光原理[M].7 版.北京:国防工业出版社,2014.

[83] 周凤云.工程材料及应用[M].武汉:华中理工大学出版社,1999.

[84] 朱敏.工程材料[M].北京:冶金工业出版社,2018.

[85] ERIC CROSS L. Ferroelectric ceramics:tailoring properties for specific applications [M]//Ferroelectric Ceramics. Basel:Birkhäuser Basel,1993:1-85.

[86] GARG D,ANDERSON G. Research in active composite materials and structures:an overview[C]//SPIE's 7th Annual International Symposium on Smart Structures and

Materials. Newport Beach：[s. n.]，2000.

[87] GORUR G. RAJU. Dieletrics in Electric Fields[M]. New York：Marcel Dekker，Inc. 2003.

[88] IBACH H，LÜTH H. Solid-State Physics：An Introduction to Principles of Materials Science[M]. Berlin，Heidelberg：Springer Berlin Heidelberg，2009.

[89] LI LONG TU，et al. Ferroel ectrics[J]. Mat Res Innovat，1980(28)：403-406.

[90] MADELUNG O. Introduction to solid-state theory[M]. Study ed. Berlin：Springer，1996.

[91] PARK S E，SHROUT T R. Relaxor based ferroelectric single crystals for electro-mechanical actuators[J]. Materialsresearch innovations，1997，1(1)：20-25.

[92] YUHUAN XU. Ferroelectric Materials and Their Application[D]. Los Angeles：University of California LOS Angeles，1991.

[93] "特高压线路是什么？"中国建成世界最大的超高压输电线路. [EB/OL]. (2023-01-12) [2023-06-28]. http://dlb. ydxw. com/kx/2023/0112/49104. html.

[94]《新中国超级工程》编委会. 举世瞩目的尖端科技[M]. 北京：研究出版社，2013.

[95] Б. Г. ЛИВШЦЧ，В. С. КРАПОШИН，Я. ЛИНЕЦКИЙ. Физические свойства металлов и сплавов[M]. [S. l.]：М.，Металургизда，1980.